ちくま新書

図説 科学史入門

橋本毅彦
hashimoto takehiko

JN178753

1217

まえがき

「私の一枚」という企画で記事を書くことを頼まれたことがある。

私の選んだのは「17世紀の月面図」と題した、月と諸惑星の17世紀に描かれた図だった。その図には中心に大きく月面図が描かれ、その隅《すみ》には縞《しま》模様の木星、輪っかのついた土星、月齢の若い月や同じように三日月のごとき金星が配される。中央の月面は暗黒の影の領域と明るい領域に分かれ、そこに大小無数の円形模様が書き込まれている。

その絵には、留学中、図書館内で出会った。大判の雑誌に折り込まれたその絵を広げると、大きな月面と小さな諸惑星の姿が現れた。これはきれいだと、暗い図書館内で口元を緩《ゆる》めながら見入ったことを覚えている。

図に描かれた月面や惑星の姿から、当時の天文学や科学の状況を読み取ることができる。三日月状の金星など、望遠鏡がなければ見ることができなかったが、その姿は常識的な天動説ではなく、非常識な地動説とよく符合した。

収録していた論文にはそれだけではなく、月面図の作者である望遠鏡製作職人と、望遠鏡の製造と販売が当時のいわばハイテク産業だったこと、そして土星を観測し真の姿を探り当てた科学者とその望遠鏡職人とが鍔《つば》迫り合いを演じたことが紹介されていた。

挿絵《さしえ》、版画、写真、グラフ……。図には、文章の解説と同じように多くの情報が盛り込まれている。「百聞は一見に如《し》かず」の言葉通り、図には文章では説明しきれない重要な、決定的な情報が盛り込まれることがある。

本書はそのような一見に値するような図像を100枚あまりそろえ、科学史発展のストーリーの中でそれらを位置づけ、図の背景にある科学の内容や人間模様を説明しようとするものである。その中には風景画や研究の情景を表す図もあるが、そのほとんどは研究論文や学術書に挿入された図像である。17世紀の月面図も(前述製作職人とは違う作者だが)入れておいた。

これらの図像の解説にあたっては、数多くの最近の研究文献を参考にした。図像を題材に取り上げた科学史研究は、近年数多く発表され活況を呈している。あるいはすでによく知られているが、科学史の重要な局面を示してくれるような図も随所で取り上げることにした。そしてそれらの図が物語るエピソードを、分野別・時代順に配列し、近代から現代に至るまでの科学の諸分野の大まかな歴史的流れを追えるようにした。

全体の構成は、七つの自然科学の専門分野が扱う領域、天文、気象、地質、動植物、人体、顕微鏡下の世界、原子・分子・素粒子を1章ずつ取り上げ、各章で10枚ほどの図像を紹介しながら話を進めていく。宇宙と大地、その間の大気に関する自然科学を初めの3章で取り上げ、続く3章で動植物、人間、そしてミクロの生物に関する科学を取り上げる。最後の第7章ではさらに小さな分子・原子・素粒子などを扱う化学や原子物理学の発展を追う。またそれに先立つ序章において、近代から現代に至るまでの科学の歴史を概観し、右の七つの分野の科学発展の流れをあらかじめ簡単に解説しておいた。読者はこの序章を読んでから各章を読み進めるとよいだろう。だが、そうせずとも各章の中のどの一節をとっても、読み切りの話題として読むことができるだろう。

巻末には参考文献をあげておいた。各章で筆者自身が参照した文献、あるいは読者にも参考になりそうな文献を簡単な紹介文とともにリストした。また掲載した図には出典を記した。関心を深めた読者は、それらの科学史家の執筆した二次文献、あるいは歴史上の科学者が著した一次文献をさらに読み進めて頂ければ幸いである。

図説　科学史入門【目次】

序章

科学史を俯瞰する

——古代から現代へ至る科学の発展

近代科学が16世紀から17世紀にかけて生まれて以降、科学者は何を調べ、考え、そして明らかにしてきたのだろうか。

科学者が対象としてきた自然現象はさまざまである。天体現象から地上の目には見えない微生物に至るまで。これらの現象を観察するために、望遠鏡や顕微鏡といった観測道具が発明されて改良が続けられてきた。また人体の構造や機構の解明は医学の領域になるが、それらは動物の構造や機構と比較されつつ明らかにされてきた。本書は、これらの自然科学や医学が探求してきた領域を七つに分けて、各章でそれぞれの領域での科学と医学の発展を追っていく。

科学者たちの探求の過程と発展を追っていく際に、彼ら自身が描いたり、あるいは助手の画家たちに描いてもらったりした図像を頼りにしていこう。科学の発展においてはしばしば図像が大きな役割を担っている。ある時には新しい図像が大発見につながることもあった。

だが多くの場合、科学者が作成する図像は、新しく見い出された事実や考え出された理論を、他の研究者や一般の人々に理解してもらうために工夫して描かれた。またそのようなエポックメイキングな図像ではなくとも、一つのありふれた図像が科学者の研究対象や研究アプローチを明瞭に示してくれる場合もある。それらのさまざまな図像を各章各節でとりあげながら、19世紀までは自然哲学とも呼ばれた自然科学、長い伝統を有する人体の医学の発展をたどっていくことにしよう。

以下、この序章においては、その準備として、古代から近代を経て現代に至るまでの諸科学の発展を俯瞰することで、次章以降のための予備知識を提供することにしたい。

†近代以前の自然観

今日の科学が拠って立つ近代科学は、16世紀から17世紀にかけての科学革命によって生み出されたとされている。確かにすべての分野を通じてこの時期に革命的な変化が起こったわけではなく、長い時間をかけゆっくりと近代的な科学に成長した分野もあることが指摘されている。しかしまた、この時期に自然を対象とする科学に非常に大きな変化が生じ、それによって現代の科学に通じる宇宙観や自然観が生み出されたのは確かなことである。

では、それ以前の自然に対する考え方は、どのようなものだったのだろうか。それは一言で言えば、アリストテレス（前384－前322）の哲学によって説明される自然観だった。それは宇宙観としては、地球を中心に置く天動説であり、地上の自然に対する考え方としては、四元素が本性に従って運動するという自然観がもたれていた。それは、それなりに首尾一貫し、論理的に構成された自然観だったのである。

アリストテレスの自然観では、物が落下する理由は、物を構成する土の元素が落下する本性をもつからだと説明する。より正確には、物が落下するのは、土の元素が地球の中心すなわち宇宙の中心へ向かう性質をもっているからだ、ということになる。だからもしそうだとすれば、大地が球状になっており、その地球の反対側に人が住んでいれば、その人やまわりの物体も地球の中心に向かって「落下」するということになる。アリストテレスはこのように、落下という概念を合理的に理解し「地球」という概念を確立させた。

一方天界は、地上の四元素とは異なる第五の元素エーテル（アイテール）によって構成されており、地上の元素が上昇あるいは下降の運動をするのに対し、それは円環の運動を行うという性質を本性的に備えている。地球にいちばん近い天体は月であるが、月はエーテルによって構成される球殻《きゅうかく》状の「天球」上に位置しており、天球とともに円運動を行う。月の天球のすぐ外側には太陽を運ぶ天球があり、その外側には惑星の運動を生み出す五十数個の天球（惑星の複雑な運動を説明するために各惑星に数個の天球が割り当てられている）、そしてさらにその外側に数知れぬ恒星がちりばめられている天球がある。この最外天球が宇宙の果てであり、その外側にはもはや空間は存在しないとアリストテレスは説いた。

ニコラウス・コペルニクス（1473－1543）の地動説の提唱を契機にして、1000年以上続いてきたアリストテレスの自然学の体系は解体され、その自然観は換骨奪胎を遂げ新しい近代科学の体系へと生まれ変わった。

またガリレオ・ガリレイ（1564－1642）やルネ・デカルト（1596－1650）の物質や運動の概念に関する革新的な議論を通じて、アイザック・ニュートン（1642－1727）の力学体系が17世紀後半には誕生した。そうしてできあがった近代力学においては、物体が落下するのは地球の引力によって引かれているため、と説明される。物体には落下運動する本性など備わっていない。そもそもどのような方向にも運動し始めるような本来的性質をもっていない。それは静止しているか、一方向に運動していればそのような運動をし続ける、という慣性の性質をもっているだけである。

物体の性質、運動という概念をめぐる考え方の大きな転換とともに、自然や宇宙に対する考え方も大きく変貌した。近代以降の科学者は、物体が非常に微細な粒子からなり、その粒子が組み合わせを変えたり、さまざまな運動をしたりすることによっていろいろな自然現象が起きるのだと考えるようになった。「機械論的自然観」という考え方に則って、自然を眺め、分析するようになった。

自然を粒子の集合と捉え、自然現象を粒子の運動として理解する機械論的自然観は、近代科学の根本的な基盤となったとはいえ、それがもっぱら説明する物体の運動は自然研究のごく一部にすぎない。自然現象は多種多様であり、それを研究する専門分野もまたさまざまである。今日の専門分野の名称を使えば、自然科学は物理学や天文学だけから成り立っているわけではなく、化学、地学、生物学といった分野が存在し、また物理学も力学だけでなく熱学や音響学などの分野がある。

16世紀から17世紀にかけての近代科学の誕生にあたっては、天動説から地動説への転換、物体の運動概念の変容といった理論の大きな転換とともに、イギリスの王立協会やフランスの王立科学アカデミーなどの科学研究のための組織の登場が大きな役割を果たした。それらの自然研究の団体組織は、あるときには私的なグループ、また別のときには上記の組織のように公的な、国家的な組織の場合もあった。

17世紀に多く生まれたこれらの組織の結成にあたって、大きな役割を果たしたのはイギリスの法律家で思想家であったフランシス・ベーコン（1561-1626）の思想の影響だった。彼は『大革新』や『ノヴム・オルガヌム』といった著作を通じて、自然現象の組織的な実験研究の重要性を提唱した。ベーコンの提唱した研究方法は必ずしもその後の科学者がそのまま利用するようなものではなかったが、自然現象の全般にわたりそれらを組織的に研究し、ゆくゆくはその研究成果から人類の役に立つ知識や技術を作り出していくという思想は、ヨーロッパの多くの知識人たちの心を捉えた。

ベーコンが晩年に著した『ニュー・アトランティス』というフィクションには、そのような組織的な研究を行う施設が想像されている。そこには、天体や気象現象を調べる高い塔、地下の鉱石を調べ冶金《やきん》術を研究する設備、植物と動物を育てる場所、薬や香料や食事を調合し調理する施設、動力機関などのさまざまな機械を検討する施設、音や光を研究する施設、また数学を研究する施設……。ベーコンがそこに記した多くの研究テーマが、後に王立協会や科学アカデミーで研究されていくことになった。

†情報を収集、記録、伝達する科学者

近代科学が生まれた時代は、すでに大航海の時代が始まり、海外への遠洋航海が盛んに進められていた時代でもあった。新大陸も発見され、世界各地から珍しい動植物に関する情報や植物の種子や標本がヨーロッパ本国にもたらされた。植物や動物を研究していくには、それらを整理分類することが必要である。多くの種類の植物を収集し、それらを栽培する植物園を設けた人々は、それら各種の植物の特徴を分析し、それらに適切な名称を与え、説明を付した植物図譜を作成した。

自然に関する新しい情報は、新世界からもたらされるばかりでなく、科学者たちが生活

しているその場所でも新しい観測器具を用いて自然を観察することでももたらされた。17世紀初頭に発見された望遠鏡は、今まで肉眼では見えなかった天体やその姿を人々に見せてくれた。またその後発明された顕微鏡は、ミクロの世界が想像していたよりも緻密に作り上げられていることを人々に教えてくれた。望遠鏡は発明された直後に、月面の凹凸や木星の衛星の発見をもたらしてくれ、顕微鏡もまた眼には見えなかった小動物の存在を示してくれた。

17世紀に登場した観測器具や実験装置は、他にもある。温度計は「暑い」「熱い」という感覚を数値で表現することができる重要な装置。液体の熱膨張を利用して計測するが、その装置を利用して標準的な温度測定の目盛りが作り出され、温度を基にして熱の量や比熱といった概念が定義され計測されていくのは18世紀になってからのことである。またそれまで存在が疑われていた「真空《しんくう》」なるものが実際に存在することを示した実験装置は、その後大気の圧力を計測する気圧計として応用されていくようになった。

このような計測器具や実験装置を活用することによって、自然の研究者が観測する現象の種類は大幅に増大し、その精度も大いに向上した。それまで存在を疑われていたような現象さえもが、新しく工夫された実験装置によって、その性質や特徴が精査されるようになった。

ベーコンの科学思想に触発され、さまざまなバックグラウンドをもつ自然の研究に関心をもつ人々が集い、そこで自分の研究成果を公表し、新しい発見の情報を入手し、他の科学者の研究成果について意見を交換した。新しい自然の知識を生み出すとともに、生み出された知識や情報を学者や知識人に伝達し普及することにも積極的に携わった。それまでも研究成果をまとめた著作は出版されていたが、それとともに学術雑誌や学会機関誌が刊行され、自然に関する新知見が国内外に発信されるようになった。自然に関する知識と情報のコミュニケーションとサーキュレーション、それらもまた、この時期に大きく成長し、その後ますます成長していくことになる近代科学の特徴である。

そのような自然の新知見のコミュニケーションにおいて、時に重要な働きをなすのが図像だった。ガリレオは望遠鏡で覗いた月面の姿をスケッチし、それを自分の著書の『星界の報告』に描き込んだ。絵を挿入することで、望遠鏡を覗いたことのない読者は、ガリレオが何を見たのか一目瞭然に知ることができた。王立協会の書記も務めたロバート・フック（1635－1703）は顕微鏡で覗いた小さな物、細かな模様を自らの『ミクログラフィア』に描き込んだ。それもまた読者の好奇心を刺激し満足させてくれた。図像がなければ、これらの著作のインパクトは半減したことだろう。科学知識の生成とともに伝達という次元にも目を向けることで、共同作業としての科学発展の側面にも注目し、図像の役割と意義を再認識することもできよう。

†天文学

ニュートンが自らの運動力学の理論体系によって、天体現象と地上の運動現象を説明することに成功した。その成功は、自然哲学の諸分野に甚大な影響を与えた。

ニュートンの体系は、地球、太陽、諸惑星の運動を見事に説明した。地動説の登場後、ヨハネス・ケプラー（1571－1630）によって数学的に解明されていた太陽と諸惑星の運行は、ニュートン力学によって力学的にもほぼ完全な説明がつけられるようになった。しかしそれは太陽系を遥かに越えた恒星の位置や状態については、満足な説明をもたらしてくれなかった。コペルニクスの地動説においては、太陽の周囲を地球などの諸惑星が回転する。その周囲に恒星が埋め込まれた天球が存在している。アリストテレスと同様に、コペルニクスもそう考えた。

だが、地球が太陽のまわりを公転しているのであれば、その巨大な円軌道の対極にある地点から恒星を観測することで、恒星の見える方向が少し違ってくるはずではないのか。新しく提唱された地動説は、そのような「年周視差《ねんしゅうしさ》」の発生を予想させた。しかし年周視差はなかなか観測されない。それが実際に観測されるのは19世紀になってからのことである。最初のうちは、年周視差が見いだされないことは地動説を疑う根拠とみなされた。しかしケプラーやガリレオの議論を通じて、多くの天文学者や自然哲学者によって地動説が受け入れられるようになると、年周視差が観測されないことは恒星までの距離が非常に遠いためであるとみなされるようになった。そのような大変な距離の彼方にある恒星の存在状態について、ニュートン力学はほとんど教えてくれることはなかったのである。

アリストテレスが主張していた恒星が埋め込まれた最外天球という概念は、すでに否定されている。もしそれが太陽や惑星のように宇宙空間中に浮かんでいるとするならば、それら恒星の間にも万有引力が働いているはずである。万有引力で引き合っているとすれば、それらは互いに動いているのだろうか。この恒星の運動の問題について、ニュートン自身はあまり言葉を残していないが、それらはある位置に存在し、他の恒星から働く引力の総和によって均衡して静止していると考えたようである。

宇宙空間に存在する太陽系外の恒星が星雲を形成すること、我々の太陽系が存在する星雲が銀河であることなどがわかってくるのは、19世紀になってからのことである。18世紀末になると大きな反射鏡や高性能のレンズを用いた巨大な望遠鏡が登場し、19世紀にその性能はさらに向上していくことになる。そして望遠鏡の性能向上と理論的考察の進展とともに、太陽系を越えた恒星の位置関係や星雲の本性などが明らかにされていく。

星雲は我々から遠く離れたところにあり、その多くは多数の星々から成り立っている。その一つの星雲の中の変光星《へんこうせい》（明るさが変化する星）を観測することで星までの距離について知る手がかりが得られた。変光星の明るさと明るさが変化する周期を観測することで、星までの距離を推測することが可能になり、そのような距離計測手法の確立は宇宙の構造に関するさらに新奇な天文学的発見へとつながっていく。

†気象学

真空の発見は古代原子論の復活と機械論的自然観の誕生と結びついているが、それはまた地球を覆う空気すなわち大気とはいかなるものなのか、その存在と性質を改めて科学者に示してくれた。

ガリレオの助手エヴァンジェリスタ・トリチェリ（１６０８－１６４７）は水銀を使って真空を生み出す実験を行った。その実験は、フランスの科学者パスカルに応用されて大気の重さ、気圧を測る実験として組み替えられ、再解釈された。アリストテレスの自然学では月より下の世界は月下界とよばれ、地上から月の天球まで空気で充満されていると考えられていた。機械論的自然観を提唱したデカルトもまた、大気の成り立ちについてはさほど違わぬ考え方をもっていた。真空の発見はその考え方を一変させた。空気は軽い羽毛のように地上を覆っており、それは上空の一定の高さまで積み重なっているのだろうと思われるようになった。

気象学の対象は月下界に起こるすべての現象から、この大気の中で起こる空気や水蒸気が動き回りつくり出す自然現象に限定されるようになった。大気の性質を測定する温度計と気圧計、それらに加え湿度計も発明され、これらの計測器具で大気の状態が計測されるようになった。観測すべきことは他にもある。天気は晴れていたのか、曇っていたのか。風はどちらの方向からどのぐらいの強さで吹いていたのか。また一地点で毎日、あるいは数時間ごとに毎日数回、規則的に計測する。一地点でだけでなく多くの地理上の地点でそのような規則的な気象観測を継続する。

18世紀にはまだ不完全であったものの、これらの膨大な気象データを収集してグラフのように地図上に表現することも試みられた。19世紀になると、電信が発明されることにより、離れた地点での観測データが短時間に中心地点に集約されることが可能になった。これらの集約された気象データに基づき、明日の天気はどうなるか、天気予報の先駆けが始まるようになる。今日出航する船は、明日台風に見舞われるのだろうか。天気予報は時に死活問題につながる。着手され始めた19世紀半ばの天気予報は、とても正確とは言えない代物《しろもの》だった。

天体の運行に比べ、天気の移り変わりは運動力学に基礎づけられた近代科学ではなかなか手に負えない対象だったといえる。20世紀になり、無線通信の発明、航空機の登場、そして気象観測衛星の打ち上げなどにより気象学と気象予報技術は長足の進歩を遂げることになる。

†地質学

近代地質学の誕生と発展は、鉱山業の発達に大きく影響されている。鉱物の採掘は古代から始まっていたが、中世末期になり富をもたらす貴金属や産業に役に立つ金属を含む鉱石が、精力的に大規模に採掘されていくようになる。採掘が進めば坑道も地中深く掘られていき、そのための排水施設も整備され、排水技術も大きく進歩していった。

貴重な鉱石は地中のどこに隠されているのか。それを見つける鍵は地層の存在だった。地中を掘って鉱脈に当たる。鉱脈は有用な鉱石を含む一つの地層である。地層には鉱石を含む地層以外にもさまざまな地層があり、それらが複雑に重なり合っている。ある箇所での地層の重なりは、別の箇所では深さが違うところにあったり、地層の重なり方が違っていたりする。こちらのこの地層は、あちらの地層の重なりのどれにつながっているのか。

そのような地層の同定にあたって鍵となるのが地層内に含まれる鉱物である。それらの種類や特徴を、有用な鉱物以外についても、綿密に調査し見極めることが地層の同定に役に立つ。ルネサンスの時代からドイツのザクセンでは鉱山業が盛んになり、そこから採掘される銀や銅は大きな富をもたらしてきた。そのお膝元のフライベルクには鉱山技術者を養成する鉱山アカデミーが設立された。そこで長く教員を務めたアブラハム・ゴットロープ・ヴェルナー（1749-1817）は、地層の同定に欠かせない鉱物の種類の見分け方、鉱物の分類学などに大きな貢献をした人物である。地質学の基礎となる鉱物学、さらに鉱物学の基礎となる結晶学が発展していった。

地層には鉱物以外にも、地層の研究に役立つものが含まれている。それは化石である。今では化石とは太古の生物が朽ち果て地面の中に埋まった残存物とわかっているが、発見された当初はその由来について定かではなかった。地中で成長した奇妙な物質と思われたこともあった。やがてそれらが古代生物の残存物だと認識されるようになる。そして多くの種類の化石が見いだされていくことで、地層の特定に化石も使われていくようになる。地層にどのような種類の化石が含まれているか調べることで、異なる地点の地層を同定したり、識別したりできることになる。

19世紀初頭に活躍したイギリスのウィリアム・スミス（1769-1839）はそのような地層の同定に化石を活用した人物の1人である。彼はイギリス国内の地質の様子を調べ回り、各地の地層の重なり方を一つの地質図にまとめ上げた人物でもある。各地の地層の重なり具合と異なる地点での各地層の同定は、イギリス国内だけでなく大陸も含め、ヨーロッパ全体、さらに世界全体へと広げられていく。そのような地層の分類と分布に関する国際的かつ標準的な認識が成立していくのは19世紀後半になってからのことである。

地質学は地層の重なりの垂直方向ならびに水平方向の分布状態を記述するだけでなく、それらがどうしてそのような状態になったのか、それらの時間的な動きをデータから読み取りそのメカニズムを推測するという課題もある。山はどうしてそびえ立つようになったのか。各地の地形はどのような経緯でそのような地形になったのか。河川による浸食、火山の噴火、地面を隆起させる造山運動など、さまざまな原因やメカニズムが考えられてきた。

さらに地層の重なりやそれらのダイナミズムを検討することで、地球の過去を遡《さかのぼ》り、その姿を再考していくという壮大な研究課題へとつながっていく。地球の歴史を探る上でのガイドラインとなったのが「地層累重《るいじゅう》の法則」と呼ばれる基本原理である。重なっている地層は古いものほど深いところに位置し、新しいものほど浅いところにある。その順番が入れ替わってしまうような例外的な事例もあることはあるが、基本的に深い地層ほど古い時代に形成されたものと考えられる。それが「地層累重の法則」である。深い地層にあるほど古い時代に形成されたとするならば、そのような地層に含まれる化石はそれだけ古い時代の生物の遺骸が化石になったものと考えられる。地質の研究は古生物の研究と密接につながるようになった。19世紀初頭のイギリスではそのような珍しい化石が多く発見されたが、その中には今日見かけることのない大型のトカゲや鳥の骨の化石も発見された。

地質学の発達は、それまで正しい記述として受け入れられてきた聖書の内容への疑問を投げかけるものでもあった。聖書の創世記には大洪水が記載されているが、地質学者は大きく深い渓谷など地表面の形成にそのような大洪水が寄与したと考えてきていた。それに対して聖書の記載には依らず、また大洪水などの今日の科学者が目撃することのない大地の激変に依ることなく、現在の大地の運動によって地質の形成を説明しようと提唱したのがイギリスの地質学者チャールズ・ライエル（1797-1875）である。

そのような説明原理は「斉一《せいいつ》性の原理」と呼ばれている。斉一性の原理は、地質学者を聖書の記述から解放し地質学をキリスト教から独立した科学に仕立て上げる役割を果たしたとも言える。しかしその一方で、やや皮肉なことではあるが、その後ヨーロッパの多くの地域が大氷河で覆われていた氷河期の存在が発見され、地球の過去には大きな激変が存在していたことがわかってくるようになる。20世紀には巨大隕石の衝突というさらに大きな激変の存在も見いだされていく。

20世紀に入り地質学は長足の進歩を遂げ、今日でも次々と新しい発見が続いている。そのなかで大きな発展が、プレートテクトニクス理論の誕生だろう。大陸は動いている。第二次世界大戦前にドイツの科学者アルフレート・ヴェゲナー（1880-1930）はそう主張したが、多くの地質学者からは受け入れられなかった。証拠不十分とみなされたからである。戦後になり、海洋底の測量調査が進み、地磁気が過去において反転したという奇妙な事象の痕跡が海洋底の地質調査からも確認されるようになった。このような地磁気反転の痕跡の記録が、大陸移動説の動かぬ証拠として認識され、それを説明するプレートテクトニクス理論の受容につながっていく。

†動植物学

上述の通り、大航海時代の到来とともに、欧州には世界各地からさまざまな植物がもたらされるようになった。また世界各地に生息する動物の存在も知られるようになった。さまざまな植物は名前と特徴の記載とともに図譜に描かれて多くの人々に知らされていく。ルネサンスにはそのような植物図譜が多く出版され、それらの図譜にはしばしば『薬草誌』といったタイトルがつけられたが、各種植物への関心の背景にはそのような薬草としての効用の認識があった。その医療上の関心から、植物は動物よりも早い時期から優れた図譜が製作されるようになった。

図譜には植物の絵とともに当然のことながら植物の名称が添えられる。植物の基本的な分類体系は古代から存在していたが、植物の構造的な特徴に着目して植物を分類し、その分類体系に基づき新しい植物の学名の体系をつくり出したのが、スウェーデンの植物学者カール・フォン・リンネ（1707-1778）である。リンネは動物に対しても同様に、さまざまな種類の動物を階層的に整理し包括的な分類体系を作り上げ、動物の学名の体系を提唱した。「哺乳類」という動物の名称を造ったのも彼である。リンネの分類体系と名称体系は、その後修正を重ねられていくが、その基本構造や多くの学名は今でも引き継がれている。

また先述の地質学の紹介で述べたように、地層に埋もれていた化石には現生生物の化石もあれば、現存しない生物の化石もあった。そのような現存せず、太古の世界に生息していたと考えられる古生物も動物学者の研究対象となっていく。フランスの動物学者ジョルジュ・キュヴィエ（1769-1832）は地質学者と協力して古生物の研究に携わるとともに、各種の動物を解剖しその骨格や体内の臓器や神経系統などを分析し、各種動物の構造を系統的に比較していった人物である。動物の分類論はそのような比較解剖学にも基礎づけられながら確立されていくことになる。

動植物の分類体系が作成される一方で、動植物を含む自然界の歴史に関しては旧約聖書の創世記に記されるとおり、世界の誕生において神が各種の動植物をつくり出したとする創造説が、自然の研究者の間でも広く信じられていた。18世紀には（その後誤っていたことが判明するが）単純な微小生物が自然に発生しうるとする「自然発生説」が科学者の間で受け入れられ、さらにそのように発生した微小生物がだんだんと高等な生物へと変容し進化するという説も提唱されたりしていた。

しかし早期の進化論は、証拠となる事実やデータが不十分だった。それに対し、新発見とともに種々の観察データをよくそろえ、進化論を科学的に実証された理論として提唱したのがチャールズ・ダーウィン（1809-1882）である。ダーウィンの提唱した進化論は、すべての動物や人間が世界誕生時に神が創造したものとする考えと鋭く対立し、やがて科学をキリスト教から脱却させていくことになる。

ダーウィンは地質学の素養ももち、現在の動植物の知見だけでなく、地質学や古生物学の最新の研究成果をも含めて進化論を提唱した。ビーグル号に乗船し世界一周の航海をしつつ地質の探査や動植物の調査をしたが、それらの研究の成果から動植物が長い時間をかけて種を変化させてきたこと、その過程で生存のために競争し環境に適合するように進化を遂げてきたことを立証したのである。その結論は、神が動植物を含む自然界を創造したとするキリスト教の教義に反するものであり、やがて大きな論争を巻き起こすことになる。そのいきさつは本書で触れることはできなかったが、進化の歴史は地球の歴史の一部としてみなされ、進化論は地質学の発展と密接に関係して生み出されてきたものなのである。

†人体解剖学

人体はどのような部分から構成され、どのように組み立てられているか。人体解剖学の発展において一つの画期をなしたのが、ルネサンス・イタリアの解剖学者アンドレアス・ヴェサリウス（1514－1564）が著した『人体の構造』である。同書が出版されたのは1543年、奇しくもコペルニクスの『天球回転論』が出版されたのと同じ年だった。ヴェサリウスの書には数多くの人体の骨格図が掲載されており、その図を一目見た読者はそこに描かれている骨格が写実的であると思うことだろう。それは、ヴェサリウス以前の解剖図譜と比べるとさらに印象を深くすることだろう。

だがヴェサリウスの解剖学書には故意に真実の人体構造から逸脱して描かれている箇所もある。その箇所には人体の骨格ではなく、動物の骨格が描かれており、著者はあえてそのように描いたというのである。その理由は、当時の医学者が信奉している古代ローマの医学者ガレノス（129－199頃）が、そのように記述しているからだった。ちょうど初期近代の自然哲学者たちがアリストテレスの自然学を乗り越えていったように、当時の医学者たちはガレノスの医学体系を少しずつ、あるときは勇気をもって乗り越えていったのである。ヴェサリウス以降の解剖学書は、それ以前とは見違えて異なる内容をもつようになっていった。

ガレノスの医学理論と今日の医学理論とを比べて、最も顕著な違いは血液の流れ方に関することである。ガレノスは、血液は食物の栄養分から肝臓で生成され、それが静脈によって身体の各部分へ、また心臓に運ばれた後に動脈を通って身体の隅々に運ばれると考えた。動脈によって運ばれた血液が毛細血管を通じて静脈に移り、静脈から心臓に戻ってくる、とはガレノスは考えなかった。

それに対し血液は循環すると考え、そのことを立証したのは17世紀イギリスの医学者ウィリアム・ハーヴェイ（1578-1657）である。（ハーヴェイはその根拠の一つに静脈に弁があることを指摘したが、実は静脈弁は彼以前に発見されていた。ではハーヴェイ以前の静脈弁の発見者は、その存在意味をどのように考えたのか、本書第5章を参照して頂きたい）。

ヴェサリウスの人体解剖図は木版画で描かれたが、その後銅版画の製作と利用が普及することで、より繊細な描画技術が確立していく。それとともに人体解剖図もより精密で正確な描写がなされるようになっていく。またそれほど精密さを追求せずとも、教育用の解説書として版を重ねる解剖学書も出版された。18世紀にドイツで出版された解剖学の教科書、そのオランダ語訳が日本にもたらされ、日本語に翻訳されたのが『解体新書』である。（第5章の「解体新書」の節で、オランダ訳書の銅版画と『解体新書』の木版画を掲げておいたので比較してみてほしい）。

人体や生命現象の科学については19世紀以降も大きな発見がなされ、医学や生命科学の発展が続いていく。人体の生理現象も17世紀に登場した機械論的自然観から説明できるはずである、そのように考えた研究者が人体の構造やメカニズムをより詳細に、より精密に分析していくことになる。だがそのような機械論的な分析と説明はしばしば一筋縄ではいかず、論争が巻き起こることもあった。

†顕微鏡と生物学

顕微鏡は自然の研究者ばかりでなく一般の人々に、自然のミクロの世界を見せてくれた。イギリスの実験科学者フックは、1665年、顕微鏡で観察したさまざまな事物の微細な姿とそれらの説明を『ミクログラフィア』として公表した。自然界は神の創造物であると信じる当時の人々は、そこに自然を設計し製作した神の偉大さをあらためて見て取った。

顕微鏡が明らかにしたのは、微小な生物の存在や生物内部の微細な構造など、生命に関わることが多い。フックと同時代の生物学者たちは、顕微鏡によって肉眼では見ることのできない小さな生物を発見するとともに、昆虫などの小動物の内部の器官、とりわけ生殖器官の内部の細部構造などを明らかにしていった。

顕微鏡の発達とともに明らかにされた生物学上の重要な発見が、生物を構成する単位として細胞というものが存在するということである。それを明らかにしていったのは、ドイツの植物学者マティアス・ヤコプ・シュライデン（1804－1881）と動物学者テオドル・シュヴァン（1810－1882）である。シュライデンは植物における細胞、シュヴァンは動物における細胞の存在をそれぞれ明らかにした。植物は細胞壁があるために比較的簡単に細胞の存在を同定することができるが、動物の場合は柔らかい構造をしているので、その同定は難しい。彼らの細胞概念は誤っているところもあったが、19世紀を通じて修正され生物学の基礎理論として確立されていくことになる。

シュヴァン以降、細胞の内部の構造、特に核の存在や染色体の存在などが明らかになっていく。細胞が発生の過程でどのように変化していくか、その変化を観察することを通じて細胞内の核や染色体の役割が理解されていく。また細胞概念を基礎にして、それを医学に応用したのがルドルフ・フィルヒョウ（1821－1902）で、彼は人間の身体の病変を細胞単位で捕らえようとした。

このように18世紀以降の顕微鏡の発展は、生物の構造の基礎となる細胞や細胞の構造を解明することに役立った。また逆に、顕微鏡の発展においては、顕微鏡の性能を計測するために、生物の微細な構造が判然と見えるかどうかが判断材料とされた。そのようなサンプルとして役に立ったのが昆虫の脚や翅《はね》やチョウの鱗粉《りんぷん》の構造である。チョウの翅は美しい。その美しい色を生み出しているのは、光の干渉をもたらす鱗粉の規則的な微細構造のためである。

顕微鏡は、17世紀からミクロな小動物らしき存在を観察者の眼前に示してきたが、伝染病の原因がそのような小さな生命体であることが実証されたのは19世紀後半のことである。病気とりわけ伝染病の原因が汚れた環境や毒性の物質ではなく、動物の体液内で繁殖する細菌によってもたらされることを立証したのはロベルト・コッホ（1843－1910）であった。彼の提唱した細菌病因説は、当時は反対者も多かったが、顕微鏡による観察と顕微鏡写真の撮影によって強力な後押しを受けることになった。

20世紀に入ると、電子顕微鏡などの新しいタイプの顕微鏡が発明された。コッホは顕微鏡で細菌を観察したが、細菌よりも小さな微生物が存在することが判明する。ウイルスとよばれるそのような小さな微生物を電子顕微鏡によって見ることができた。その後、ミクロの世界を画像化するさまざまなタイプの顕微鏡が開発され、ついには原子レベルの物質の構造も確認されていく。

自然界のミクロな姿は、X線を利用しても明らかにされた。X線を原子や分子に当てると、それが散乱して回折《かいせつ》現象を引き起こす。その模様を分析することで分子の構造を再構成するのである。20世紀の生物学における最大の発見といえるDNAの分子構造の発見は、このX線の回折像を分析することによって実現したものである。

†物質科学

17世紀にアリストテレスの自然観に取って代わって成立した機械論的自然観は、巨大な自然研究のプログラムとして捉えることができよう。あらゆる自然現象は、究極的には粒子の形状、組み合わせ、運動によって説明することができる。ニュートンはそこに力の概念を組み込んだ。粒子の組み合わせとともに、それらの間に作用する力。これらの機械的、力学的な仕組みによって自然の現象を説明する。そのような説明を組織的に時間をかけて進めていこう。それが近代科学の提唱者たちが自然の研究者たちによびかけた提案だった。

それはまた物理還元主義の思想と言うこともできる。化学の現象も生命の現象も、すべて粒子の形や運動といった力学や物理学の現象によって説明することができる。化学や生物学は究極的には物理学に還元することができる、できるはずである。だがそれは自然観としては成立したとしても、少なくとも17・18世紀のうちは、実際の研究や科学的説明の構築に対しては、ほとんど無力であったと言っていい。

古来化学に携わる者のもっぱらの仕事は、さまざまな物質を熱や混合によって変化させることであった。そのような化学反応を研究する者にとっては、さまざまな物質の種類の同一性、差異性を決定し、各種物質に対して標準的な名称を与え、その上で各物質の反応の仕方を整理することも重要な課題だった。18世紀に作成された「親和力表《しんわりょく》」とよばれる物質の表は、表内の物質同士が結合しやすいかしにくいかを表現したものである。18世紀中葉に作成されたその表には、昔の錬金術の時代から使われてきた各物質を象徴するシンボルが配列されている。表の下の物質名の欄には、現在の物質名や元素名も見いだせるが、今日の物質名には見いだされない物質名も含まれている。

現在の元素名や物質名の起源をたどると、アントワーヌ－ローラン・ラヴォアジェ（1743－1794）の『化学命名法』という著作にたどりつく。それは、水素、酸素、炭素といった今日の元素名、また水はそれ自体、古代から信じられていたように元素ではなく、水素と酸素とが結合した分子であることが示されている。今までは知られなかったこの二つの元素がさまざまな物質に含まれており、物質の名称もそれとともに新しい名称が提案された。

そのような新名称の体系を生み出すきっかけとなったのは、物が燃えるというきわめて重要で一般的な現象について新しい理論を提唱したことだった。燃焼と呼吸は密接に関連している。燃焼と呼吸という重要な現象に対して、ラヴォアジェはそれが物質元素と酸素との結合作用によると論じた。この新しい燃焼理論に基づき、彼は新しい物質の名称の体系を提示したのである。

いったん、このようにして酸素による燃焼理論が提唱され、新しい物質命名法が確立すると、化学者にとっての大きな課題は、すべての物質がこれらの元素からどのようにできあがっているか、ラヴォアジェ流の命名法によって正しい名称を確定することである。そのような大研究プロジェクトは、19世紀の間に長足の進歩を遂げ、膨大な数の有機物質についてもそれらがどのような元素から構成されているか、物質の分子を構成する元素と元素の数が明らかになっていった。

19世紀半ばになると、物質分子を構成する元素の数が同一でも異なる性質をもつ物質分子が見いだされ、分子内に配置される原子の結合の仕方すなわち分子構造についても検討されるようになっていく。そのような分子構造の研究のハイライトは、ドイツの化学者アウグスト・ケクレ（1829－1896）によるベンゼンの環状構造の発見である。それに先立ちケクレは炭素が四つの結合手をもち水素や他の化学反応の単位と結びつくことができることを解明した。以後の化学研究では、各元素に対応する原子が結合し合い作り上げられる分子という描像《びょうぞう》が、明確な化学的事実として受け入れられるようになる。17世紀に登場した機械論的自然観の研究プロジェクトも、ここに実質的な意味合いをもつようになった。

19世紀末には電気の担い手としての電子が発見され、20世紀初頭にはその電子を内部に有する原子の構造が明らかにされていった。各元素に対応する原子は中心に存在する原子核とそのまわりに存在する一つ以上の電子から成り立っている。原子レベルのサイズでは通常のニュートン力学が成り立たず、それに取って代わる力学理論として量子力学が誕生した。

量子力学によれば、電子は時には粒子として振る舞うが、通常は波の性質をもった雲のような存在として原子核のまわりに存在する。さらに普通の水素の原子核は陽子だけで構成されるが、他の原子核は陽子の他に中性子も存在する。そしてさらに陽子、中性子、電子以外にも、種々様々な素粒子が存在することがその後の研究によってわかってくる。20世紀の前半はこのような原子レベルの物理学が大いに発展した。そして第二次世界大戦にはその成果が活用されて人類を滅ぼしかねない原子爆弾が製造され、実際に使用された。

第二次大戦後の20世紀後半には、原子レベルからさらに原子を構成する素粒子のレベルへと物理学者の研究対象は深まっていく。ミクロな素粒子の世界を解明する手がかりを提供してくれたのが、サイクロトロンなどの加速器の発達であり、新たな素粒子を明らかにしてくれる霧箱《きりばこ》や泡箱《あわばこ》といった検知装置の活用だった。素粒子論の研究は従来の素粒子を構成するクォークや、質量の起源を説明するヒッグス粒子などの物理学の根本問題を解明するような粒子の発見をもたらした。

そしてミクロの世界を究める素粒子論研究は、マクロの世界を究める宇宙論の天文学研究と結びつき、両者の間で新しい知見の交流がなされるに至っている。それは宇宙の起源をめぐる研究でもあり、将来の宇宙の姿を探る研究でもある。

序章の最後に、図像を参照しながら科学の歴史を読み解いていくにあたって留意してほしいことを記しておきたい。それは、図を単なる挿絵としてではなく、時に立ち止まってじっくりと眺めてほしいということ、そして解説の文章を読むことで絵の意味や背景を理解し、また想像を膨らませてほしいということである。

科学を解説するために使われる図はさまざまである。見慣れた図もあれば、見たことのない図もあるだろう。科学者の研究する様子を撮影した写真もあれば、科学者が自身の研究を説明するために工夫して作成した図像もある。一般人にも理解できるよう一目瞭然の図もあれば、専門の科学者にあてて描かれた複雑な図もあろう。なかには、科学研究の内容やその歴史的発展の本質を表している図も存在する。

科学研究の内容に関わる図像、研究対象となる事物の描画、研究成果を図式化したグラフ、あるいは研究上の仮説や理論に基づき描かれた想像図などが本書の各章に登場する。またまれに風景画も、当時の状況を説明するために利用した。これらの絵や図は一目瞭然に理解できるものもあるが、背景の説明や図の解釈を伴ってその意味内容が初めて読み取れるようなものも多い。

図を作成した科学者の意図や工夫、また画家との協力など、科学者と彼らを取り巻く協力者たちの活動や人間模様に思いを馳せつつ、次章の天文学史の章以降を読み進めて頂ければと思う。

第1章

天文

——星の振舞と宇宙の構造

1 ティコ・ブラーエの折衷説

1543年、地動説を提唱するコペルニクスの『天球回転論』が出版された。同書は精緻に論述された幾何学的天文学の論考であるが、序章にはコペルニクスにより地動説を擁護する弁明的な解説が付されている。だがそこにはさらに読者への序文が添えられ、読者は驚くことはない、同書の内容は単に数学的仮説にすぎず、宇宙の実際の構造について論じるものではないと告げられる。実はその序文、出版直前に著者の預かり知らぬうちに、とある神学者により付け加えられた序文だった。

印刷術の登場により多くの書物がヨーロッパ各地に普及し始めてから半世紀、コペルニクスの天文書も多くの人物、天文学を解する学者たちに買い求められた。そのような人物の1人に、ティコ・ブラーエという天文学を学ぶデンマーク貴族の学生がいた。コペルニクスの惑星運動論は大変よくできている。惑星の運動をよく説明することができる。ティコは超新星を発見・観察し、その経験から堅い天球によって宇宙が成り立っているというアリストテレス流の天体論に懐疑心を抱くようになっていた。しかしコペルニクスが提唱する地動説という宇宙論に与することも、彼にはできなかった。『天球回転論』に書き添えられた序文が断るように、彼もまたコペルニクスの惑星運動論を単なる数学的なモデルとして受けとめた。

そこでティコは、アリストテレスの地球中心説とコペルニクスの太陽中心説とを組み合わせた折衷的な宇宙論を提唱することになった。彼は宇宙の中心には地球が存在すると考える。その意味で彼は、地球中心説（天動説）の論者であった。しかし五つの惑星は地球の中心を回るのでなく、太陽の周囲を回転し、それら五つの惑星を引き連れた太陽が地球の周りを回転するのだと考えた。複雑な惑星の運動に関して、それらがいずれも太陽の周りを回転しているとすることで、ティコの惑星運動論はコペルニクスの惑星運動論に幾何学的にはほぼ同等であった。地球中心説でありながら、太陽中心説の要素も含み込んでいる。彼の宇宙論は根本的には天動説の立場に立ちながら、そのように両者の要素を兼ね備える折衷的な宇宙論だった。

図1-1は、ティコの死後、17世紀半ばに天文学者ジャンバティスタ・リッチョーリによって書かれた著作の扉絵である。右に立つのは天の女神ウラニア、女神は右手で二つの円盤を吊《つる》した天秤を持っている。左の吊り上がった円盤には、太陽が中心に座し、その周りを地球を含む諸惑星が回転する。一方右に吊り下がった円盤には、中心に地球が描かれ、そのまわりを太陽が回転する、そして太陽の周りには（あたかも太陽が衛星をもつかのよう

図 1-1　コペルニクスの地動説より重んじられるティコの折衷説
出典：Giambattista Riccioli, *Almagestum Novum* (1651), frontispiece.

に）水星、金星、火星といった惑星が描かれている。天秤から外され右下に置かれている円盤には、地球が中心に存在し、そのまわりを月・地球・諸惑星が回転する図が描かれている。

リッチョーリはイエズス会の天文学者。当時イエズス会においては、コペルニクスの地動説は採用されず、ティコの折衷説を正しい宇宙論の学説として採用していた。この図もまた、ティコの宇宙論の正しさを伝える意図が込められている。アリストテレス（プトレマイオス）の宇宙論は脇に置かれ、女神はコペルニクスの地動説とティコの折衷説とを天秤にかける。そしてティコの折衷説の方が重く、信憑性があると判断していることをこの図は示しているのである。

17、18世紀にイエズス会士は世界の各地に派遣され、キリスト教を布教するとともに、西洋の天文学を始めとする自然科学の知識をもたらした。中国に到来したイエズス会士は皇帝にも評価され、宮廷で天文学者として活動することが許されるようになった。彼らが17世紀中国にもたらした天文理論は、このティコの折衷説に基づく天文体系だった。

ヨーロッパでは1632年に出版されたガリレオの『二大世界体系の対話（天文対話）』にもたらされた悲劇——ガリレオの宗教裁判——が象徴的に示すとおり、地動説はカトリック教会では明確に否定された。しかし地動説は天文学者、自然哲学者の間では広まっていき、17世紀半ばにはヨーロッパのほとんどの科学者の間で地動説が受け入れられるようになっていく。

2 ケプラーの幾何学

ティコの助手の1人に有能な天文学者がいた。ヨハネス・ケプラーである。彼はドイツのチュービンゲン大学で数学と天文学を学んだが、その時の師はミヒャエル・メストリンという人物だった。メストリンはティコと同様、超新星や彗星の観測からそれらが月より上の天界で起こっている現象であることを確信し、それらを気象現象だとするアリストテレスの宇宙論に疑念をもつようになった。そしてコペルニクスの地動説に基づく天文学理論を高く評価するようになった。メストリンから天文学を学んだケプラーもまた、コペルニクスの地動説を信じるようになった。

25歳の時にケプラーが出版した『宇宙誌の神秘』(1596)には、奇妙な図が添えられている。いちばん外側の半球の内部に四角形の正六面体の枠が置かれ、その中にまた半球が置かれる。その第二の半球の中には三角形の面の正四面体の枠が置かれ、その中に再び半球が置かれる。その第三の半球の中には、また別の正多面体(五角形の面からなる正

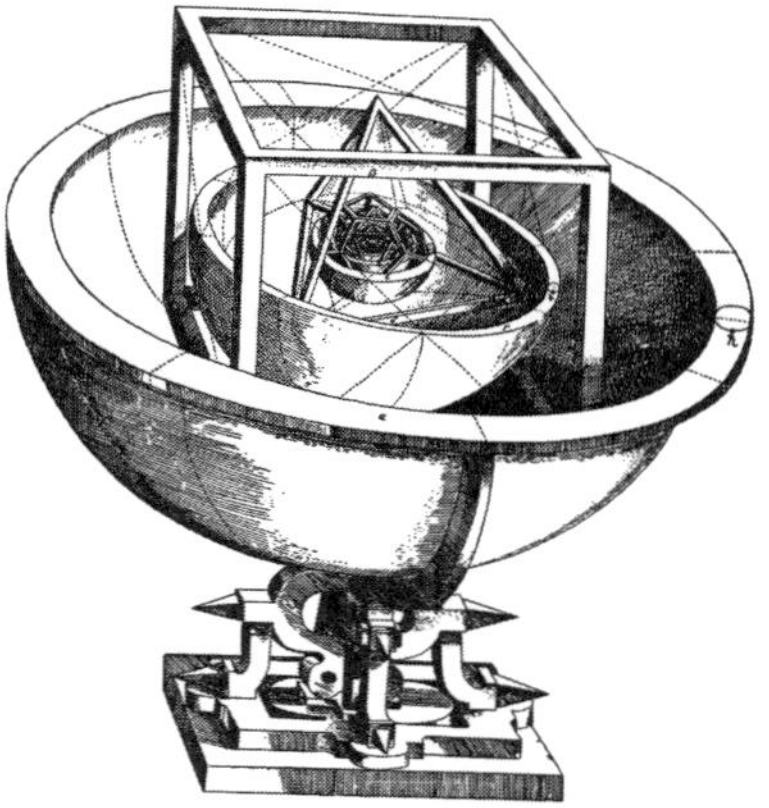

図 1-2　ケプラーの入れ子式の諸惑星の配置模型
出典：Johannes Kepler, *Mysterium Cosmographicum* (1596), figure 3.

十二面体）の枠が置かれ、その内部にまた小さな半球が置かれる……。このような入れ子構造によって、サイズの異なる六つの半球と5種類の正多面体とが重なり合っている。それがこの図が示す構造である。いったいこれは何を示しているのだろうか。いったいいかなる天文学的な意味をもっているのだろうか。

コペルニクスの地動説理論の大きな特徴は、太陽から惑星までの距離の比が確定することである。コペルニクス以前の天動説の惑星運動論においては、地球から各惑星までの距離、また地球から各惑星までの距離の相対的な比率関係も決定することができなかった。

プトレマイオスの天文学理論では、地球のまわりに第一の円（導円《どうえん》）を考え、その円の周囲を回転しながら移動する第二の円（周転円《しゅうてんえん》）を考えたりしたが、第一の円である導円の大きさについては、あまり大きくも小さくもなければ、任意の値とすることができた。それゆえ、別々の惑星の間での導円の大きさの比を決定することはできないことになる。

一方コペルニクスの地動説では、太陽から地球までの距離を1としたときに、金星や火星までの距離がどのくらいの大きさになるか求めることができることになった。その理由は、プトレマイオスの理論で導入されていた各惑星の第二の円（周転円）を、コペルニクスは太陽の周りを回る地球の軌道と関連づけることで、各惑星の軌道の大きさを定めることができるようになった（プトレマイオス理論での第一の円の大きさを定めることができるようになった）ことによる。ともあれ、地動説では太陽から惑星までの距離の比が導出できることになったのである。

ケプラーは、これらの各惑星の軌道の大きさの比が、なぜそのように決まっているのか疑問に思い、その疑問を解こうとした。考え抜いた末に、その軌道比と正多面体を入れ子構造に配置したときの半球の大きさの比が同じような比例関係になっていることに気がついた。そうして作り上げたのが、この奇妙な半球と正多面体からなる入れ子構造の模型なのである。半球は各惑星の天球を表しており、最も外側には土星の半球が置かれている

（半球の右の縁には土星を表す「♄」のマークと土星の軌道の円がその軌道の大きさに合わせて書き記されている）。その内側に六面体を挟んで木星の半球が置かれ、多面体を挟んでその内側に火星、地球の半球が置かれる。それ以上図ではよく見えないが、さらにその内側に小さな金星、水星の半球が模型の中心に置かれている。

このようなケプラーの模型は、我々の目にはまったく意味をもたないものである。太陽から惑星までの軌道は、偶然にそうなっているだけであり、その大きさの比自体に何らかの幾何学的法則があるわけではない。しかしケプラーやおそらく彼の同時代人は、そこに何か深い意味があるのではないかと想像した。

だがケプラー自身、この入れ子構造で求めた比が、正確にはコペルニクス理論による惑星軌道の比に一致しないことに気づくようになった。その後ティコに招かれ、彼が観測した膨大な記録を整理する作業を任されることになる。ティコの死後、ケプラーはティコのデータを用いて火星の軌道の正確な幾何学的形状を研究し、その軌道が楕円形《だえん》であることを発見する。さらにその後、太陽から惑星までの距離と惑星の公転周期の間に一定の数学的関係があることを見出していく。

『宇宙誌の神秘』に掲載された我々には無意味に思われる入れ子模型と、その後彼の名を不朽にした楕円の法則、両者は一見無関係のようにも思えるが、ケプラーには宇宙の内部に調和的な幾何学的関係を何とか求めようとする傾向があり、その強い気持ちがそれら二つの発見を導いたとも見ることができる。そしてケプラーがもっていた宇宙の中に単純で美しい数学的なパターンを求めようとする精神、それは近代の科学者にも受け継がれていると言うこともできるのである。

3　17世紀の月面図

望遠鏡は1608年、オランダのレンズ職人によって発明された。イタリアに住むガリレオは発明の報を聞くや、自ら望遠鏡を製作し、その望遠鏡を使って夜空の星や月を眺めた。ガリレオの望遠鏡は凸型の対物《たいぶつ》レンズと凹型の接眼《せつがん》レンズからできており、倍率は小さいが対象が正立像としてはっきりと見えるタイプだった。月の明暗模様、日本人には餅をつくウサギに見えたりするが、自作の望遠鏡で覗いたガリレオには、まったく異なる光景がそこに現れた。

ガリレオは望遠鏡で見た月面の姿をスケッチし、さらに描き直した上で『星界の報告』（1610）に掲載し出版した。彼には月の明暗模様が山と谷の凹凸、今日言うところのクレーターに見えた。『星界の報告』には5枚の月面図が掲げられているが、それらはい

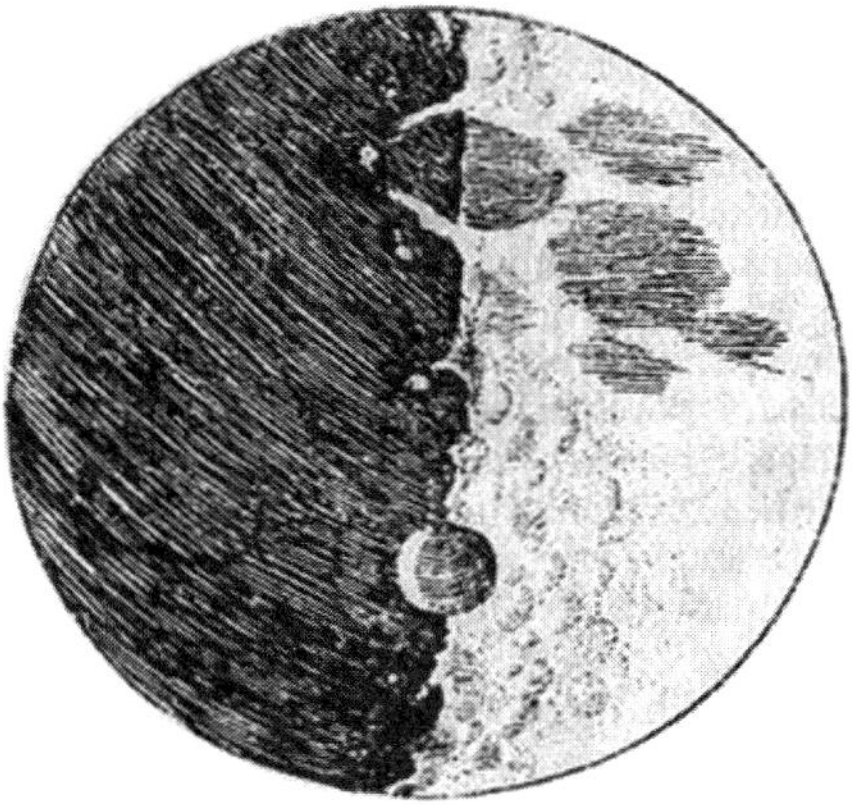

図 1-3　ガリレオの描いた月面図
出典：Galileo Galilei, *Sidereus Nuncius* (1610), p. 17.

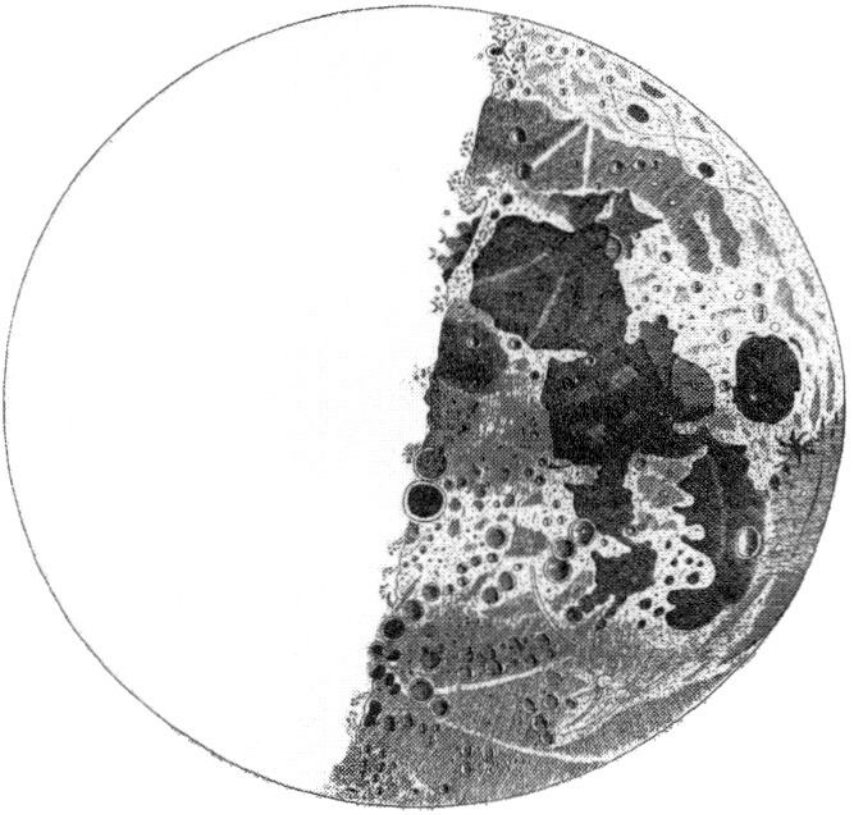

図 1-4　ヘヴェリウスの月面図
出典：Johannes Hevelius, *Selenographia* (1647), p. 336 の次のページ。

ずれも満月ではなく三日月や半月の時のもので、太陽光が横から当たることでクレーターの凹凸が浮き彫りになるように描かれている。図1‐3は上弦の半月を表し、中央下に位置する大きなクレーターの凹凸が大変印象的である。図ではそのクレーターの左半分の山腹が太陽光で照らされ、本来は暗くなるべき左半円にわずかに食い込んで三日月型の山腹斜面が明るく照らされている。

望遠鏡は天文観測だけに使われただけでなく、地上の遠方の物体を観測するために利用され発達した。むしろそのような遠眼鏡としてもっぱら使われた望遠鏡は軍人にも重宝され、その社会的需要からガラス磨きに熟達した職人たちにより性能のよい望遠鏡が競って製作され、高値で販売されていった。

自ら望遠鏡を製作し天体観測しその成果で名声を博した人物に、ポーランドの天文学者ヨハネス・ヘヴェリウス（1611‐1687）がいる。彼は望遠鏡で月面を丹念に観察し、『月面誌（セレノグラフィア）』という著作を1647年に出版した。原題の語源セレーネはギリシア語で月あるいは月の女神を意味し、セレノグラフィアは月を観察して描かれた図像集を意味している。『月面誌』には、満ち欠けの月齢に応じた月面図が多数収録されている。ガリレオの『星界の報告』のように、月面の凹凸が浮き上がるように特に半月の図像だけを掲載するのではなく、新月に始まり三日月、半月、満月等の月面図が描かれる。月の満ち欠けの様子を30ではなく40の位相に分け、それぞれ詳細に描かれた図像を提供する。

その中の上弦の半月を表しているのが図1-4である（影の部分は白いままにされている）。その図はガリレオの月面図に比べて各段に詳細かつ精密に描かれている。中心線上の中心からやや下に位置する「クレーター」は、ガリレオの図ではやや誇張されて大きく描かれていたが、ヘヴェリウスの図ではサイズが小さくなり現実の比率に近くなっている。ガリレオの図にはなかった小さな「クレーター」もヘヴェリウスの図では多数描かれ、月面の模様を構成する（ウサギの頭と胴体の部分に相当する）暗い部分も、その描かれ方が細密になっている（本書「はじめに」で述べた「一枚」は、その後この月面図を模倣して描かれたものである）。

『月面誌』の冒頭部分には「緒論（プロレゴメナ）」として、望遠鏡やレンズの製作方法が約100ページにわたって詳しく解説されている。その中の1枚の図には、ヘヴェリウスの工房とおぼしき部屋とその一角にレンズを加工する種々の道具が描かれ、その使用法が本文中に説かれている。彼はそのようにして精巧な望遠鏡を製作し、その望遠鏡で毎夜毎夜月面を観測し、観測した月面の姿を紙の上に精密に再現した。観測したものを正確に描くこと、そして描かれた図像を正確な銅版画に印刷すること、そのような図像制作の難しさにも言及している。

望遠鏡の歴史に詳しい科学史家アルバート・ヴァンヘルデンは、この『月面誌』に書かれている内容を引用し、ヘヴェリウスが自らの天体観測の正当性と、描いた月面図の正確性をいかに主張しようとしたか、その説得のための戦略を明らかにしている。『月面誌』には40枚あまりの精密な盈虚《えいきょ》各相の月面図が示されるだけでなく、前述の通りそれらの図像が製作される現場や裏方での工夫の数々が苦労話を交えて語られる。それらは読者の興味を喚起するというだけではなく、彼の月面図がいかに正確に描かれているか、いかに信頼に足るものであるかを、読者に納得してもらうためのものだったとヴァンヘルデンは指摘する。それは逆に言えば、彼以外の天文学者が描いた月面図が必ずしも正確ではなかったことを含意することになるが、実際彼は同書の別の箇所で、他の天文学者の月面図への批判も記しているのである。

4 ニュートン以後の宇宙論

コペルニクスの提唱した地動説、ケプラーの提唱した惑星の楕円運動の法則、ガリレオが地動説擁護に利用した慣性の法則、それら天界と地上での運動の諸法則を統一し、一つの壮大な力学体系を編み出したのがイギリスのアイザック・ニュートンだった。その力学体系は彼の主著『自然哲学の数学的諸原理（プリンキピア）』（1687）の中で、幾何学的に表現される緻密な数学理論として展開された。コペルニクスに始まる「科学革命」の総仕上げがここでなされることになった。

ニュートンの力学体系においては、すべての質量をもつ物質の間には万有引力が働き、そのさまざまな物質からの引力の下で、物体はニュートン力学の定める運動法則に基づいて運動し続ける。太陽と地球の間にも強い引力が働くが、太陽の方が地球よりもはるかに質量が大きいとすれば、太陽が（ほぼ）静止して地球がその周囲を公転するのは力学理論の当然の帰結であることになる。ニュートン力学は太陽の周りの惑星と彗星の運動、そして惑星の周りの衛星の運動を見事に説明してくれた。18世紀の天文学者は、数学的に解くのが難しい三つの天体、あるいは四つの天体を考慮して軌道を計算することに取り組んでいった。

太陽系内の月や惑星についてはよく説明できたニュートン力学だったが、太陽系を越えた宇宙の構造については多くを語らなかった。『プリンキピア』が対象とする天体は月・惑星・太陽であり、恒星の位置や運動についてはそこでは一切論じられていなかった。アリストテレスは地球を宇宙の中心に位置させ、恒星が埋め込まれる最外天球を宇宙の果てであるとした。コペルニクスは地球の代わりに太陽を宇宙の中心に置いたが、最外天球の概念はそのまま維持し続けた。一方、万有引力の概念と新しい力学理論を手に入れたニュートンは、そのような古代由来の恒星概念をそのまま継承するわけにはいかなかった。

ニュートンが想像した宇宙全体の描像とは、無限の宇宙空間の中に恒星が均等な間隔で配置され、それらが重力の作用でちょうど釣り合って静止しているというものだった。恒星はいずれもほぼ同じ明るさをもち、それらが一定の間隔で配列されていることで、太陽系からは少数の近い星が明るく見え、多数の遠い星が暗く見える。だがそのようなニュートンの宇宙像には反対意見もあった。夜空には天の川が横たわる。星は宇宙空間に均一に配置しているわけではないのではないか。星がそのようにあらゆる方向に無数に配列していたとすると、夜空はすべての方向で天の川のような輝きが見えるはずではないか。このような疑問にニュートンが答えることはなかった。

天の川（銀河）に注目し独自の宇宙論を構想した人物にトマス・ライト（1711－1786）というイギリス人がいる。彼は天文学の専門家でも自然哲学の研究者でもなく、自身は各地で航海術などを教える巡回講師と呼ばれる職業を生業にしていた。彼は、恒星は静止しているのではなく、惑星が太陽の周りを回転するように、宇宙の中心の一点の周りを大きく回転していると考えた。それは太陽系よりもはるかに大きな軌道であり、太陽

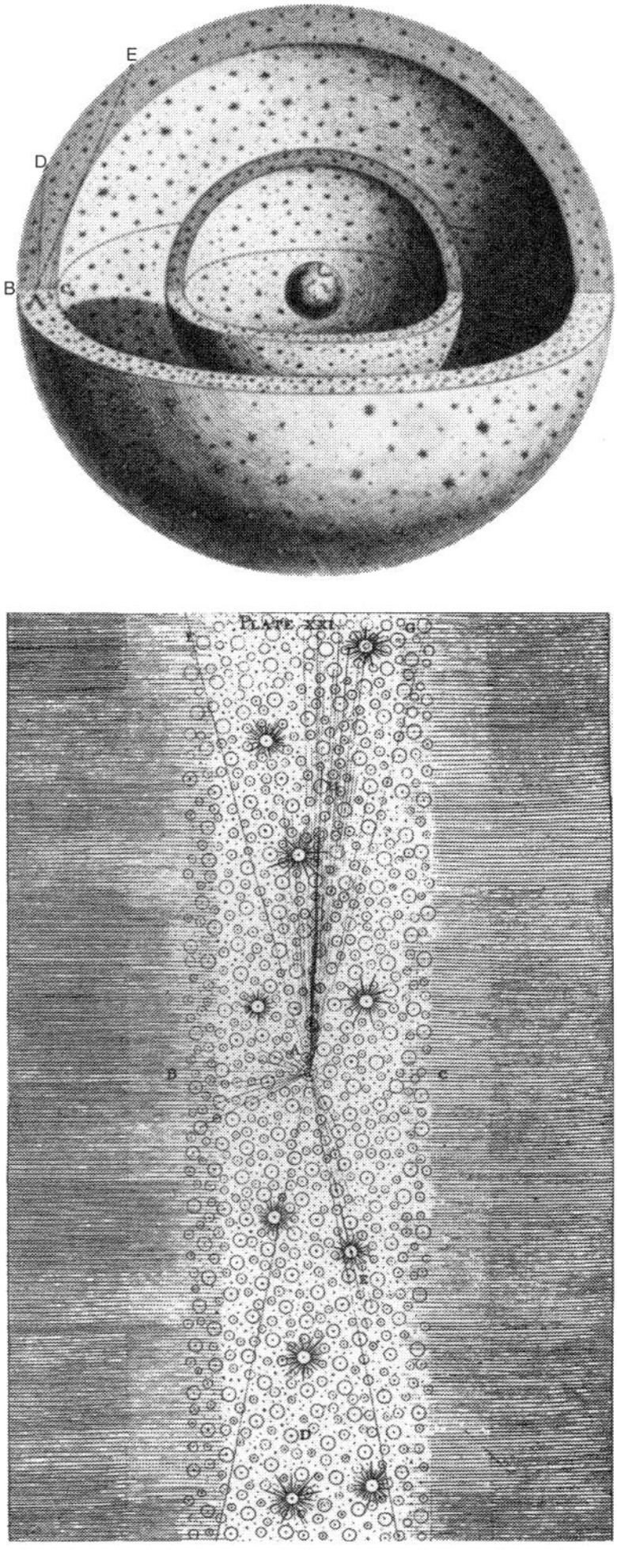

図 1-5a, 5b　ライトの考える宇宙の構造
宇宙に存在する球殻。第二の球殻の左中央（A）に太陽が存在する。そこから上方向（AD 方向）あるいはやや右斜めの方向（AE 方向）には星が多数見える。下の図 5b は球殻中の太陽の近辺を拡大した図である。
出　典：Thomas Wright, *An Original Theory or New Hypothesis of the Universe* (London, 1750), plates 27 and 23.

系自体も恒星の一つとしてそのような巨大軌道を描いて回転する。彼が著した『宇宙の独創理論ないしは新仮説』（1750）には、そのように想像された宇宙像が多数挿絵を伴い解説されている。図1-5aのように、宇宙は球状をしており、太陽を含む多くの恒星はその周囲の球殻を形成している（球の中心は、彼の考えでは、神が住む空間とされた）。恒星はこの薄い球殻の中を運動しているのである。太陽系から周囲を見渡すと、球殻に沿った方向に多数の星が観測されるが、その方向から外れると星はわずかしか観測されない。夜空に天の川が見える理由を、彼はそのように説明した。

ライトは、天の川の見え方の説明として、もう一つの宇宙像を考えていた。それは球殻ではなく土星のように、中心の球の周りを平たい環《わ》が取り囲んでいるという描像である。これは、ある意味では、前者の球殻構造の一部を薄く切り取ったような構造にもなっていると見なすこともできる。彼自身は対称性の点で優れた球殻構造を自身の説として採用した。

ライトの著作は広く読まれ、ドイツの雑誌にその要約が掲載された。それを目にしたのが、高名な哲学者イマニュエル・カント（1724-1804）だった。神学的意味も考慮していたライトに対し、神の居場所という考えを受け入れなかったカントは、円環の内側に星が存在しても不思議ではないと考えた。

では宇宙は円環的な構造をしているのか、それともライトが信じたように球殻状の構造をしているのか。ここでカントは、宇宙で観測される天体の中に楕円形に見えるものがあることを想起した。そのような宇宙がはるかかなたにあるとすれば、球状をしていれば常に球状に見えるが、円盤状であれば斜めから見ることで楕円形に見えることになる。このような推論から、彼は太陽系を含む我々の星の集団は円盤状になっており、そのような円盤の星の集団が宇宙に散在しているのだと結論した。今日の銀河系の概念とそれらによって構成される宇宙という宇宙論が、このようにして提唱されるに至った。

5　年周視差を求めて

地動説がコペルニクスによって提唱された時に、存在が指摘されながらなかなかその存在を確認することができなかったのが、「年周視差」という現象だった。地球が太陽の周りを大きく公転することによって、半年ごとに大きく居場所を移動する。その居場所の移動によって、遠くの恒星の見える角度も多少変化するのではないか。恒星に遠い星、近い星があるとすれば、近い星は特にそのような見える角度が変化するはずではないか。ニュートン力学が確立し地動説が広く受け入れられた後も、このような見える角度の変化——年周視差——は、多くの天文学者の努力に関わらず、また望遠鏡の性能向上にも関わらず、確認されることはなかった。

年周視差を見いだすためには、星の位置を正確に把握しなければならない。大気の屈折が天体観測に影響することを知っていた天文学者は、天頂に来るような比較的明るい星を正確に観測することで、そのような大気屈折の効果を排除しようとした。オックスフォード大学の天文学教授ジェームス・ブラッドレー(1693-1762)もまた、天頂を通過する星を観測し年周視差を見いだそうとした。ところが星は予想とは異なる動きを示した。予想外の現象に遭遇したブラッドレーは、その理由を探し求め、「光行差《こうこうさ》」という現象の存在を見出した。

17世紀にデンマークの天文学者オーレ・レーマーが木星の衛星を観測することで、光は有限の速度をもつことを見出し、その速度の大きさも算定していた。雨が降る中で歩くと、雨が少し前から降ってくるように感じるのと同じように、天体から「降ってくる」光に対して地球が運動することで、光がわずかに「前方」にずれた角度から「降ってくる」ように見えるはずだ。このわずかなずれは、その通り「ずれ(aberration)」と呼ばれたが、日本では意味をくみ取り「光行差」という名前が与えられている。光行差の発見は、地球が動いていることの動かぬ証拠となる一方、正確な天体観測の難しさを改めて印象づけることになった。ブラッドレーは自分たちの天文観測が1秒程度の精度をもっていることから、年周視差は存在するとしても1秒以下の小ささだろうと見積もった。これは距離に換算して地球から太陽までの距離の40万倍に相当した。

ブラッドレーよりしばらく後、イギリスの天文学者ウィリアム・ハーシェル（1738－1822）もまた年周視差の検出に取り組んだ。彼はもともとドイツから移住してきた音楽家で、科学書に記される望遠鏡の製作法とそれによる天文観測に興味を強く惹かれ、実際に天文学の道を歩み始めることになった人物である。故国にいた妹のカロリーネ（英語名ではカロライン）も呼び寄せ、2人で協力して反射鏡とレンズを磨き反射望遠鏡を製作、夜空の星々を系統的に観測していった。天文観測を始めて10年目の1781年、特異な運動をし続ける星を見つけ出した。それは惑星であることが判明、ジョージ星と彼が名付けたその新惑星は、後に天王星と正式に命名された。この功績により終身年金を受け取れることになり、さらに天文学の研究に専念していった。

このような発見が可能だったのは、ハーシェルが丹念に夜空の観測を続けていたからである。望遠鏡による天文観測は17世紀に始まったが、王立天文台で着手された最初期の観測結果と18世紀末当時の観測結果とを突き合わせることで、恒星のわずかな位置の変化とその速さを検出できるのではないか。彼はそう考え、フランスの天文学者の研究成果も参照しつつ、数十にのぼる恒星の約半世紀にわたる位置の変化具合を調べてみた。1783

年に出版された「太陽と太陽系の固有運動」という論文で、そのような長年にわたる恒星の固有運動を比較し、それらの運動が空間的にどのように分布しているか探ることで、逆にそれらの星々に対する太陽自身の運動（固有運動）の存在を推測し、その大きさと方向を算出することができた。

数十年にわたる観測で天界の位置を変化させている恒星はいくつも存在した（それは半年を経ての変化ではないので、年周視差を示すわけではない）。わずかな変化もあれば大きな変化もある。そのような位置の変化は、実は、太陽とともに地球が宇宙空間の中で移動しているからそのように見えるのではないか。恒星の動きは太陽系の動きのせいではないか。ハーシェルはそのように考え、恒星の位置の変化の分布具合を調べてみた。図1-6aはもし太陽が中心点から上方向に動いた際に、実際は静止している恒星がどのように見える方向を変化させるか模式的に示したものである。この図を見ると、近い星は大きく変化し遠い星は小さく変化するということとともに、太陽が動く方向（上下の方向）にある星は見かけの変化が小さく、それとは90度の方向（左右の方向）にある星は見かけの変化が大きいことが分かる。多くの星々の動きをこのような特徴から読み解くことで、彼は我々の太陽系がヘラクレス座のラムダ星という星の方向に向かって動いていると推測した。図1-6bはその星に向かうような方向に偏るようにして星々の固有運動が検知されること

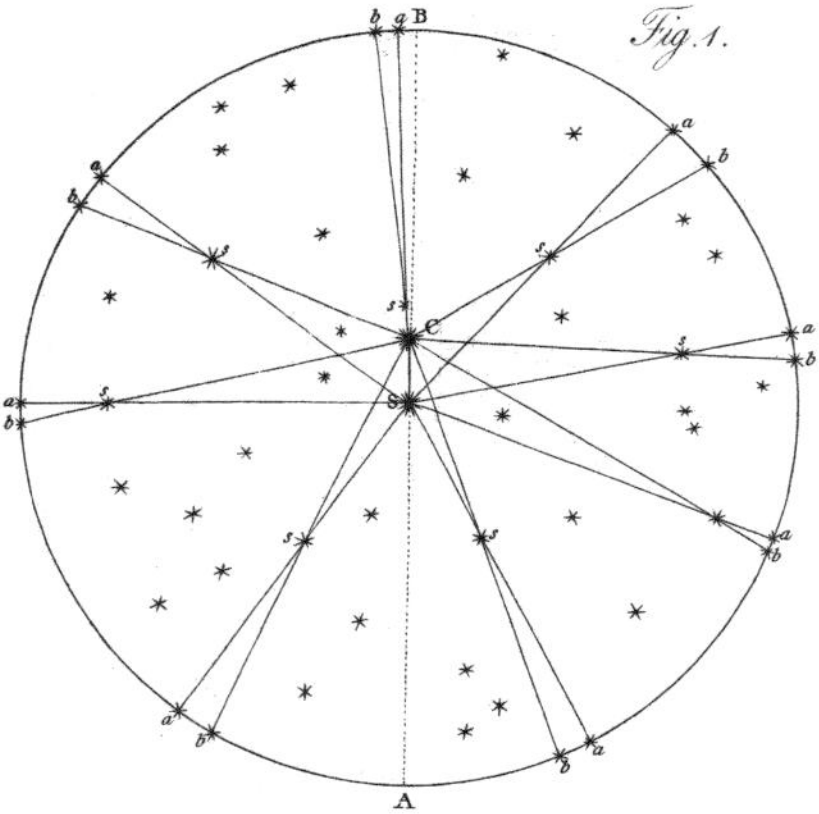

a

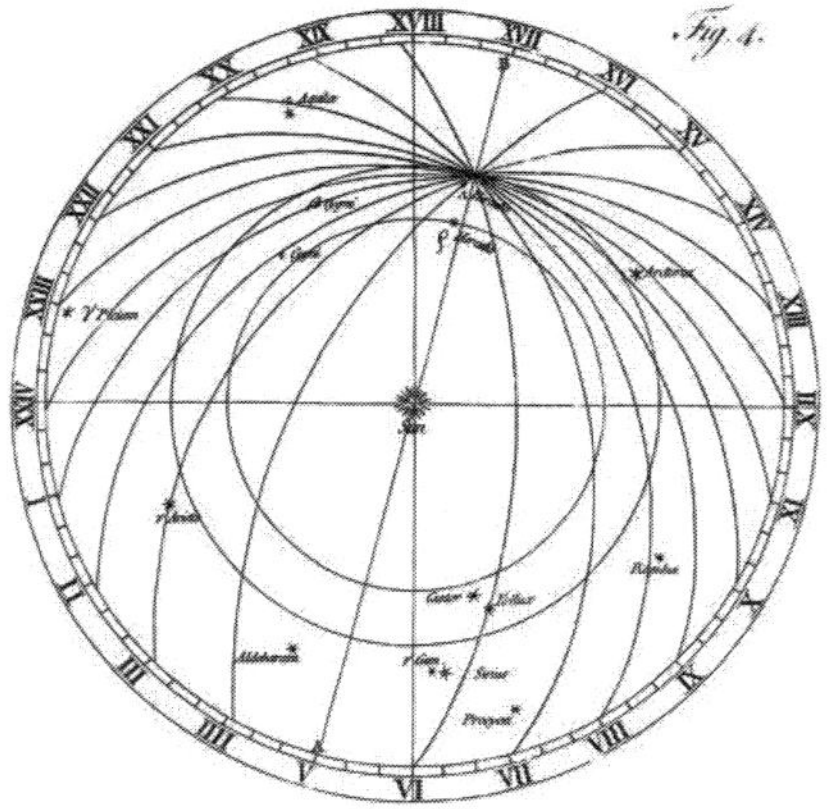

b

図 1-6a, 6b　太陽と恒星の固有運動

上図は太陽（地球）の位置の変化によって星の見える方向が変化することを示し、下図は全天の中で太陽が運動する方向を示している。

出典：William Herschel, "On the Proper Motion of the Sun and Solar System," *Philosophical Transactions*, 73 (1783), figures 1 and 4.

を示している。

年周視差を探し求める試みは、19世紀に入り新たな展開を見せた。ドイツ（プロイセン）の天文学者F・G・ヴィルヘルム・フォン・シュトルーヴェ（1793－1864）は、年周視差を探すためにもまずは太陽系に近い星を選び出そうとした。その選択の基準として、その星が明るいこと、その星の固有運動が大きいこと、連星《れんせい》（共通の重心を回転し合う二つの恒星）であれば2星の間隔が離れているように見えること。この三つの基準を立てた上で、夜空の星々でこれらの基準に見合う星を探すことにした。

シュトルーヴェはこのようにして3基準のうち明るさと動きの基準を満たす星としてヴェガ（織女星《しょくじょせい》）を選び出した。そしてその星が確かに年周視差を示していることを発見し、その値が8分の1秒になると算出した。その後、他にも年周視差を示すいくつかの星が観測された。ケーニヒスベルク大学の数学者で天文学者だったフリードリッヒ・ヴィルヘルム・ベッセル（1784－1846）は、はくちょう座61番星に着目し、その年周視差を3分の1秒と割り出した。彼は精密な天文観測とともに、数学的な理論的計算にも定評があり、彼が見いだした年周視差は、広く科学者に認められるところとなった。その直後、イギリスの天文学者トマス・ヘンダーソンは喜望峰の天文台で南半球の全天を観測し、ケンタウロス座のアルファ星が1秒余りの年周視差をもっていることを見いだした。この恒星が現在に至るまで、太陽系に最も近い恒星であるとされている。

6　星雲の正体

夜空には、星雲《せいうん》(nebula)と呼ばれる天体が存在する。カントが思索した宇宙論では、そのような星雲は雲状の物体が円盤状になったものと想像された。

フランスの天文学者シャルル・メシエ(1730-1817)は、初め彗星の観測に従事していたが、彗星と見間違えやすい星雲の存在に気づき、夜空に見える星雲をすべてリストにしていこうとした。1771年に発表された最初のカタログには45個の星雲や星の集合が挙げられたが、その後リストされる星雲の数は次々に増やされていった。これらの星雲にはメシエにちなみM1から始まるM番号が割り振られることになった。

前節のハーシェルも望遠鏡で全天を観測し、彼自身メシエのカタログを凌《しの》ぐ多数の星雲を発見していった。自作の大型で高性能の望遠鏡で観測し、星雲の正体を突き止めようとした。望遠鏡で天の川を観測すると一つ一つの星から成り立っていることがはっきりと見て取れる。メシエのカタログにある星雲もその通りなのではないか。各星雲を望遠鏡で観察していくことで、それまで雲状に見えた星雲の多くは実は多数の星の集合であることを

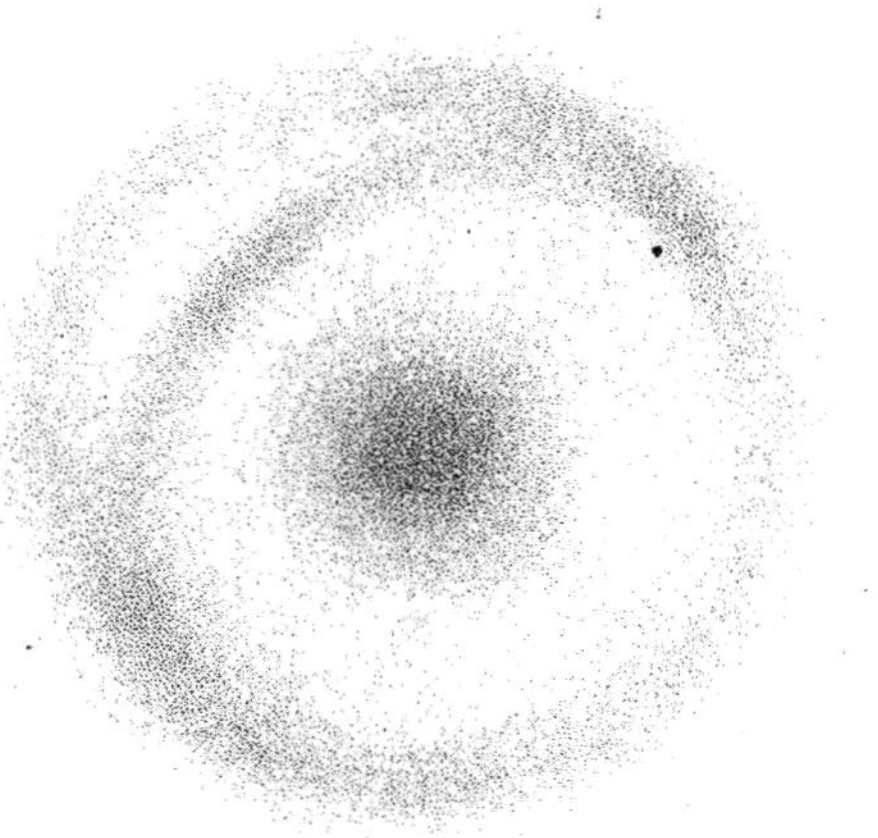

a

b

図 1-7a, 7b　J・ハーシェルの描いた M51（1833 年）とロスの描いた M51（1850 年）

出典：John F. W. Herschel, "Observations of Nebulae and Clusters of Stars," *Philosophical Transactions*, 123（1833）, p. 494, Plate 10, Figure 25; The Earl of Rosse, "Observations on the Nebulae," *Philosophical Transactions*, 140（1850）, Plate 35, figure 1.

見いだした。多くの星雲は離散的な星の集合であると考えるようになった。

だがその一方で、惑星のように一定の大きさと均一の明るさをもつような星雲も存在し、それを「惑星状星雲」と呼ぶことにした。1790年に一つの星の周囲に輪のように光る雰囲気をまとう星雲を発見し、それは離散的な星からなるのではなく、雲状の物質であると確信した。

ハーシェルの子のジョン・ハーシェルも天文学の研究に携わり、父やメシエらが観測した星雲の観測に取り組んだ。1833年に出版された論文には実に2300あまりの星雲が列挙され、その位置と性状が記録されている。M51と番号付けされる独特の形状を見せる星雲について、自らの観測に基づく描画（図1-7a）を示し、メシエや父らの解釈とは異なり、それが小さな星から構成される可能性を一つの仮説として提示した。

その10年余り後にウィリアム・パーソンズ（ロス卿）（1800-1867）という天文学者が「パーソンズタウンのレヴァイアサン」と呼ばれた巨大望遠鏡を建設し、その高性能の望遠鏡で観測したM51星雲の姿を図1-7bのように表現した。ハーシェルの図では中心の星の周りにリングが囲んでおり、リングは一部が二つに分かれている。ロスが描いたM51はリング状ではなく、渦巻き状になっている。ハーシェルが二重のリングに見えた部分が、ロスの図では二つの太い渦巻きのらせんに対応していることが見て取れる。その渦巻きの形状は今日観測されている姿によく近似している。ロスはこの星雲が星の集合体であることを確信することになる。

7 撮影された星雲

写真技術の登場は天体観測のあり方に大きな影響を及ぼした。ただ最初のうちは夜空の星を写す感度はなく、光量の大きい太陽を撮影して、黒点など太陽の特徴を調べることに利用された。

1870年代に感度のよい写真乾板が発明されることで、夜空の星を写真撮影することが可能になった。イギリスの天文学者デヴィッド・ジルは、喜望峰の天文台で彗星を写真撮影することに成功した。カメラを望遠鏡に取り付け、望遠鏡とともに星を正確に追いかけるよう時計仕掛けで回転させる。そうして撮影された写真には、彗星の本体と尾が見事に写っていたばかりでなく、まわりの星々もはっきりと現像されていた。

その後、夜間の天体撮影は、長時間露光することでかすかな星の撮影も可能になり、天文観測の補助手段として大いに活用されていくようになる。その頃に撮影された天体の中でとりわけ印象深いものがアンドロメダ星雲の写真である。イギリスのアマチュア天文家

図 1-8　ロバーツの撮影したアンドロメダ星雲
著者の記録には 1895 年 10 月に口径 20 インチの反射望遠鏡で 90 分をかけて露光撮影したもの。
出典：Isaac Roberts, *Photographs of Stars, Star-Clusters and Nebulae* (London, 1899), vol. 2, p. 62, plate 10.

のアイザック・ロバーツ（1829－1904）は1888年にアンドロメダ星雲の写真撮影に成功して以来、その星雲の撮影を何度も重ねてきた。図1－8はその中の1枚である。

アンドロメダ星雲自体は古くから観察されており、メシエの星雲カタログではM31と呼ばれる。米国の天文学者ジョージ・ボンドが観察したスケッチには、細長い楕円状の光源体に2本の太い暗い線が描き込まれていた。一方のロバーツが撮影した写真には、それらの太く長い2本の線が、実は中心の明るい楕円の光源を取り囲むスパイラルの間の暗い間隙であることが見て取れる（ロバーツ自身は最初スパイラルではなく、リングとして見たが、すぐに星雲を取り囲むのがスパイラルであると認識した）。

明るい光源とそのまわりを取り囲むスパイラル。ロバーツはそれを太陽系ができようとしている星間雲状態の天体だと推測した。彼がこの写真を撮る少し前、アンドロメダ星雲に存在する星が明るく輝く超新星になった。アンドロメダ星雲が、我々の銀河系のように無数の星々から成り立っているとすれば、それは銀河の大きさよりはるかに大きい距離の彼方まで離れていることになる。そのような遠い所にある星があれほど明るく輝くことはないのではないか。そこで彼はそれが銀河系ではなく、星間雲状態から物質が凝縮し新しい太陽系が生成しようとしている姿なのだと考えたのである。

このロバーツの考えが誤りで、アンドロメダ星雲は実際は遥か彼方にある銀河系であることが判明するのは、彼が亡くなってからずっと後のことである。それがどのくらい離れているか、アンドロメダ星雲だけでなく多くの星雲の地球からの距離を見積もるのに、明るさを変化させる星（変光星）の研究が鍵を与えてくれた。

8　灯台の星

米国で天体写真の撮影に精力的に取り組んだ人物にヘンリー・ドレイパーという天文学者がいた。40代半ばで急死してしまうが、夫人から天文研究のために多額の寄付が届けられた。この寄付を元に、多くの天体を写真撮影し、それらのカタログを作成したのがエドワード・チャールズ・ピカリング（1846－1919）という米国の天文学者である。彼の観測の特徴は天体からの光を分光分析すること。それ以前の天体の分類法を発展させ、何万もの恒星を対象にスペクトルの特徴によって分類整理した。ハーバード大学の天文台で研究を続けていた彼は、その際に多くの女性に手伝ってもらい、新しい星の分類表を作成した。

その助手の中に、ヘンリエッタ・リーヴィット（1868－1921）という人物がいた。彼女は分類表作成後も天文台で作業を続けたが、ある時マゼラン星雲の中の変光星を観測するように指示された。変光星とは、数日単位で光の明るさが変化するような星のことである。マゼラン星雲には多数の変光星が存在したが、リーヴィットはそれら1777個の変光星を調べ、その中の測定しやすい十数個のケフェウス型と呼ばれる変光星の特質を詳しく調べた。その結果、変光星の明るさと明暗の周期との間に明確な相関関係があることを見いだした。それらの変光星はすべてマゼラン星雲に属し、マゼラン星雲は地球から遥か彼方の距離にあり、それらの変光星から地球までの距離はいずれもほぼ等しいと見

図 1-9　リーヴィットの観測した小マゼラン星雲
多くの黒い点から構成されるマゼラン星雲。その中に多くの変光星が存在する。
出典：Henrietta S. Leavitt, "1777 Variables in the Magellanic Clouds," *Annals of Harvard College Observatory*, 60 (1908), plate 1.

なすことができる。距離が同じであれば見かけの明るさの違いは真の明るさの違いを表すことになる。すなわち、変光星の絶対光度と明暗周期との間には比例関係がある。そう、リーヴィットは結論した（後に、明るさと周期は変光星の表面の面積と密接に関係していることがわかった）。

リーヴィットの発見は、その後、星雲などの遠い天体までの距離を見積もるのに非常に重要な役割を果たしてくれることになる。マゼラン星雲までの距離にある変光星に対しては、周期と明るさの間の関係がわかった。それとは別のマゼラン星雲以外にある変光星の周期と明るさを測定すれば、その観測される見かけの明るさとマゼラン星雲までの距離にあったときの明るさとを比較することで、その変光星がマゼラン星雲と比較してどの程度の距離に位置するか推し量ることができる。星雲や星団の中にそのような変光星を見いだすことができれば、それらの星雲・星団までの距離を求めることができるわけである。ケフェウス型変光星は星や星雲までの距離を見積もる手がかりを与えてくれるため、「灯台星」と呼ばれたりした。

だが実際に特定の星や星雲までの距離を確定するには、もう一工夫が必要となった。そのために変光星を含む星の集団のそれぞれの星の動きを観測し、それらの地球からの視線に垂直な方向の動きと視線に平行な方向の動きとを観測する。垂直方向成分は望遠鏡の観測によって、平行方向成分は星の光のスペクトルの変移――赤方への変移か青方への変移――という現象を測定することで求める。そして前者と後者を比較し、両者が統計的には同程度であろうと想定した上で、その星が地球からどのぐらいの距離にあるか検討をつけるのである。この方法を適度に離れたケフェウス型変光星に当てはめることで、それらの変光星までの距離が導出され、それを基準にして他のすべての変光星についても光度と明るさの周期から距離を求めることができるようになった。

前節で述べたアンドロメダ星雲までの距離は、米国の天文学者エドウィン・ハッブル

（1889－1953）が1920年代に、このような変光星を観測することで90万光年という距離であることを割り出した。その後、ケフェウス型変光星には2種類のタイプが存在し、光度と周期の関係も二つのタイプで異なることが判明した。それにより距離の見積もりも訂正が必要になってきた。アンドロメダ星雲までの距離も、その後当初のハッブルの見積もりの2倍ほどの250万光年に訂正されている。

9　歪んだ宇宙空間

宇宙空間の構造は、アルバート・アインシュタイン（1879－1955）による一般相対性理論の提唱によって新たな展開をとることになる。

アインシュタインは1905年に相対性理論を提唱したが、それは光の速度が常に一定であること（光速度不変の原理）と、静止する座標系とそれに対して等速で運動する座標系との間で物理法則は同様に成り立つこと（相対性の原理）という二つの原理に基づき、ニュートンの力学理論やマックスウェルの電磁気学理論を再定式するものだった。その理論的帰結として、異なる座標系の間での距離や時間の収縮や、質量とエネルギーとの等価な関係など、一見奇妙に思える理論的結論を導出した。

時をおかずして、アインシュタインはさらに等速運動する座標系だけでなく一定の加速運動をする座標系にも成り立つような相対性理論を作り上げた。等加速度運動する座標系は、重力の影響下にある座標系と等価であるとみなされ、新しい相対性理論は重力の作用や現象を扱う理論とされた。最初の理論を特殊相対性理論とし、新しい理論は一般相対性理論と呼ばれることになる。

一般相対性理論をつくり出したアインシュタインは、理論から帰結し実際に観測できるような効果を探し出そうとした。そのような効果の一つが、光が重力によって曲がるという結論だった。太陽の強い重力によって恒星からの光が曲がるはずである、一般相対性理論はそのように結論していた。通常では太陽が明るく周りの星々など見えないが、皆既《かいき》日食時であれば、太陽の近くでも恒星の観測は可能である。1919年に皆既日食が起こった際に、イギリスの天文学者アーサー・エディントン（1882-1944）の観測隊がアフリカの赤道付近で太陽近傍の恒星を観測し、写真撮影に成功した（図1-10）。観測結果は帰国後、所属するケンブリッジ大学の同僚たちとともに分析され、アインシュタインの一般相対性理論を確証するものだと認定された。

一般相対性理論の成立は宇宙の構造に対する考えを大きく改めさせることになった。光が屈曲するということは、空間そのものが曲がっていることを意味すると考えられ、宇宙

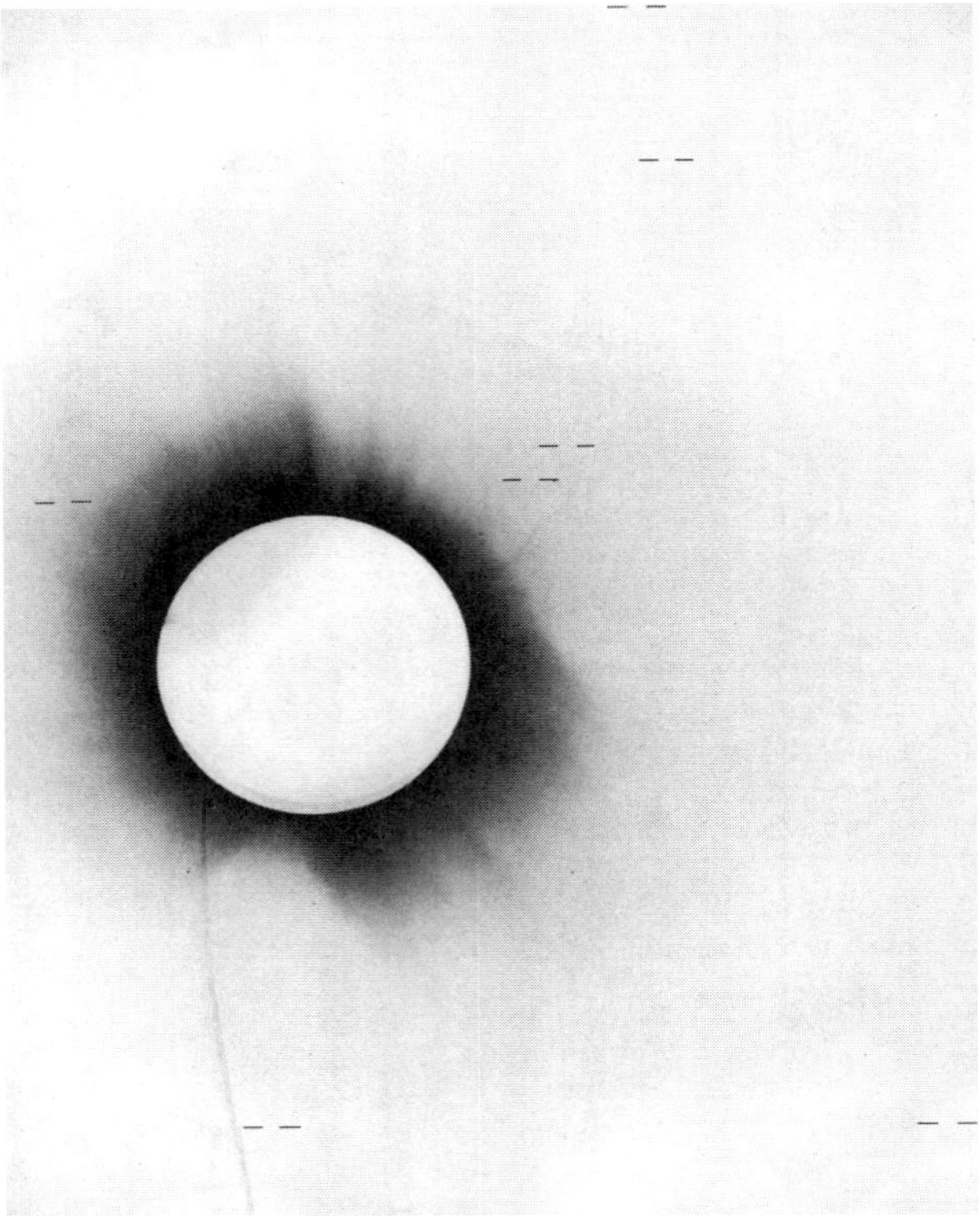

図 1-10　エディントンの観測した皆既日食と太陽近傍の恒星
太陽の周囲の〝— —〟の記号で指示されているのが観測された恒星の見かけの位置である。
出典：F.W. Dyson et al., "A Determination of the Deflection of Light by the Sun's Gravitational Field," *Philosophical Transactions*, ser. A, 220 (1920), plate 1（p. 332 の次ページ）.

空間全体が曲がって歪《ゆが》んでいると考えられた。地球の表面は小さな人間にとって曲がらずに平らに見えるが、わずかに曲がっており地球全体としては球として閉じた曲面になっている。それと同様に宇宙は小さな領域では歪みのない空間に見えるが、宇宙全体としては閉じた「曲《きょく》空間」になっている、そのようにアインシュタインの理論は教えていた。さらにそのような閉じた空間は、内部の重力によってだんだんと収縮するか、あるいは膨張するかどちらかであり、一定の大きさで均衡していることはないだろうと考えられた。

理論物理学者が宇宙空間の構造について新しい見解を打ち出すのと同じ時期、前述のハッブルはアンドロメダ星雲とともに他の多くの遠い天体を観測し、それらの地球からの距離とスペクトルの偏移による運動速度とを調べていった。その結果、遠くの天体が赤方偏移を起こしており地球から遠ざかっていること、しかもその遠ざかる速度は地球からの距離に比例して速くなっていることを突き止めた。距離に比例して遠ざかる速度が増加するという観測結果は、一般相対性理論からの宇宙構造論の結論とよく符合するものだった。閉じた空間である宇宙は有限の大きさをもっており、その大きさは拡大を続けている。宇宙は膨張しているというその理論的結論は、また、過去を遡れば宇宙は現在よりずっと小さな塊であったような時にたどり着き、大爆発（ビッグバン）を起こして膨張が開始したと考えられるようになった。

10 崇高な宇宙の姿を求めて

20世紀になり、望遠鏡は長足の進歩を遂げてきた。米国ではウィルソン山天文台に続き、パロマー山天文台で直径5mという大口径の反射望遠鏡が製作され、遠方の宇宙が観測された。さらに光学望遠鏡だけでなく、可視光よりもはるかに長い波長の電波を観測する電波望遠鏡が開発され、それによって宇宙のビッグバンの痕跡が発見されたりしてきた。また大気圏を脱し、宇宙空間で大気の影響を受けないで宇宙を観測する望遠鏡も登場してきた。

そのような宇宙空間に打ち上げられ、現在でも観測を続けている望遠鏡が「ハッブル宇宙望遠鏡」とよばれる望遠鏡である。光学望遠鏡以外のX線望遠鏡などは、以前にも宇宙に打ち上げられ観測がなされていたが、天体の可視光領域（可視光以外も含むが）の姿を捉える光学式望遠鏡では初めての宇宙望遠鏡だった。

ハッブル宇宙望遠鏡は、難産の末に誕生した。莫大な費用がかかる宇宙望遠鏡の製作、打ち上げ、保守管理に対し、米国天文学者の間でも反対意見があった。高性能の地上望遠鏡を南米アンデス山地などに設置した方が効率的でないのか、と。完成後に打ち上げられた後に、焦点がピンぼけしていることが判明し、「ハッブル・トラブル」などと当時の新聞には書かれたりした。しかしその後修理が施され、つまずきを乗り越えて活動し始めたハッブル望遠鏡は、それまで見たことのない鮮明な天体の画像を地上の天文学者に送り届けてくれた。

数多くの恒星が散りばめられた画像や星雲の詳細な構造を見せてくれる画像。そのようなハッブル望遠鏡がもたらしてくれた画像の一つに、まるで空を背景に異様な岩石がそびえ立つような光景を見せてくれる画像がある。それは「わし星雲」の一部を拡大した画像である（図1-11）。わし星雲は、へび座の中に位置し、地球から7000光年ほど離れた星雲で、通常の望遠鏡によって肉眼で観測するときは赤い散光星雲として観測され、その中央部分に暗黒星雲による3本の黒い柱が並ぶのが見える。図はこの3本の柱をハッブル望遠鏡で観測したものである。カラーの画像では、夕空を背景に巨大な石柱が3本立ち並び、その中でも左の石柱の頭部が黄色く光り、あたかも沈んだばかりの夕日の光を背後から浴び後光がさしているかのように見える。この星雲は若い星が活発に誕生しつつある領域で、左の石柱の頭部に見えるいくつもの小さな突起は、そのようなまさに星が生まれていることを示すと考えられた。

この写真は、このような星雲を研究する天文学者ジェフ・ヘスターによって撮影された

図 1-11　わし星雲の中に見える３本の柱

出典：NASA, "Eagle Nebula, M16," News Release Number: STScI-2003-34, Credit: NASA, Jeff Hester, and Paul Scowen (Arizona State University)。

ものである。ハッブル望遠鏡はデジタルカメラによって撮影され、デジタルデータは地上でコンピュータによって画像に加工されていく。その加工のプロセスでどうしても人の手が加えられることになる。デジタルカメラ以前においても、撮影したネガからちょうどよい明るさやコントラストを達成するために、現像の仕方が調整された。

ハッブル望遠鏡による観測活動において宇宙のイメージが作成されていくプロ

セスを、美術史家の立場から追った人物がいる。エリザベス・ケスラーは、そのプロセスを『宇宙を撮影する――ハッブル宇宙望遠鏡の画像と天文学的崇高さ』と題する著作にまとめた。そのなかで、ハッブル遺産プロジェクトで選定され再加工される以前の天体画像の多くが、美術史的に19世紀の西部開拓時代の風景画や風景写真に似ていることを指摘する。西部の荒野の岩石を描いたトマス・モランの風景画などと比較しつつ、宇宙望遠鏡を覗く天文学者たちが宇宙の果てに崇高さを探し求め、探し当てたことを指摘するのである。

その一方で、ハッブル望遠鏡で撮影される天体の画像について、その優れたものを選定し「ハッブル遺産」として認定しようとするプロジェクトも立ち上がった。天文学上からも重要な成果であり、画像としても印象的なイメージを選んだ成果は、同プロジェクトのウェブサイトで一般に公開されている。選定の過程ではもっぱら天文学者から構成される委員メンバーの間で意見が分かれたという。まずは天文学者がどう思うかが尊重され、その上で一般人がどう感じ取るかが配慮された。その結果、美的に芸術性や創造性を強調するよりも、印象的であるが学術的にミスリーディングでないような穏当な表現方法が採用されるようになった。

第2章

気象——大気の状態と予測

1　アリストテレスの気象学

気象現象というと、読者はどのような現象を思い浮かべるだろうか。雨、雪、台風、猛暑や寒波。あるいはまた入道雲やうろこ雲といった各種の雲と、雷。だがそこに流れ星や彗星といった現象を加えられるかと聞かれれば、明確に否と答えることだろう。

気象学は英語でメテオロロジー（meteorology）というが、その語源は古代ギリシアに遡る。アリストテレスの著作に『気象論（メテオロロギア）』と題されたものがある。そこには風、雨、雪、嵐、雷などがそれらの原因とともに論じられているが、我々が気象現象には含めない自然界の現象、流星、彗星、銀河といった天文現象、そして地震の発生や鉱物と金属の生成なども含まれているのである。鉱物と金属を論じる第4巻は別巻のように位置づけられるため、気象論の本論からは外れるかもしれないが、彗星や地震を気象現象と彼がみなしていたことは確かである。

そのような現象がなぜ気象現象とみなされたのか。それを理解するためには、序章で解説したアリストテレスが説明する自然界の構造について、再度振り返っておく必要がある。アリストテレスの自然学においては、地上の現象をひき起こすのは火・空気・水・土という四元素、天体の現象を生み出すのはエーテルとよばれる第五元素とみなされていた。天体は円運動を本性とする第5元素で成り立っており、地上の現象とは運動の原理を異にし、生成も消滅もせず、永遠にたゆみなく円運動をし続けるだけである。

時々夜空に軌跡を描く流れ星は、この天界と地上の最上部とが接する境界面付近で起こる現象と考えられた。月の天球より下の「月下界」の最上部に存在するのは、火の元素である。大地が太陽の熱で暖められると、その地上の湿った水と乾いた土から2種類の蒸発物が発生する。前者は霧や雲のように地上の近くに浮遊するが、後者は火の元素となり月下界の最上部まで上昇し、そこに溜まっていくことになる。溜まった火の元素は燃料のように蓄積され、月の天球の運動によって、時々発火して炎を上げることになる。これが流れ星の現象であり、彗星もまた基本的には同様の現象として説明されることになる。

湿った水の蒸発物は霧として上方に向かい、空気の一部となっていく。上空では冷やされて、空気から分離して雲となり、さらに雲が凝結して雨となる。寒い地域で雲が凍ると雪が降る。しかしまた夏や暑い地域で雹《ひょう》が降るときがある。雹は小さな氷の塊が降る現象であるが、これはどうしてなのか。そのことを説明する際に、アリストテレスは「相互の反作用（アンチペリスタシス）」という独特の概念をもち出してくる。熱と冷との間の相互反作用を例に取れば、暑い季節には冷が周囲の熱によって圧縮され、圧縮された冷の内部の雲は急速に冷却され、氷へと凍結されることになる。暑い時期や地域に雹が降るのは、上空でそのようなことが起こっているためである。

アリストテレスの気象論は、その後、風、海、地震、雷などの諸現象の説明へと進み、第3巻の後半で虹や暈《かさ》の現象を取り上げる。彼によれば、これらの現象は微小な空気あるいは水の粒子による反射による現象であり、不完全な反射であるために白色ではなく赤、黄、青の色になると考えられた。

2 デカルトの気象学

アリストテレスの著作の約2000年後、近代科学に哲学的基盤を与えたデカルトもまた『気象学』という論考を著している。

アリストテレスの哲学体系を学んだデカルトだったが、それが教える理論体系に疑念を深め、それを根本的に覆すような新たな哲学体系を構築しようとした。特に自然現象の説明にあたって彼が拠り所にしたのは、粒子論的な自然観あるいは機械論的自然観といわれる考え方だった。地上の現象も天体の現象も、粒子の運動や結合によって説明できる。アリストテレスが月下界と天界とを峻別し、その本性に従う元素の運動によって自然界の現象を説明したのに対し、デカルトは天地両界を区別せずに粒子の運動によってあらゆる現象を説明しようと計画した。その計画に彼が最初に着手したのが気象現象の説明だった。

そのきっかけは1629年にローマで観測された幻日《げんじつ》現象だったが、彼は他の気象現象、さらには天体現象にまで範囲を広げ、『宇宙論』と題する論考を完成した。しかしちょうどその頃、イタリアでガリレオの宗教裁判が起こり、地動説を提唱した廉《かど》で捕らえられ有罪の判決を受けてしまう。地動説の内容を含む『宇宙論』の出版を断念し、代わって気象学、それに屈折光学、幾何学を合わせた3編の試論、さらに「自分の理性を正しく導き、いろいろな学問において心理を求めるための方法について」述べた「方法序説」を序論として付け加えた論考を出版した。

アリストテレスの『気象論』を目にした後に、デカルトの『気象学』を繙《ひもと》くと、読者はそこで語られているトピックがよく似通っていることに気づく。地震や鉱物の記述はないのだが、蒸発から始まり、風、雲、雪、雨、雹、嵐、雷、虹、暈、そして最後に幻日現象が説明されていく。事実、デカルトは自ら修学したイエズス会士の学校でアリストテレス哲学の一環として気象学が講じられていることを意識し、自らの哲学の優越性を示そうとして気象学の論述を披露したとされている。

アリストテレスの気象論との決定的な違いは、自然現象をもっぱら大小粒子の形状と運

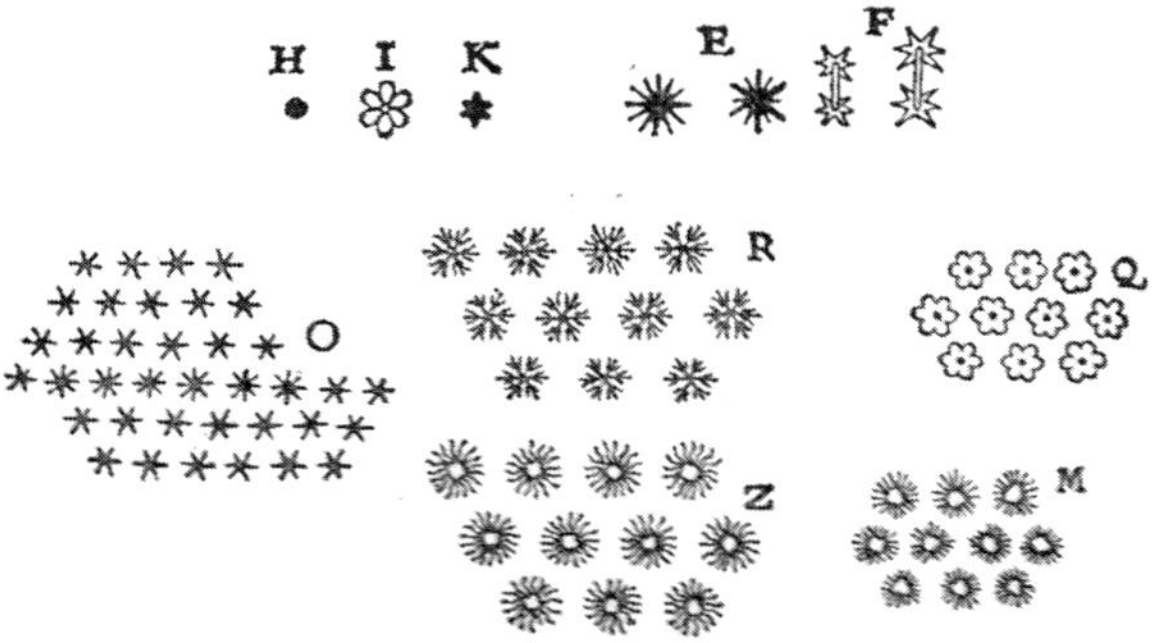

図2-1　デカルトの観察した雪の結晶
出典：ルネ・デカルト『気象学』第15図。

動によって説明しようとしたことであり、熱と冷もまた粒子の運動の強さと弱さによって定義される（その運動の強弱によって人間の皮膚の神経の振動励起も変化し、熱と冷が知覚されるのである）。光や炎もまた、極微小な粒子の激しい運動だとみなされ、稲妻や流星もまた大気中、大気の上部で生み出される微粒子の運動であると考えられた。

デカルトは『気象学』で雪片の形状の説明にも挑戦する。図2-1は、彼が観察した雪や霰の小片の形状である（左上のHは霰の形状）。高山で夏でも雪が残るように、非常に高くまで成長した雲は高層で水蒸気を凍らせるほど冷たい。そのような雲の高い部分で形成された氷は糸状をしており、少し下の雲では糸が絡み合った糸鞠《いとまり》のような粒子が形成される。そのようなZやMのような粒子が、雲の中の微妙な熱の作用によって糸状の氷が融け

OやRのような形になっていくとする。Iはある冬の日に観察した霰の粒子だが、その6片の形状を備えた粒子を彼は「時計の歯車」に喩えている。

3　気圧計の発明

アリストテレスの自然像では、元素である空気は地上から月下までの場所を占める。その領域がその元素の本来の居場所とされた。

現在「大気圏」と呼ばれる空気の層は地上から100キロメートル程度の高度までの領域であり、地上から月までの距離に比べれば、極めて薄い層に閉じ込められているだけである。そのような現代的な大気に関する考え方を生み出すきっかけとなったのが、トリチェリのガラス管と水銀を使った真空実験であり、それは気象観測には不可欠の計測器——気圧計——の誕生につながる。

イタリアの科学者トリチェリは、数学・力学について優れた業績をあげ、宗教裁判で有罪と判決されたガリレオの最晩年、彼の助手を短期間務め、師が亡くなるとその後任としてメディチ家の数学者・哲学者を務めた。活気あるフィレンツェの知識人コミュニティの中で治水技術者や芸術家とも交流し、研究や関心の幅を広げていった。

有名な真空実験を生み出すきっかけになったのは、ポンプで水を汲み上げる際に限界となる高さがあるという認識だった。次章で述べるようにルネサンス期に鉱山業が発展し、それとともに排水のための揚水機が活用され普及していった。だが、強力なポンプを使っても、今日の長さの単位に換算し約10メートルの高さ以上には水を揚げられないことが知られるようになった。またサイフォンの機構を利用して水をある場所から高い土地を越えて他の場所へ移動させようとしても、同様の高さしか水が登らないことも気づかれた。

ガリレオを含め当時の自然哲学者たちは、この現象を真空が水を引っ張り上げる力に限度があることで説明しようとした。アリストテレスは真空の存在を否定し、中世の自然哲学者は真空の存在は論理的に可能だとしつつ、通常の自然界では真空が見いだされないとした。自然は「真空を嫌悪する」のだと考えられ、ガリレオもまた基本的にその考えを踏襲した。

「真空嫌悪」と呼ばれる中世以来の考えに対し、実はそうではなくまわりの空気が水を持ち上げているのではないかと考える自然哲学者たちも現れた。トリチェリはそのような自然哲学者の1人であり、彼らから有益な情報やアドバイスをもらいつつ、この問題を検討するようになった。そのために水を汲み上げる実験設定で、水の代わりに、水より密度の高い海水、蜂蜜《はちみつ》、そして水銀を使って実験を行っていく。サイフォンの代わりに長い管に水銀を一杯に満たし、指で押さえて水銀を満たしたまま逆さに立ち上げて、水銀を入れた容器の中で指を離す。そうすると管の水銀が下がり、管の上部に何もない真空と覚しき空間が出現する。ガリレオらはその真空が水銀を吊り上げると考えたが、図2-2の右のように中空の球状の空間を加えても上昇する水銀の高さは変わらない。だから水銀を持ち上げているのは上部の真空ではなく、まわりの空気ではないのか。トリチェリと彼の友人たちはそのように考えた。

実はトリチェリはこのような実験を構想したが、実際に遂行したのは彼の友人だった。

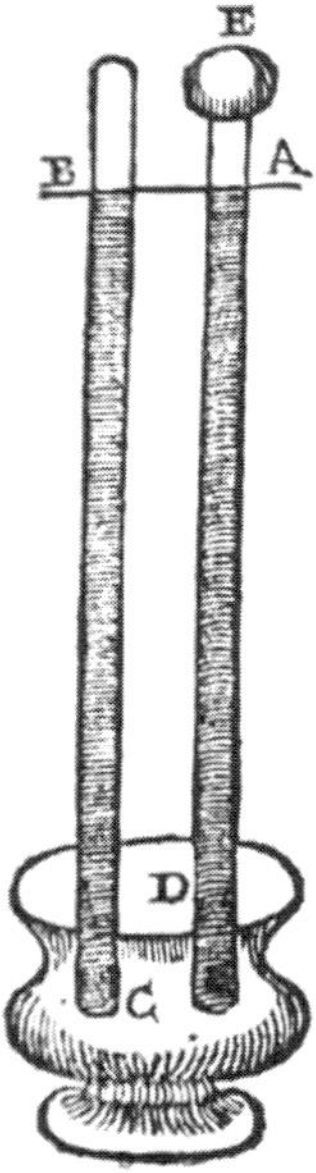

図2-2 トリチェリ自身が描いた「トリチェリの実験」
出典：Torricelli の Ricci 宛書簡（1644年6月11日）。

図2-3　ピュイ・ド・ドーム山での水銀柱の測定実験（19世紀に描かれた想像図）　出典：Louis Figuier, *Les Merveilles de la Science*, vol. 1 (Paris, 1867), p. 33.

それだけの水銀の重さに耐えるガラス管をつくり出すことが彼にはできなかったからである。

トリチェリの実験を知りユニークな実験を考え出した人物がフランスの科学者ブレーズ・パスカル（1623－1662）である。1649年9月、フランス中央にある標高1500メートルほどのピュイ・ド・ドーム山の山頂までトリチェリの実験装置を運び上げ、真空実験を行ったのである。実験はパスカルが考えたが、実験の遂行は義兄のフロラン・ペリエにしてもらった。ペリエは麓の修道院に二つのガラス管を持ち込み、そこでトリチェリの実験を行う。二つとも同一の結果を出すことを確認し、一つを残し、もう一つを水銀とともに山頂へと運び上げた。そうして山頂で実験を行うと、水銀柱の高さは、麓《ふもと》では60センチ弱だったのが、50センチばかりに下がった。念のために山頂の少し離れたところでも計ってみる、山頂の小さな教会の中で計ってみる、そして外が霧で覆われ雨が降ってきた時にも計ってみた。いずれの場合も山頂での高さは50センチほどで変わらなかった。

パスカルは義兄の報告を聞いて喜んだ。水銀柱はまわりの空気の重みによって持ち上げられるのである。まわりの空気は大気の海となり、海の底（山の麓）の水銀柱は高く、途中の深さ（山頂）の水銀柱は少し低く上昇するのだと、パスカルは推論した。トリチェリの実験装置は大気の圧力を測定する計測器として再解釈され、さらに日々少しずつ変化する大気の性質を診断する気圧計として重要な気象観測器具になっていく。

4　ランベルトの観測プロジェクト

気象観測で欠かせないのが前節の気圧計とともに温度計や湿度計といった基本的な計測器具である。温度計は、気圧計よりも早く、熱膨張を利用して計測する装置として発明されていた。湿度計は、イギリスの科学者フックが『ミクログラフィア』の中でガットのよじれを利用した湿度の測定器を考案した。18世紀に入り、そのような構造の湿度計を改良し、実際に各地での計測を試みたのがドイツの科学者ヨハン・ハインリッヒ・ランベルト（1728－1777）である。

ランベルトは、スイス・ドイツで活躍した科学者、その関心は広く哲学・数学・天文学・物理学そして気象学に及んだ。自然の研究において数学的な確実性がいかにして確保されるか、そのような科学研究の認識論・方法論に関心をもった。彼の科学哲学的著作は、少し後に登場するイマニュエル・カントの批判哲学の先駆と言われることもある。彼は自然研究のための観測器具に多大な関心を示し、実際に自ら計測に関わり、計測されたデータの処理にも工夫を凝らした。

ランベルトの『湿度測定試論』と題された著作には、自ら開発した湿度計とともに、それによって計測されたデータ、データの数理的分析が論じられている。タイトルで用いられる"hygrometrie"という語から湿度計を表す"hygrometer"が使われることになる。

ランベルトの湿度計は、吊された羊の腸（ガット）が湿度に応じて、捩れが増したり（湿度小）、減ったり（湿度大）する。では湿度の目盛りをどのように定義していくのか。彼はそれを一定体積中の水蒸気粒子の量と考えたが、それは今日の湿度の定義とは異なるものであり、またその直接的な簡単な計測は不可能だった。気温と水の蒸発との関係など

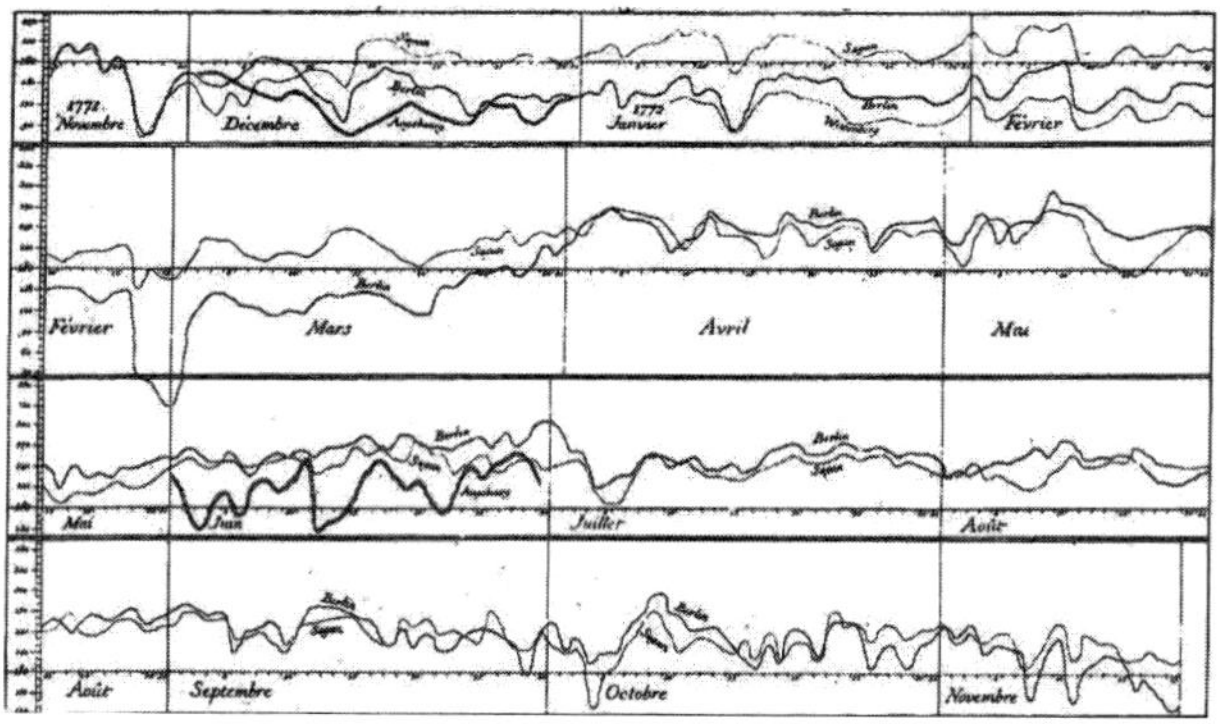

図2-4　独仏3都市の湿度の年間推移（1771年11月〜1772年11月）

出典：Johann Heinrich Lambert, "Suite de l'Essai d'Hygrométrie," *Nouveaux Mémoires de l'Académie Royales des Sciences et Belles-Lettres de Berlin*, (1772), plate 3.

を考慮しつつ、計測の度盛りについて考察し、器具製作職人と協力しながら湿度計を製作した。彼自身でこの湿度計を利用し日々の湿度の変化を計測したが、彼自身の所在するベルリンの他に、サガン、ヴィッテンベルクなどの地点でも知り合いに湿度を計測してもらい、そのようにして得られた1年分のデータをグラフ上に表した（図2-4）。

ランベルトは、湿度計だけでなく温度計などの観測計器で毎日の大気の様子を観測すると、それらもグラフの形に表現した。彼はそのように観測によって得られた大量の数値データをグラフ的に表現した最初の人物といえよう。彼はグラフに表現した上で、グラフの曲線が成り立つような代数式を数学的に求めていった。彼はまた彼自身や少数の友人だけではなく、広域的な観測を組織的に進めていくことも提唱した。その計画には、世界規模で気象観測を進めていく構想が記されている。

湿度計に関しては、今日使われているような2本の温度計を使い、1本は乾いたまま、もう1本は布で湿らせ、温度とともに両者の温度差から湿度を割り出すという乾湿計が、その後発明されることになる。

5 ルーク・ハワードの雲の分類学

気象観測では他にも計測したり観測したりすることがある。風速や風向の計測は重要なことだが、今日ではまた雲の様態についても記録を取ることが求められる。計測器具によって客観的に容易に測定することができる事象と違い、雲の形や様子を記録することは技能が必要となる。それを記録するために、雲の形状や様態に関して基本的な分類がまずは生み出される必要があった。

空に漂い形を変えていく雲を数種類の形態に分類したのは、イギリスの科学者ルーク・ハワード（1772−1864）である。1772年に錫《すず》職人の息子として生まれたハワードは、初め薬剤師として身を立てたが、気象現象への関心を深め、仕事の合間に雲の姿を観察し、天気の変化を読み取った。それまでに知るようになっていた植物の分類体系が、同じように雲の分類にも応用できないかと考えた。

ハワードは、雲を観察しその形の変遷について研究した成果を、会員となっていたアスケシアン協会で報告し、その報告は続いて科学雑誌『フィロソフィカル・マガジン』に発表された。そこでは、高層の巻雲《けんうん》(cirrus)、中層の積雲《せきうん》(cumulus)、下層の層雲《そううん》(stratus)、またそれらの中間形態である巻積雲《けんせきうん》(cirro cumulus)や積巻層雲(cumulo-cirro-stratus)などを含め、合計7種類の雲の形態が定義されている。図2-5aにはそのうちの巻雲、図2-5bには乱雲(nimbus)とも呼ばれる積巻層雲が描かれている。科学雑誌にも再録されたハワードの論文は、これらの雲の形態が時間的にどのように変化するのか、当時新説だったドルトンの分圧の法則などを引用しながら論じている科学論文ではあるが、その一方で各種類の雲の形状を説明するために、両図のような絵が挿入されるとともに雲を描写した古今の詩が引用されている。

ハワードの雲の分類法は、その後多くの気象学者によって受け入れられていく。19世紀後半になり地域ごとの不統一が感じられるようになり、スウェーデンの気象学者ヒューゴ・ヒルデブランドソンによって国際的な雲の分類体系が再提案された。それはハワードの7種の分類法に「高層」かどうかの指標を加えて広げ、10種の分類体系を提案するもの

図 2-5a, 5b　ハワードの描いた巻雲（上）と積巻層雲（乱雲）（下）
出典：Luke Howard, "On the Modification of Clouds," *Philosophical Magazine*, 16（1803）, plates 5 and 7. Reprinted by permission of the publisher（Taylor & Francis, Ltd, http://www.tandfonline.com）

だった。その後も改良がなされ、現在の10種雲型の分類法に引き継がれている。

6 ビクトリア時代の気象研究と天気予報

19世紀中葉のイギリスで気象予報の制度を作り始めようとしたのは、ロバート・フィッツロイ（1805‐1865）という人物である。その名を聞いても知らぬ人が多いだろうが、フィッツロイはダーウィンが乗船したビーグル号の艦長を務めた人物である。5年間の世界一周の航海を終えて陸に上がった彼は、その後船舶の安全を図るために船員の国家資格の制度を作ることを提唱したり、商務省に気象部を設けることを提案したりした。そして提案を受けて1854年に設置された同気象部の初代部長に自ら就任した。

フィッツロイの気象部は、王立協会からの推奨も受けて、陸上洋上の組織的な気象観測を推し進めた。気温、気圧、海流の方向、風速風向、地磁気などが、世界中のイギリス領と洋上の艦船において測定されることになった。この世界規模の観測プロジェクトは、資金が限られたこともあり、艦長の裁量に任されて進められたが、数隻の艦船から気象データが集められた。外国の気象観測データについても積極的に情報収集された。

海洋気象データの集積により可能性と実現が期待されるようになったのが、暴風の予想

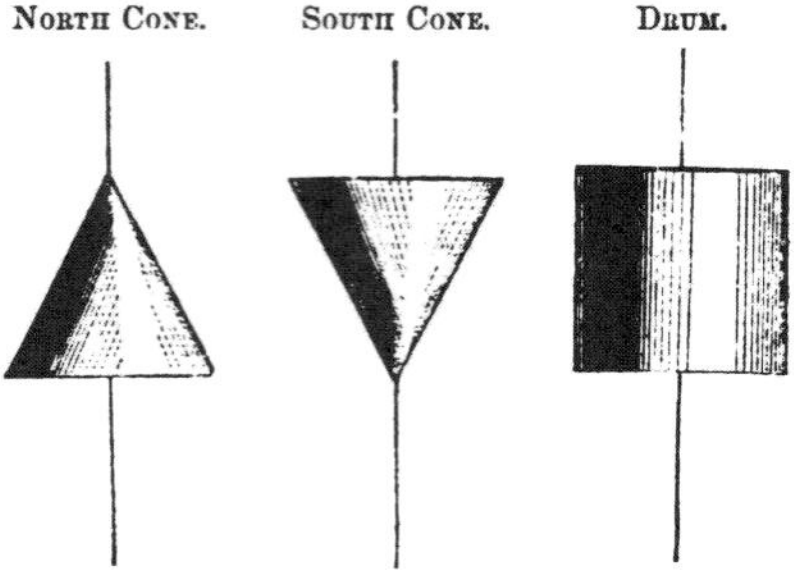

図2-6　フィッツロイの提案した警報標識
出典：Robert Fitzroy, *The Weather Book: A Manual of Practical Meteorology* (London, 1863), p. 350.

と警報の発令だった。1854年クリミア戦争の最中にフランス船が難破し、その事故を受けフランス政府は科学者ユルバン・J・J・ルヴェリエに対策の検討を命じた。彼は調査の結果、そのような嵐の予測が可能であると答申した。その5年後にはオーストラリアからイギリスに向かっていたイギリス船がウェールズ沖で嵐に遭い難破、約500人の乗員乗客の大多数が亡くなった。

そこでフィッツロイは、各地から集められた気象データを気象関係者たちと共有するとともに、暴風警報のシステムも試験的に開始した。図2-6は警報発令時に沖合から確認できるよう掲げられた標識サインである。昼間は図にあるとおり三角形、逆三角形、四角形またそれらを縦に繋げた標識、夜間はランプを同様に三角形、逆三角形などに吊して、警報のサインとした。標識は港湾の高い建物の屋上に掲げられ、停泊中や沖合の船からも見えるようにした。

そのような嵐の警報が発せられて、実際に助かる船舶もあった。だが、警報の正確さ、そしてフィッツロイの天気予報の正確さや科学性を疑問視する意見も出された。その事情は、『(イギリス)気象庁の歴史』に詳しく述べられているが、専門家やメディアから批判されたことで彼は意気消沈し、そのせいで自死を遂げてしまう。米国でリンカーン大統領が暗殺されたという報を聞いた直後のことであったという。以前ビーグル号に同乗したダーウィンがその研究成果を『種の起原』として出版したことも、残念ながら彼にとってはとても気晴らしにならなかった。

7 ゴールトンの気象地図

フランシス・ゴールトン(1822-1911)は科学史上では、気象学者としてよりも統計学者として、また人間の才能が遺伝するという議論を展開し論争を巻き起こした人物として知られる。ちょうどフィッツロイが気象データを収集し、天気予報と暴風警報を試みようとしていたとき、気象学に関心を寄せ、自ら独立に気象データを収集し、その調査結果を独特の方法で表現しようとした。

ゴールトンは1861年の12月1日から31日まで、イギリスとヨーロッパの各地から気象データを送ってもらった。そのデータを基に作成した図の一部が図2-7である。データは各地で午前9時、午後3時、午後9時の3回とってもらった（当時はまだ標準時が定まっていない。時刻は現地の時刻であり、全地点で同一の時刻に計測されたものではない）。各日の朝昼夜の3時刻に対し、気圧・風向・気温の三つのデータをとり、それをヨーロッパの地理的平面上にプロットした。

例えば左上の図は12月23日の気象状況を表したものである。上段3図は気圧の分布、中段3図は風況、下段3図は気温の分布を表す。各段の左図は朝、中図は昼、右図は夜に対応する。本図の中段には当日の風向が書き込まれているが、それらの図の左上に時計回りの風の渦を認めることができる。別の図には、当日の天気が描き込まれているが、時計回りの渦（高気圧の存在を示す）が描かれているスコットランド周辺には、穏やかに晴れた地点があり、その周囲では曇りで弱い風が吹いていたことを見て取れる。

ドイツのハインリッヒ・ヴィルヘルム・ドーフェはこのようなゴールトンの気象地図作成にあたって、ベルリンから気象データを送り協力してくれた人物であるが、嵐を起こす熱帯性低気圧――サイクロン――が北半球では反時計回り、南半球では時計回りをするこ

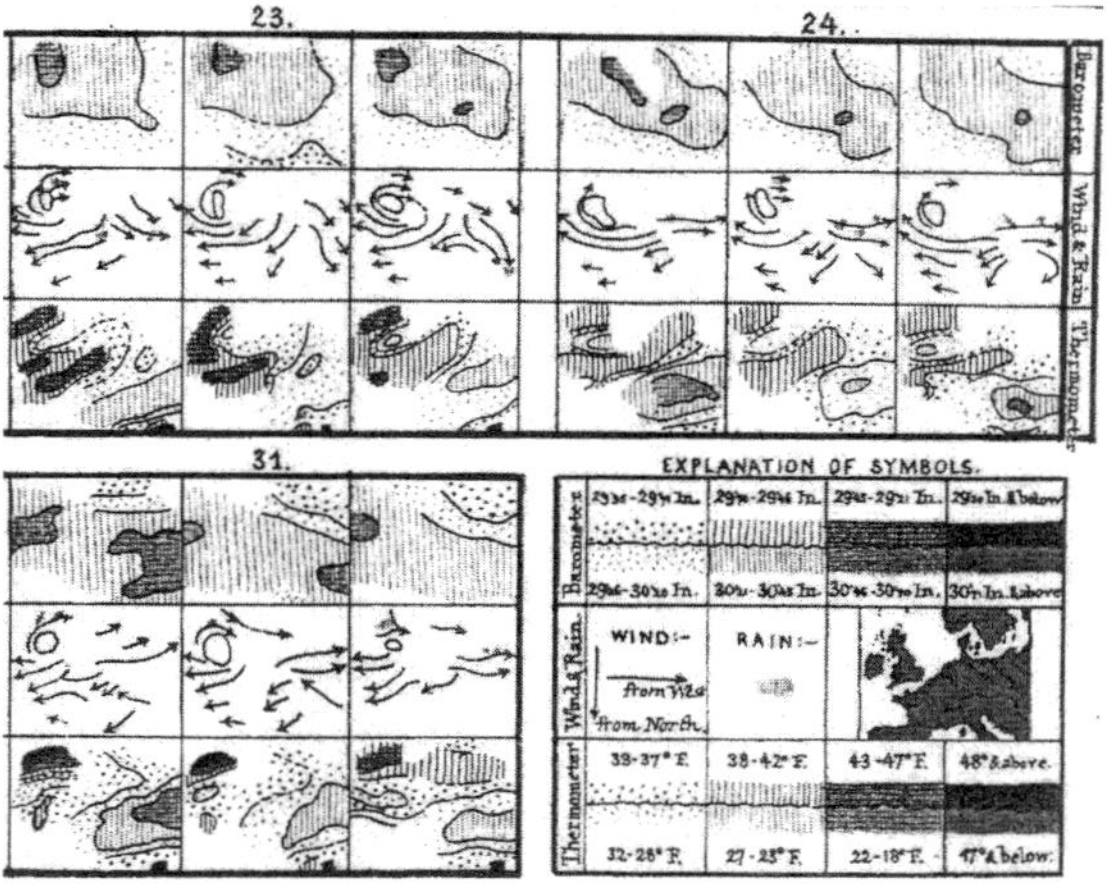

図 2-7　ゴールトンによる欧州の気象状況を表現する図
1861 年 12 月の各日朝昼晩における温度・湿度・風況・降雨量を表している。上図では 12 月 31 日間のうち 23 日，24 日，31 日の 3 日間分を抽出して示している。
出典：Francis Galton, *Meteorographica, or Methods of Mapping the Weather* (London: Macmillan, 1863), appendix.

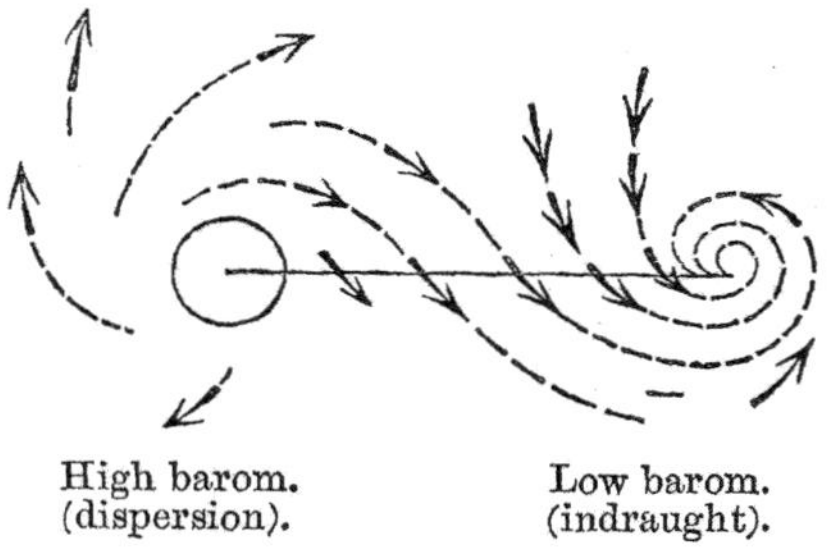

図 2-8　高気圧と低気圧における空気の流れ
出典：Francis Galton, "A Development of the Theory of Cyclones," *Proceedings of the Royal Society of London*, 12 (1863): 385–386, on p. 386.

とを説いた人物でもある。一方、ゴールトンはこの気象地図を作成することにより、低気圧と対照される高気圧は、逆に時計回りをすることを見て取った。高気圧は空気をはき出し、はき出された空気は時計回りの風を生み出し、風は低気圧のまわりを反時計回りに回転し、低気圧に吸い込まれていく（図2-8）。サイクロンとは反対方向に回転するので、そのような高気圧をアンチ・サイクロンとよんだ。

フィッツロイの死後、気象庁の今後を検討するための委員会が王立協会の下に設置され、ゴールトンはその委員長の役を引き受けた。ゴールトン委員会の報告書は、フィッツロイが始めた気象データ収集の取り組みを評価し、さらにデータの量を3倍ほどに増加させることを提案した。その一方で性急な天気予報や暴風警報には懸念を示し、あくまでデータに基づく科学的な推測が必要であることを強調した。

報告を受けて暴風警報はいったん中止されるが、利用者からの要望が強く、数年後に再開された。またゴールトンが開発しようとしていた気象図は、1870年代には新聞で毎日掲載されるようになっていく。その間イギリスとアメリカの間の大西洋横断ケーブルが開通し、両国間の電信連絡が可能になった。大西洋の彼方の気象データがイギリスにリアルタイムでもたらされ、気象現象の解析に力を発揮するようになった。

8 台風の分類学

全世界で活発な貿易活動を展開し、大英帝国を統治し経営するイギリスにとって、東アジアの台風は大きな関心事だった。イギリスばかりでなく、東アジア・東南アジアには欧米各国の艦船が到来し、彼らにとっても強い暴風を伴う台風は大きな脅威だったに違いない。

香港の気象台は1883年に設立され翌年から業務を開始したが、気象と地磁気の観測とともに天文観測により時刻を正確に測定することが任務だった。初代気象台長に着任したウィリアム・ドベルクもまた、台風の調査と研究を行い、研究論文を発表した。当時はまだ台風の気象学的特徴がまだはっきりとわかっていなかった。19世紀に東アジアに帝国主義の領域を広げた欧米列強の人々にとって、台風の到来に対して何らかの警報のシステムの構築が求められた。

香港気象台よりも少し早く、上海の徐家匯《じょかかい》に1873年に、フランス人イエズス会士により気象観測と地磁気計測を行う気象台が開設された。台長を務めたルイ・フロックは、1893年から1918年までの26年にわたり中国や日本に到来する台風の経路のデータ

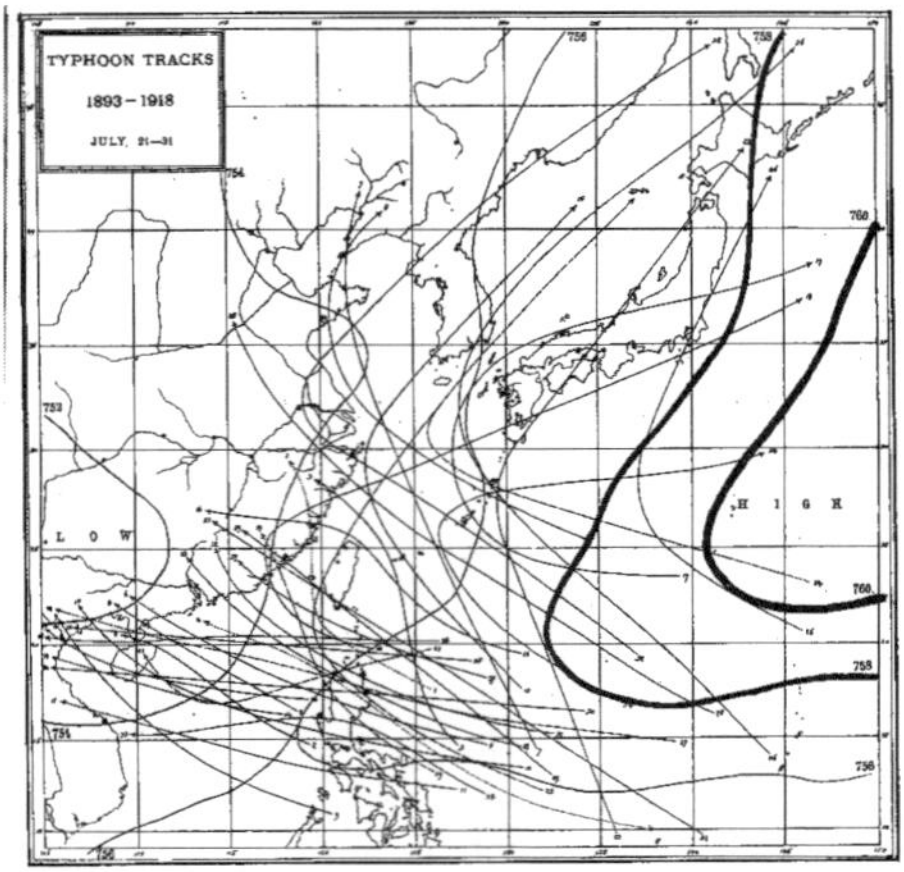

図 2-9　七月下旬の東シナ海周辺の台風の軌跡
出典：Louis Froc, *Atlas of the Tracks of 620 Typhoons, 1893-1918* (Shanghai, 1920), chart 7.

を収集し、それぞれの軌跡を時期ごとにまとめてプロットした地図を作成した。図2-9は、そのうち7月下旬に発生し東アジアに到来した台風の軌跡を表示したものである。

地図には緯度経度ともに5度ずつ区切られた経緯線が格子《こうし》状に引かれ、日本・朝鮮・中国・台湾・フィリピン北部が描かれている。この時期に発生した台風の多くがフィリピンの東海上からフィリピンを横断し中国南東部の沿岸に上陸していることが見て取れる。香港周辺にもしばしば台風が到達している。

気象学者竺可《じくか》禎《てい》（1890-1974）は、中国で地学・気象学の研究をした後、ハーバード大学で博士号学位を取得し、帰国後は戦前戦後の動乱期を過ごした後に、中華人民共和国の自然科学院を切り盛りした人物である。彼はこまめに毎日日記を記し、その膨大な日記は論文著作とともに20巻余りの全集として近年出版された。戦前戦後の中国の科学活動を知る貴重な史料となっている。

竺は学位論文で台風の分類を論じた。その内容を紹介した「極東の台風の新分類」と題された論文は、冒頭で近年の東アジアでの台風による海難事故の被害に触れた後、台風の強度によって第1種台風、第2種台風、そして熱帯暴風雨という3種に分けられると論じる。ボーフォート風力階級と呼ばれる風の強さを区分する基準を用いると、第1種台風は12、第2種台風は6という尺度の風速をもつとされた。だがそのような風力だけでなく、台風の発生地や到着地による分類が竺以前にも試みられるようになっていた。

前述ドベルクらによるそのような地理的分類法を紹介した上で、自ら考案した新しい分類法を提案している。それは基本的に到着地点によって大きく分類し、さらに発生地点によって、また必要に応じて通過地点も考慮して分類するものである。従って台風は、到着地である中国、日本・韓国、インドシナ、フィリピン、太平洋、シナ海の6種に大分類され、最後のシナ海を除き各大分類は発生地点・通過地点によって4タイプに下位分類される（当時韓国は日本の植民地であり、論文では日本・韓国に到着する台風は、単に日本に到着す

Type	January	February	March	April	May	June	July	August	September	October	November	December	Total
1a							2	1					3
1b						2	9	8	9				28
1c						2	4	1	4	4	1		16
1d							2	3	2				7
2a					3	5	5	17	9	6			45
2b							3	5	1				9
2c									1				1
2d						1	1	1					3
3a									3	3			6
3b						1	3	2	5	2	1		14
3c				1					2	5	5	1	14
3d							8	2	2	1			8
4a				1	1		1	1		1		1	6
4b	1		1				1			1	3	3	10
4c				1	2					1	2	2	8
4d													0
5a			4	1	1		2	6	6	10	8	4	42
5b	1?	1?					2	4	1	1	1		11
5c			1		1		1			1		3	7
5d	1?				3	2						1?	7
6a									1	1			2
Total	3	1	6	4	11	13	39	51	46	37	21	15	247
Per cent	1.2	0.4	2.4	1.6	4.4	5.2	15.8	20.6	18.6	14.9	8.4	6.0	----

図2-10　竺可禎による台風の分類と各月発生頻度

出典：Coching Chu, "A New Classification of Typhoons of the Far East," *Monthly Weather Review*, (December 1924), p. 574.

る台風として分類されている）。例えば日本・韓国の台風であれば、太平洋起源、太平洋起源で韓国に到着、太平洋起源でフィリピンを通過、シナ海起源といった4種に下位分類される。竺はこうして台風を合計21種のタイプに分類した。

図2-10は、1904年から1915年までに観測された247の台風をこれら21タイプの台風に分類し、さらに発生した月によっても分類した上で、それらの発生数を縦横の表に示した統計表である。これを参照することによって、各タイプの台風がよく発生する時期、また台風がどの時期にはどこで発生しどこに向かうのか、読み取るこ

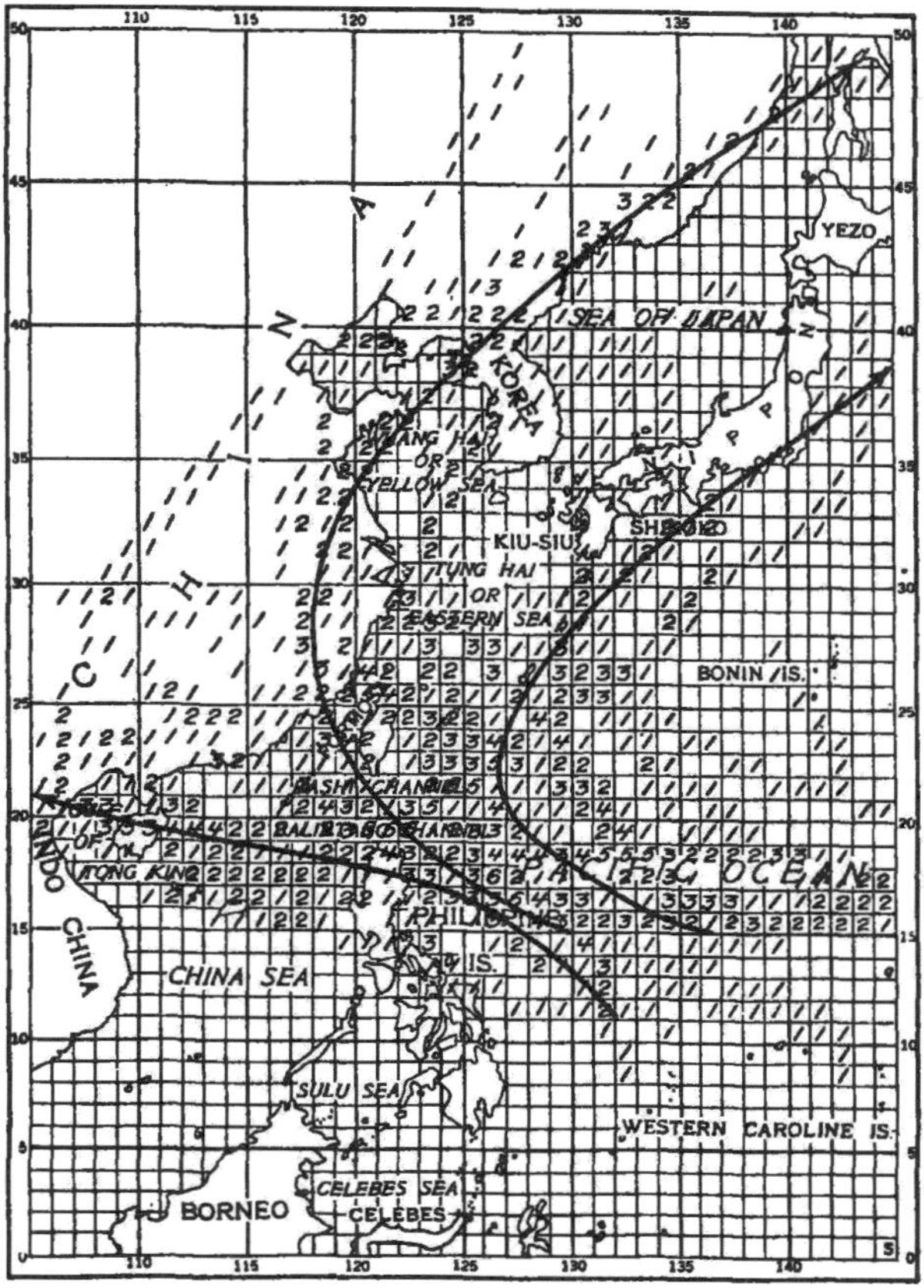

図 2-11　竺可禎による台風通過頻度を示す図

出典：Coching Chu, "A New Classification of Typhoons of the Far East," *Monthly Weather Review*, (December 1924), p. 576.

とができる。

この統計表に続いて竺が工夫したのが、図2-11のような地図と統計数字とを組み合わせた独特の台風進路の図である。掲載された7枚のうちの1枚であるこの図は、7月に発生した台風が通過した地点のマス目に1点ずつ加算していったものである。地図は緯度経度各1度ずつのマス目が引かれている。それらのマス目の地点で7月にどれだけの回数台風が通過したか、この地図を見れば一目でわかるわけである。竺はシュヴァリエ神父が月ごとに区分する台風の経路の傾向を解説していたことを引用し、自分の統計地図がシュヴァリエの説明によく符合していることを指摘している。

9　大気の視程

ウィリアム・E・ノウルズ・ミドルトン（1902-1998）という科学史家は、気象学や気象観測器具の歴史の古典的著作の著者として知られる。『気圧計の歴史』、『温度計とその気象への利用の歴史』、『雨や他の凝結様式の理論の歴史』など、気象学史の研究にとっては研究の出発点となる基本文献である。ずいぶん前に書かれた文献であるが、大変詳細に書かれており見たことのない器具の数々を読者に教えてくれる。

ミドルトンの本職は気象学者、イギリスで生まれカナダで活動した気象観測家である。その彼の著作に『気象学における視程——視距離測定の理論と実践』（1935）という著作がある。「視程」「視距離」はそれぞれ"visibility" "visual range"の訳語である。大気をどこまで見通すことができるのか、どこまで遠くの物体を識別することができるのか、それらは大気の気象状態を表す基本的な指標であり、かつまた海や空の交通にとっても大変重要な情報である。空が澄み切っているのか、靄がかかっているのか、ということは天気予報にとって重要なデータであり、海の航海士や空のパイロットにとってどの位先の灯台の光や遠方の物体が見えるのかは時に死活問題につながる。

図 2-12　夏山からの遠望風景
（筆者撮影）

図2-12は、梅雨の明けた7月末、とある山の中腹から麓の町から彼方の山並みを遠望した写真である。近くの木々、麓の林や建物ははっきりと見えるが、彼方に折り重なる山並みは遠くになるにつれて白さが増しさらにその先は見えなくなっている。カラー写真は

全体として青みがかかり、彼方の山々も樹木の緑が退色し青みを帯びた青灰色になっていく。遠方の山々が徐々に退色し青みがかって見えることは絵画の世界でもよく知られており、「空気遠近法」という風景画で遠近感を出す手法として使われてきた。

日常的にもよく知られるこの現象だが、いざ科学的に視程なるものを定義し正確に数値として表そうとすると大変複雑な課題であることがわかる。視程は距離によって定義される。国際標準においては、50メートル（0番）から50キロメートル（9番）までの10段階に分かれている。最低の0番の視程は、50メートル先で対象物体が見えなくなるような大気の状態を表す。気象データを電信で送る際に最小のデータ量で最大の情報が送れるように、そのような1桁の番号で表現されるようになった。

視程を測定する器具として、曇りガラスの曇りの度合いを変化させ、そのような曇り方の異なるガラスの円盤を目の前に置いていき、対象物が見えなくなるような曇りの度合いを見極める器具が考案された。あるいはまた、望遠鏡で対象物を観測し、そこに半透明の鏡を挿入して小さなランプの光を混入するようにさせる。ランプの位置を変化させ、対象物が観測できなくなるような位置を計ることで視程を測定するのである。

図2-13はソ連の科学者V・F・ピスクンによって考案された大気の視程を測定するための装置である。屋外に2本の黒い柱（M、N）を立て、そこから距離を離れて図のよう

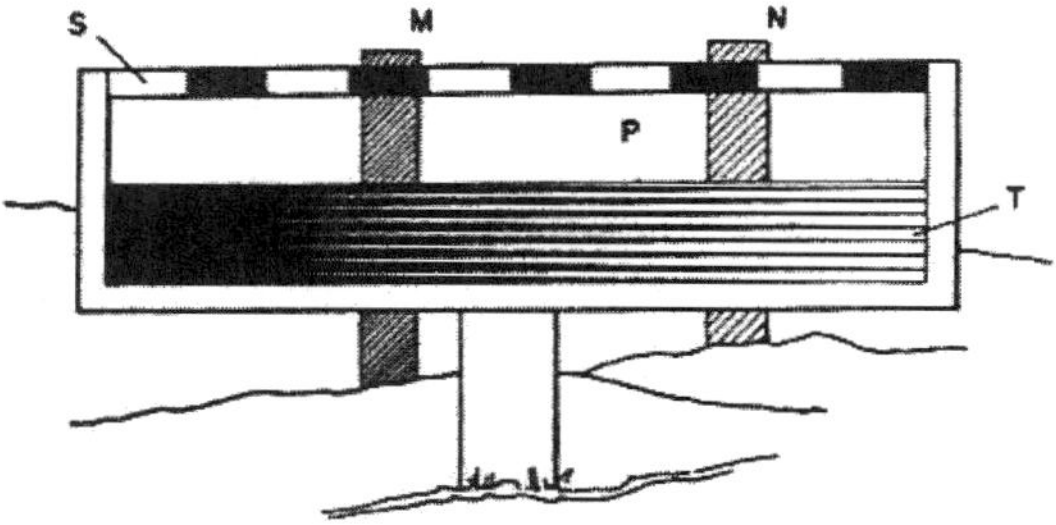

図2-13　ピスクンの測光用衝立

出　典：W. E. Knowles Middleton, *Vision through the Atmosphere* (Toronto: University of Toronto Press, 1952), p. 214.

な衝立を立てる。衝立は横に黒白の横棒（S）と、左が黒っぽく右が白っぽい板（T）が衝立の下半分に張られている。実はこの縞模様には、いくつかの横に細長い三角形が底辺を左端に、頂点を右端に接するように描かれている。距離を置くと人の目には左から右へ黒から白へと連続的なグラデーションになっているように見える。そのようにした上で、目の位置を変えて、グラデーションの衝立と目盛り付きの横棒との隙間（P）に見える彼方の2本の柱の灰色具合を衝立のグラデーションの灰色と一致させてその度合いを測るのである。

ミドルトンの戦前の著作は、戦時中の視程測定の発展を受けて戦後に増訂版が出版された。1952年に出版された本の最後には将来の研究課題として、動体を見分ける際の視程、錯覚などの視覚の研究、地上から上空の視程を観測することなどをあげている。ただその結論の末尾には、レーダーなどの新鋭機器の到来に言及し、それらの装置の普及により実際の目視確認がそれほど重要ではなくなるかもしれないとも述べている。

その数年後、アメリカのグランドキャニオン上空で晴天時に目視飛行をしていたジェット機が正面衝突する事故が起こった。その後もジェット機の衝突事故が続発したことで、晴天で見晴らしがよくともレーダーを利用した計器飛行が義務づけられるようになった。以後、航空管制官が大気中を飛行する全航空機の飛行状況を把握しコントロールする管制システムが確立していくことになる。

10 低気圧と前線

今日の天気予報でおなじみの「寒冷前線」という言葉や概念は、20世紀になって気象学者が導入したものである。前線や移動性の低気圧などの概念を導入し、現代の気象理論の体系を築いたのが、ノルウェーの気象学者ビヤークネス親子であった。

父親のヴィレム・ビヤークネス（1862－1951）は、電磁波の実験的検出に成功したことで有名なハインリッヒ・ヘルツの下で助手を務めた経歴をもつ物理学者である。その後ドイツやスウェーデンの大学で教鞭を執り、1917年にノルウェーのベルゲン大学に設立された地球物理研究所で気象学の研究に専念した。気圧・温度・湿度・風況などの変数に注目して大気の物理的状態を記述する方法の構築に努めた。この頃には大気の上空に成層圏が存在し、大気の物理的状態に不連続な境界線が存在することも知られるようになっていた。1921年に『回転渦の力学とその大気と渦動並びに波動的大気運動への応用』という著作を著し、後にベルゲン気象学と呼ばれる学派の礎を築いた。

ヴィレムの子、ヤコブ(1897-1975)もまた気象学者となり、父とともに気象学の研究と気象予報の体制作りに尽力した。ヴィルヘルムとヤコブのビヤークネス親子による気象学研究において特徴的なことは、低気圧(サイクロン)の運動に関心を向けたこと、気象現象を上空の大気の状況も考慮して三次元的にとらえようとしたことである。三次元的に捉えるということは、各地の気象観測地点で観測される温度や湿度などのデータだけでなく、高空の気象データも考慮に入れることを意味した。当時、気球や航空機による観測もなされ始めていたが、それによってリアルデータを集めることは不可能だった。そこでビヤークネスは、それまで観測されていた雲の形状に注目し、その観測結果から高空の気象情報を得ようとした。高い空に位置すると考えられる巻雲の形状や運動方向などに注意して観測するよう、各地の気象観測者に依頼した。

図2-14は、1920年のヤコブの論文「移動性低気圧の構造」に挿入された図で、気

象学史の文献にしばしば引用されるものである。中央の図において、暖かい空気が図下の南西から北東に吹き込み、冷たい空気が東から反時計回りで西側に回り込んでいる。暖気と冷気の間には、不連続線が生じている。図の中央を水平に横断するように3本の線が引かれている。上の点線、中央の実線、下の点線。中央の実線は右向きの矢印になっている。2本の点線のうち上の点線で切った断面が上の図、下の点線で切った断面が下の図である。全体図の中で上側の点線はすべて寒気の中に入っている。それに呼応して、上の断面図に示されるように、地表面は寒気で覆われ中央付近で雨が降っているが、上空には暖気が入り込んできている。下の断面図では、地表面が左から寒気、暖気、寒気に区切られて覆われ、境界付近で寒気側で雨が降っている様子が見て取れる。

寒気と暖気のぶつかり合い、サイクロンと不連続線（前線）の移動具合を、このように三次元的に理解し、それに各地からのデータを組み合わせることで、ビヤークネスらはより正確な翌日の気象予報を提供することに成功した。そしてその後、ビヤークネスらは自らの低気圧理論をさらに発展洗練させ、世界をリードする気象学の研究集団になっていった。

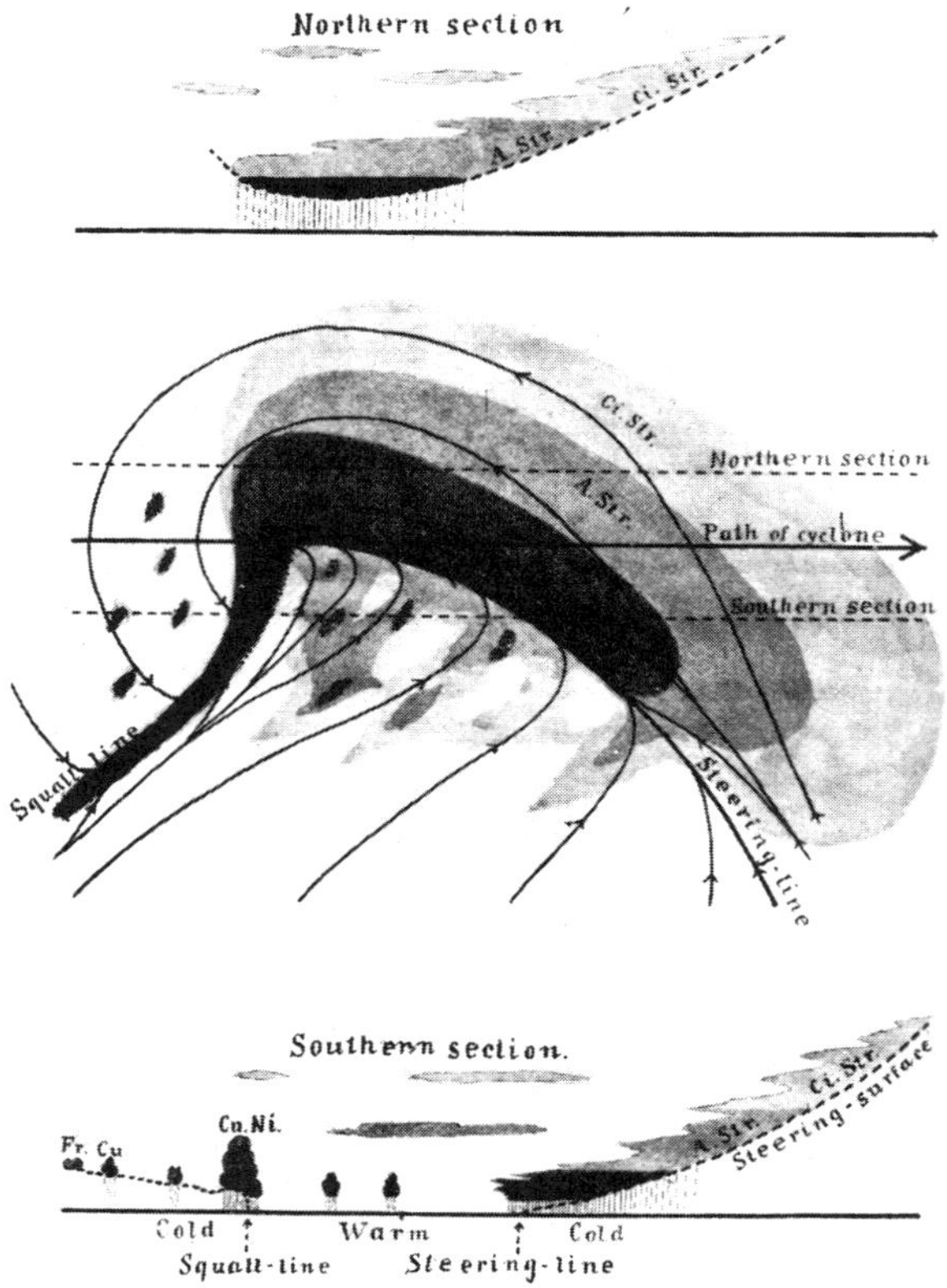

図 2-14　ビヤークネスによる低気圧と前線の模式図

出典：J. Bjerknes, "On the Structure of Moving Cyclones," *Geofysiske Publikationer*, vol. 1, no. 2 (1920), p. 4, figure 5.

11　気象衛星

世界初の人工衛星はソ連が打ち上げたスプートニク1号である。米国はソ連から少し出遅れて人工衛星を地球周回軌道に乗せることを達成したが、1960年4月に世界初の気象衛星「タイロス1号」の打ち上げに成功した。タイロス（TIROS）とは、Television and Infra-Red Observation Satellite（テレビジョンと赤外観測衛星）の略である。

気象衛星タイロスの計画は1950年代に遡る。1950年代初頭から米空軍傘下のランド社とRCA社が協力し、テレビカメラを搭載した偵察衛星の可能性を検討した。スプートニク・ショック後に設立された高等研究計画局（ARPA）はインターネットを生み出したことで知られるが、同局でそのような人工衛星を気象観測用に利用することがさらに議論され、衛星の基本設計について陸海空軍とともに米国気象局などの代表が集う特別委員会で検討された。その後この計画はNASAに引き継がれ、そこで打ち上げまでの計画が遂行された。

気象衛星の打ち上げは、その後のアポロ計画などに比べればはるかに規模も小さく難度も低いが、それでも克服すべき技術的課題は多かった。衛星を打ち上げて安定な軌道をとるように飛行させ、その上で衛星の姿勢を固定し地上の一定地点の気象状況を観測する。衛星の回転速度を維持するため小型噴射機が胴体に一定間隔で取り付けられ、撮影データを一時的に記録保存するための磁気テープも搭載された。

1960年に打ち上げられたタイロス1号に続き、その後10機のタイロス気象衛星が打ち上げられた。図2-15は、1961年7月に打ち上げられたタイロス3号が、北大西洋上空から撮影したハリケーンの姿である。左がハリケーン・ベッツィ、右はハリケーン・カーラ。後者はカリブ海で発生した後、メキシコ湾を北上し、米国テキサス州に上陸。歴史に名を残す超巨大なハリケーンとして、同州をはじめ周辺各地に甚大な被害をもたらした。あまりにも大きな被害をもたらしたため、「カーラ」という名前は北大西洋で発生するハリケーンにはその後使われ

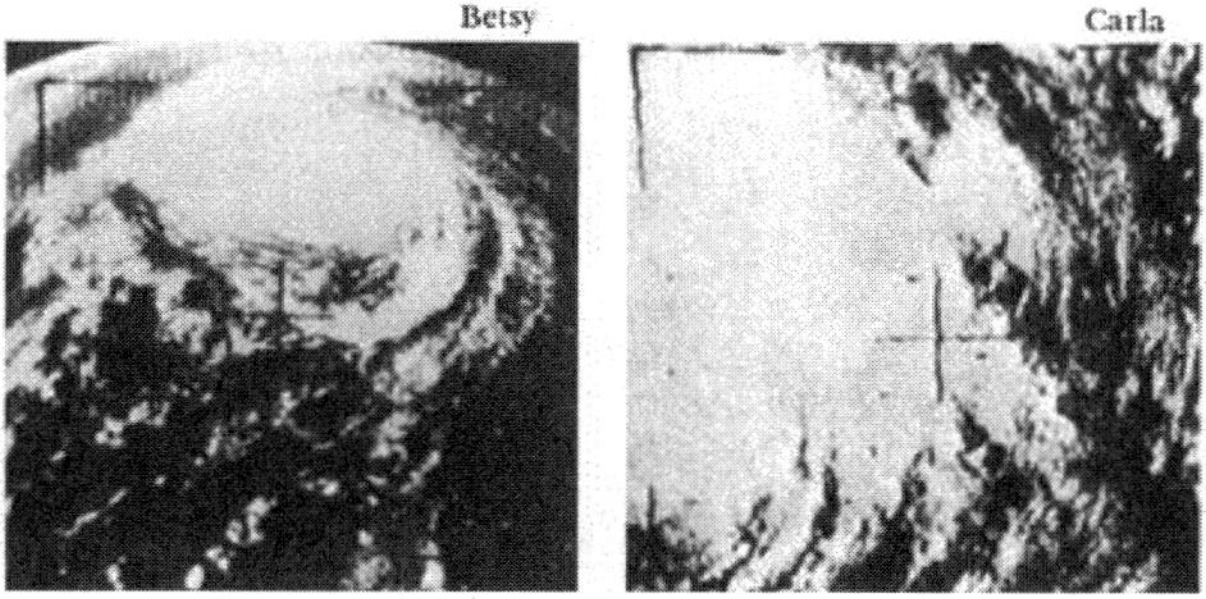

図2-15　気象衛星「タイロス3号」が1961年に撮影したハリケーン
出典：Edgar M. Cortright ed., *Exploring Space with a Camera*, NASA SP-168 (Washington, D.C.: NASA, 1968), p. 8.

ないことになった。

タイロス1号が宇宙空間から地球上の低気圧の映像を送ったときに、ニューヨーク・タイムズ紙の記者は、17世紀に発明された望遠鏡が天文学者にしてくれた約束をタイロスは果たしてくれたと述べた。17世紀に望遠鏡が発明され天文学者はその道具を用い天空を見上げ、今まで見たことのなかった星々の姿を見せてくれた。20世紀に開発された気象衛星は、逆に宇宙空間から地上を見下ろすことによって今まで見たことのない大気中に生成され運動する雲の姿を見せてくれた。

気象衛星は、それまでさまざまな装置を使い地上で収集されていた気象データに、それらとは別種のかけがえのない情報を付け加えてくれた。1960年代の電子工学の長足の進歩とともに、気象衛星の性能も大きく向上していくことになる。多くの気象衛星が打ち上げられ、気象予報に役立てられていくが、それとともに気象衛星からの地上の雲や台風の様子は、テレビの天気予報で毎日紹介され日常的な風景の一部になっていく。

第3章 地質——地層の重なりと地球の歴史

1 アグリコラの『デ・レ・メタリカ』

ゲオルク・アグリコラ（1494-1555）は、ラテン語の教師であり医師でもあったが、ドイツに富をもたらす鉱山業の成り立ちに興味をもち、その実態を詳しく調査し、『デ・レ・メタリカ』と題する著作にその成果をまとめ出版した。そこには、採鉱冶金技術の詳細な解説とともに、その理解を助けるために数多くの木版画が挿入されている。12巻からなる同書には、地質や鉱脈の調査方法（1〜4巻）、鉱石の採掘（5巻）、鉱山家の道具や機械（6巻）、鉱石の鑑定（7巻）、鉱石の砕石と洗浄（8巻）、鉱石の精錬（9巻）、金銀の抽出や塩やソーダなどの各種化学物質の製造法（10〜12巻）が解説されている。

アグリコラは1494年にザクセンのグラウハウで生まれた。ライプチヒ大学で学位を取得した後、ツヴィカウの公立学校の校長を務め、ラテン語とギリシア語を教えた。その後イタリアの大学で医学を学び、エラスムスとも親交をもった。帰国後ボヘミアのヨアヒムシュタールに落ち着き、その地の町医者となった。近隣には鉱山が多く、鉱山業への関心を深めるようになり、医療業務のかたわら、古代以来の鉱山に関する著作を繙くとともに、自ら鉱山に赴き情報を仕入れた。「学識ある鉱夫」だったというローレンツ・ベルマ

図 3-1　鉱山からの採石を運搬する

出典：Georgius Agricola, *De Re Metalica* (1556), book 6.（図には番号が振られていない。Dover edition では 170 ページ）

ンから鉱物学、鉱山の用語、言い伝えなど、さまざまな情報や知識を得て、その聞き書きを『デ・レ・メタリカ』の出版に先立って執筆している。その後『デ・レ・メタリカ』の草稿を1550年にほぼ書き上げたが、出版は彼の亡くなる1555年のことであった。

図3-1は、同書第6巻に掲載される図である。そこには鉱山から採掘された鉱石を精錬所などの処理施設まで運ぶ運搬手段が各種描き込まれている。図上では何頭かの馬の背に鉱石を荷物として振り分け、なだらかな山道を降ってくる(A)。図中央では2頭立ての荷馬車が描かれ、その荷車に上から男が鉱石を落としている。右下は1頭立ての荷馬車で鉱石を運んでいるが、急坂のため背後にブレーキ代わりに丸太を引きずりながら降りてきている。下では到着した荷車から鉱石を荷下ろししているが、それを監督する人物が運搬回数を記録するために棒に刻み目を入れている。図の所々(左中央や右中央)に切り株が描かれ、鉱山業が森林を伐採し自然に負荷をかける生業であったことを窺い知ることができる。

科学史家のオーウェン・ハナウェイはアグリコラの著作の版画が描く鉱山の姿の歴史的背景を見るために、もう1枚の絵を引用し解説を加えている。それは同書が出版されたのとちょうど同じ頃に描かれた「銅山」と題される風景画である(図3-2)。

作者ルーカス・ガッセルは16世紀前半に風景画家として活動したフランドルの画家であ

図 3-2　アグリコラの時代の鉱山の風景

出典：Lucas Gassel, *De Kopermijn*, Inv. 3171, Royal Museums of Fine Arts of Belgium.

る。絵には銅を産する山の姿と、その山肌と麓で繰り広げられる鉱山業従事者の活動が描かれている。山には山頂から山麓まで所々に坑道への入口が点在しそこで作業者が働いている。中央、山から降りてきた荷馬車の列が採掘した鉱石を運んでいる。左下には鉱石を運び上げる者、手押し車で運ぶ者、作業者に飲み物を提供する女がいる。図中央下は鉱山の所有者、従者に銅鉱を口に含ませ味見させている。

絵を再び俯瞰すると、右にはもう一つの山が描かれ、山麓には優美な城館の庭を人々が歩き、山にはうっそうと木々が生い茂る。二つの山は同じ形状をしており、左は開発の進む現在の山容、右は緑に囲まれた過去の情景を表しているとハナウェイは解説する。欧州の鉱山業は新大陸での銀山の発見により、その後大きな変容を遂げていくことになるが、左上に描かれている港の様子はそのことを見る者に暗示させる。

2 ヴェルナーの鉱物分類学

アグリコラが活動したヨアヒムシュタールの北に位置するフライベルクもまた鉱山の町である。10分の1の税金を支払えば誰でも採掘できるということで、「フライベルク（自由な山）」と名付けられた。ここでも銅や銀の鉱石が採掘され、貨幣が鋳造された。採掘が進み、深い縦坑が掘られ、排水路が地下に巡らされ、水車で水が汲み上げられた。16世紀に鉱山局が設置され、鉱山の採掘や排水を専門の技術者が取り仕切るようになっていく。18世紀になると、それら技術者を養成する機関としてフライベルク鉱山アカデミーが設立された。

ヴェルナーはドイツの鉱物学者・地質学者であり、科学としての地質学を生み出した人物の1人である。製鉄所の監督官だった父親の影響で、鉱物学に興味をもち、製鉄所での実務経験を積んだ後、フライベルク鉱山学校で鉱山技術者になるための基礎教育を受けた。その後ライプチッヒ大学に進学し、在学中に『鉱物の外的特徴について』と題する鉱物分類の著作を出版し、それが認められて1775年に母校の鉱山学校の教員に迎えられた。

White—Snow-white, Reddish-white, Yellowish-white, Silver-white, Greenish-white, Milk-white, Tin-white.

Grey—Lead-grey, Bluish-grey, Smoke-grey, Yellowish-grey, Steel-grey, Ash-grey.

Black—Greyish-black, Brownish-black, Dark-black, Iron-black, Bluish-black.

Blue—Indigo-blue, Prussian-blue, Azure-blue, Violet-blue, Smalt-blue, Sky-blue.

Green—Verdigris-green, Mountain-green, Emerald-green, Grass-green, Olive-green, Blackish-green.

Yellow—Sulphur-yellow, Lemon-yellow, Gold-yellow, Bell-metal-yellow, Straw-yellow, Wine-yellow, Ochre-yellow, Orange-yellow, Brass-yellow.

Red—Aurora-red, Hyacinth-red, Brick-red, Scarlet-red, Copper-red, Blood-red, Carmine-red, Crimson-red, Flesh-red, Brownish-red.

Brown—Reddish-brown, Clove-brown, Hair-brown, Yellowish-brown, Tombac-brown, Wood-brown, Liver-brown, Blackish-brown,

図3-3　ヴェルナーの鉱物分類のための色彩種

出典：Abraham Gottlob Wener (trans. by Weaver and edited by Wernerian Club), *On the External Characters of Minerals* (London, 1849-50), pp. 45-46.

同書は、鉱物を表面の色彩やパターン、形状などから鉱物を細かく分類したものである。色彩については白・黒・灰色・青・緑・黄・赤・茶色の八つの基本的な「色類」に分け、それらの下にさらに細かな「色種」を定め、それらの色種によって鉱石表面の色を特定していく（図3-3）。彼は色や形などの目に明らかな特徴ばかりでなく、固い物で引っ掻《か》いたときの傷の付き方や、叩いたときの音の鳴り方なども、鉱物の種類を見極めるメルクマールとして利用した。

　鉱山学校でのヴェルナーの任務はもっぱら鉱山に関わる技術者の

教育だった。そのために鉱山業に関する情報や多くの種類の鉱物を世界各地から収集した。ヴェルナーはこれらの岩石や鉱石を、物理的性質とともに化学的性質によってさまざまな種類に分類した。特に色による分類は重視されたが、鉱物が結晶をなしている場合には基本形状に基づいて分類しようとした。在職中にヴェルナーが収集した鉱石のコレクションは保管室に陳列され、数百種にのぼるそれらの鉱石は、彼の死後も同校の教育に利用され続けた。

鉱物の知識は鉱脈の同定につながり、鉱脈の調査は地層の研究へとつながっていく。ヴェルナーは鉱山師や採掘者の経験的知識に関心を寄せ、それらを積極的に収集し整理した。それらの実践的な知見の収集に加えて、地質構造や地層の形成について理論的検討も試みた。聖書の記述を信じる彼は、過去に大洪水が起こり、その後砂岩やグレイワッケと呼ばれる粘土質の砂岩、そして玄武岩《げんぶ》が生成していったのだろうと推測した。このように地層が一般的に水の作用によって形成されるとする学説は「水成説《すいせい》」と呼ばれることになる。40年にわたり鉱山アカデミーで教鞭を執り、教え子はヨーロッパ各地の鉱山技術者に育っていったが、鉱物学と鉱山教育の国際的名声から、ヴェルナーはこの「水成説」の代表的な提唱者とみなされた。

3　ハットンの火成説

イギリスのジェームズ・ハットン（1726－1797）は、ヴェルナーとともに近代地質学の創設者に数えられる人物の1人である。ヴェルナーとは違い、若い時分から鉱山や地質学に興味をもっていたわけではない。エジンバラ大学では数学や論理学、そして化学に関心をもった。卒業後、法律家になろうとするが断念、医学部に再入学。パリやライデンを訪れ、最新の科学知識を吸収するとともに医学の学位を取得した。だが結局医者にもならず、農場の経営に携わるようになる。そのことがハットンに土壌へ目を向けさせ、地質学への関心を芽生えさせた。農場経営が軌道に乗ると経営を任せ、都会に戻り、興味を膨らませていた化学や地質学の勉強に打ち込んでいくようになる。

エジンバラでハットンは多くの科学者と交流した。各地への調査旅行にも出かけ、バーミンガムではジェームズ・ワットに出会い、彼が改良を進める蒸気機関について知ることもできた。自ら地質を調査し思索を深めることで、彼は自然の歴史に関して、聖書に書かれ多くの人々が理解していることとは異なる考えをもつようになっていく。

エジンバラには「哲学協会」と呼ばれる科学者が集まる愛好会があったが、同協会は1

783年にエジンバラ王立協会と改名し、ロンドンの王立協会に肩を並べる学術機関となった。その会合で彼は自らの考えをなるべく論理的筋道を立てて披露しようとした。彼の報告は後に要約が出版されたが、その冒頭で「本論考の目的はこの地球が存在してきた時間について見積もりを与えること」と述べられる。その問いに対する答えは「無限の長さの時間」というものだった。その後出版された『地球の理論』の最後では、「それゆえにこの我々の探求の結果は、始まりについての痕跡は見つからず、そして終わりの見込みもないというものである」という一文で締めくくられている。

雨が降り、雨水は山を削り土砂を川に流し、海に運んでいく。海に運ばれ沈殿した土はやがて岩石として固まっていく。そのためには膨大な時間がかかることになる。水の作用だけではない、火の作用も重要だと彼は考える。火山で目撃するように、地下には熱い領域があり、そこで岩石は融け、地上で冷やされることで別種の岩石に融合される。河川の流れや大洪水といった水による作用だけでなく、そのような火と熱の作用も考慮して土や岩の形成過程について推論した。そしてその過程には果てしないほどの時間が費やされているはずだと論じた。

ハットンは、自分の考えを発表すると、自説の証拠を求めて各地の地質を調査した。水に溶けた物質が沈殿してできあがる水平の整然とした地層とは異なる様子を示す地層はないだろうか。スコットランド南のティヴィオ川を散策していた時に、求めていた光景に出くわした。

ある日、ジェドバラの町の川上の美しい渓谷を歩いていると、河床に垂直の層が見えることに驚いた。すぐにこの現象に満足し、地球の自然史にとって大変興味深い事態に遭遇できた幸運を喜んだ。それはまた私が長い間探し求めて見つけられなかったことでもあった（ハットン『地球の理論』第1部、432ページ）。

その後さまざまな地質学上の発見を盛り込んで著された『地球の理論』には、彼がジェドバラで発見した地層の様子が掲げられている（図3-4）。それは上部と下部に画然と分かれる。上部の地層は水平に整然と積み重なっているが、下部の地層は垂直に立ち、やや乱雑に隣接し合っている。その左方では平行に重なっているが、中央から右方にかけては曲がりくねり隣り合っている。このように褶曲《しゅうきょく》しているところ、そして地層自体が垂直になっているところは、水の作用ではない別の作用が働いたはずであると考えた。そのように形成された垂直の地層が切り立っていたところに土石が溜まり、さらにその上に地層が水平に積み重なっていったとした。

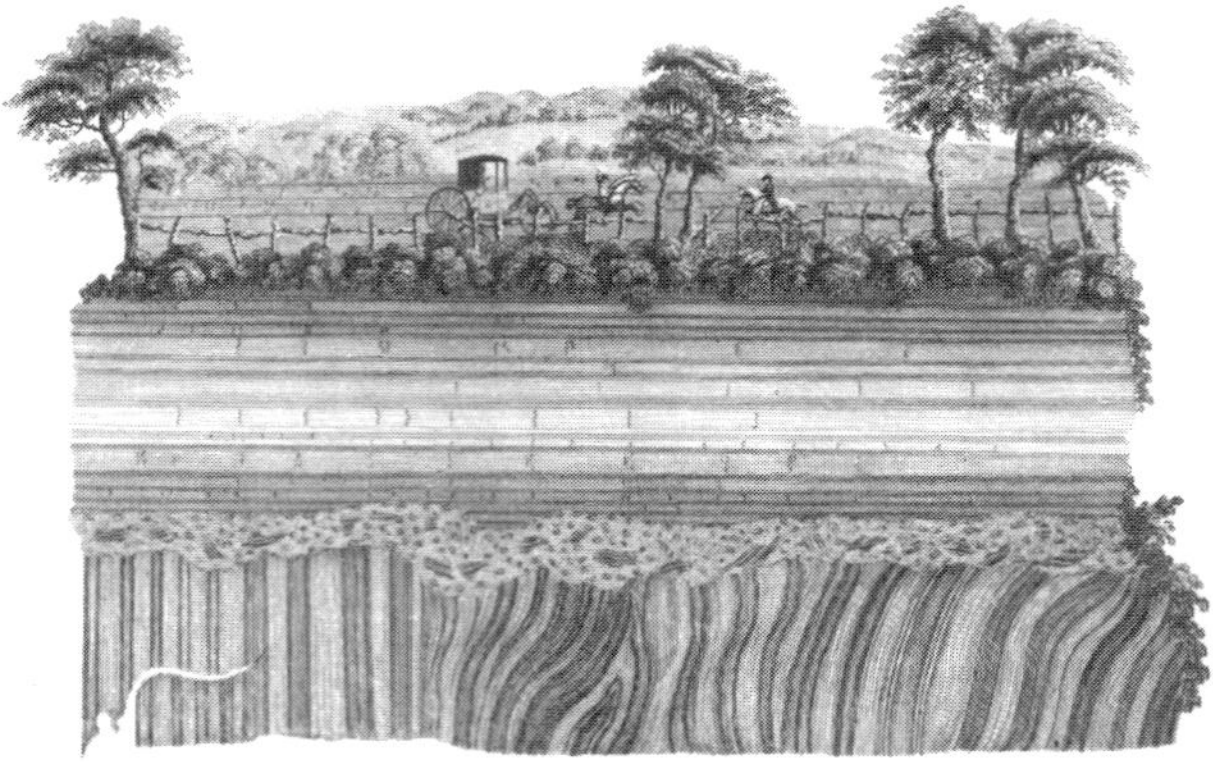

図 3-4　垂直の地層の上に載った水平の地層
出典：James Hutton, *A Theory of the Earth* (1795), vol. 1, plate 3.

ハットンの理論は、ジョン・プレイフェアによって『ハットンの地球の理論の解説』という解説書が出され、むしろこの書によって内外の科学者に広く知られることになる。彼の理論に対しては賛否双方の意見が分かれたが、プレイフェアの書を読んだライエルがハットンの考えを継承していくのである。

4　スミスの地層図

ウィリアム・スミス（1769－1839）はイギリスの測量士であり、地質学の発展にも大きく貢献した人物である。彼が活躍した時代のイギリスは産業革命の時代であり、石炭の採掘とともに、原材料や製品の輸送のために運河の建設が盛んに進められた。探鉱の調査と運河建設に適した土地を探すために、地質の調査に関わった。

スミスは測量士の助手として働いた後、ある炭鉱の所有者から周囲や坑道内の地質調査を依頼される。炭坑の中に降りていき、そこに現れる土の色や性質が変わっていく様子をじっくり観察した。マール岩と呼ばれる種類の石の層が水平ではなく、バース近郊のその炭坑から東に向かって徐々に下方へ潜り込んでいくように見えた。立て坑《こう》を降りていくと、土の色はより細かく変化していき、灰色がかった茶色の砂岩《さがん》が出現、さらにその下に粘土質の「頁岩《けつがん》」と呼ばれる層、そして泥岩《でいがん》、貝殻の痕跡を含んだ淡水性、海水性の岩層があり、その下に石炭層があった。石炭層の下には、粘土層があり、そしてまた砂岩、頁岩と続いていく。このような石炭層の上下の層の積み重なり方は、近隣の別の炭坑で観察してもほぼ同様だった。

その後しばらくして運河建設のための地質調査の仕事が舞い込んだ。ウェールズの石炭を運ぶ運河で、設計と工事監督を土木技師ジョン・レニーが担当した。スミスは彼の助手として働くことになった。運河建設にあたっては水がなるべく土に浸み込まぬよう土質を調査し、最善のルートを決定する必要がある。スミスはその準備のために、北イングランドに至るまで他の運河を視察し、地質や土壌を調査した。運河のルートが決定し建設が着工されても、地層の調査は続けられた。

スミスは地層調査に専念することで重要なことに気がついた。さまざまな種類の地層の同定に化石を利用できることに気づいたのである。近辺で豊富に見つかる化石を収集していたスミスは、それぞれの地層で見つかる化石について豊富な種類を見分けることができた。一つの地層にはいくつかの決まった種類の化石が見つかる。似通った地層でも、異なる地層であれば見いだされる化石の種類が異なるのではないか。そうであれば化石は地層判別の重要な指標になってくれる。

ちょうどそのころ出版されたバース近辺の地図を利用し、そこに手持ちの場所ごとの地層のデータを彩色した。できあがったバースの地質図は1799年に刊行された。さらにこの一地方の地質図を拡張しイギリス全土の地質図を作成していくという企てを構想するようになった。運河会社の職から離れると、イギリス全域にわたり地質調査旅行を敢行する。調査はその後十年余り続けられ、成果としての大きな地質地図は1815年に出版された。

地図を出版した後に、付録の解説書として『生物由来の化石による地層の同定』という書を出版した。18に分類された地層のそれぞれに出現する化石を地層ごとにまとめ、その色や姿形を図示したものである。図3-5は「上部石灰岩層」と称される層に見いだされる16種の化石を示したものである。左上はアルシオナイトと呼ばれるサンゴの化石、中央

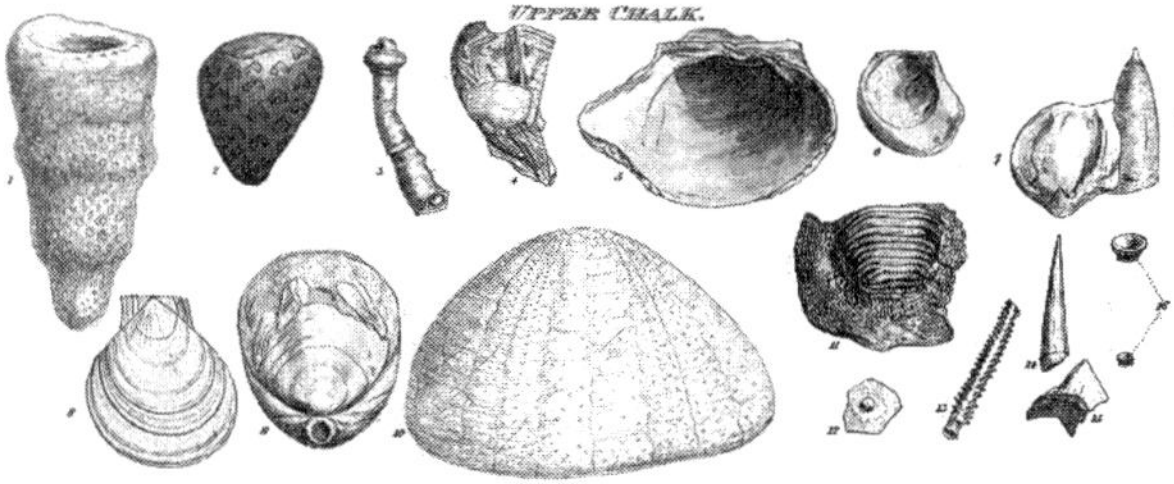

図 3-5　石灰岩層上部に見られるさまざまな化石
出典：William Smith, *Strata Identified by Organized Fossils* (London, 1816), table 3.

下はエキヌスと呼ばれる大きなウニの化石、そして右端はサメの歯や背骨の化石である。石灰質の土壌の畑や道路では、掘り返すことによってこれらのサンゴやウニの化石が多数現れた。この絵の背景は白色にしているが、それはこの地層が白色であることを表しており、他の層でも地層の色に合わせて背景を薄茶色や青緑色にした。

スミスの地図と大がかりな調査の成果は、イギリスの地質学者からどのように評価されたのだろう。あまり高くはなかったというのが第一の答えである。だが事情はやや込み入っている。

1807年、地質学に関心をもつ同好の士が集まりロンドン地質学会が創設された。同学会の共同プロジェクトの一つとして、イングランドとウェールズ全体の地質地図の作成が計画され、スミスの地図作成と並行するかのように計画が遂行された。ただスミスと違い、この地図作成のプロジェクトを仕切った初代会長でもあるジョージ・グリノー（1778－1855）は、各地の地質・地層の状況について多くの人物から情報を提供してもらい、それを集約し総合することで地質地図を作成しようとした。

集団での共同製作作業としてなされたことがグリノーとスミスのプロジェクトの大きな違いであり、また重要な違いでもあった。各地から寄せられる情報は言葉と数字で記述されており、その文章を正確に理解し、そこから地質構造を量的・空間的に再構成しなければならない。それは困難な作業だった。グリノーはその作業を中心になってこなし、スミスより5年遅れて地図を完成させた。できあがった地図は、一見したところスミスの地図とよく似通っているが、よく見るとスミスのものよりもずっと精密な地図として仕上がっている。多くの地方の調査者からの情報に基づいていることで、正確で信頼できる地質地図として認められた。グリノーの地図の完成によって、スミスの地図の真価が改めて認識されたということもできよう。

逆に地質学会の地質地図があったために、スミスの地図は高値で販売できず、財産を失うことで投獄までされてしまう。ただその後、彼の地図作成の作業が、キュヴィエらフランスの研究者たちの作業に比べても早くからなされていたこともあり、その研究成果が地質学会においても再評価されていくことになる。1831年、地質学会の会長だったアダム・セジウィックは、彼を「イギリス地質学の父」とまでよび、その功績を讃えた。

5　大洪水の痕跡

ウィリアム・バックランド（1784－1856）は19世紀の前半にオックスフォード大学で鉱物学や地質学を教え、創設間もない地質学会の会長も務めた人物である。デヴォンシャーで生まれ育った彼は、司祭だった父とともに付近を散歩し、いっしょに化石を見つけたりする子供だった。オックスフォード大学に入学すると、多くの学友とともに地質学への興味を深めていく。彼にフィールドワークの作法を教えてくれた先輩格の友人は、前節のスミスの友人から地質の調査手法を学んだ人物だった。優等生だった彼は所属するコーパス・クリスティ・カレッジのフェローに選ばれ、さらに恩師の跡を継ぎ同大学で鉱物学と地質学を教える準教授（Reader）の職に就いた。彼の地質学の授業の受講生には、次節で取り上げるライエルがいた。

バックランドは地質学の研究と聖書の記述との間に矛盾はないと信じた。しかしまた地質学の研究はキリスト教の教義とは無関係であるという立場もとらなかった。彼は過去において大洪水が存在し、それは地質の調査によっても立証されると考えた。その一つが1822年に『地質学会紀要』に掲載された論文で、その内容は「ドーセットとデヴォンの南海岸と交差する渓谷の連なりによって例証される、洪水の作用による渓谷の掘削《くっさく》について」という標題に表されている。彼の故郷にも近いこの地域には、古生物の化石がよく発見される場所でもあり、次章で触れるようにメアリー・アニングという人物がこの近くのライムリージスという場所で、大きなワニの化石を見つけたりした。

　地質学者のバックランドは、図3-6に描かれた光景を参照しつつ、丘陵部の地層の積み重なり方が渓谷を挟んで連続していることに注意を喚起し、この断崖と渓谷が過去の時代に起こった大洪水によって作り出されたものだろうと推測する。渓谷を流れる川の水量は砂利を移動させる程度のものであり、渓谷が川によって作られたという説を否定する。論文中では、大洪水については参照されるべき文献がいくつか引用されている。その中には、今の目からはとても科学的論文とは言えない論文も含まれる。

　そのような文献として、アレクサンダー・カトコットという教会の牧師で地質学者でもあった人物の著した『大洪水に関する論考』という著作を取り上げることができる。その中には図3-7のような地球の断面図が描かれている。

　カトコットは、大地は水に浮かんでおり、その大地に亀裂が入っていると考えた。図のD、Eが大気、G、Hが海洋と地下の水、その間の亀裂の入った黒い塊Fが大地、そして中心のIにも土の塊が存在する。大気を構成する空気の一部Eは、以前には大地の中の中

図 3-6　バックランドの論文に描かれた英南西部の海岸

出典：William Buckland, "On the Excavation of Valleys by Diluvian Action, as Illustrated by a Succession of Valleys Which Intersect the South Coast of Dorset and Devon," *Transactions of the Geological Society*, ser. 2, vol. 1 (1824): 95–102, plate 14.

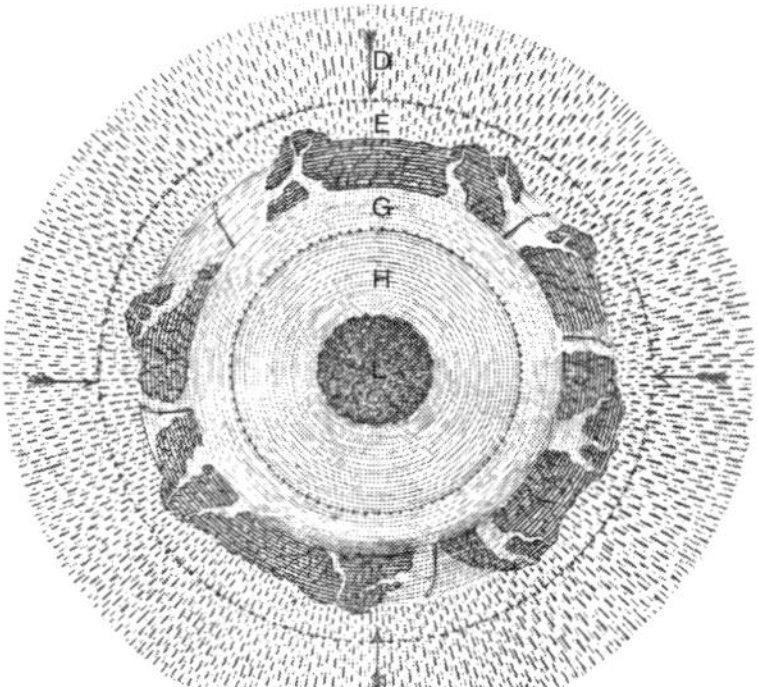

図 3-7　カトコットの想像する大洪水

出典：Alexander Catcott, *A Treatise on the Deluge*, 2nd ed. (London, 1768), plate 2.

心部に位置し、Eの場所は水で覆われていた。それが彼の言う大洪水の状態だった。中心の空気が外に放出されたことで、大地の一部は中心に沈み、残りは亀裂が入り大きな地下の水と海洋の上に浮かぶことになったというのである。

このような大地の下に大きな水が充満する層（空間）があり、その上に載る大地が壊れることで大地が水に沈み洪水が起こるという考えは、デカルトの『哲学原理』（1644）に見いだすことができ、またその後に出版され広く読まれたトーマス・バーネットの『地球の聖なる理論』（1682）にも同様のモデルと大洪水発生の説明が提示されている。

19世紀初頭のバックランドは、このカトコットの議論を信じているわけではない。それは行き過ぎだと述べている。しかし論文の注で引用し、またバックランド自身がカトコットの著作を読んだことは確かなことである。彼はこのような説明が教会人によって世の中に提示され、一般の人々によって読まれていた社会の中で思考し、活動していたのである。

6 ライエルの斉一主義

19世紀の地質学の発展に大きく貢献したのがチャールズ・ライエル（1797－1875）である。オックスフォード大学に入学し、古典と法律を学ぶ傍らで、前節のバックランドの地質学の講義も受講し、各地を旅行して地質を調査したりした。卒業後はイングランド西部の巡回裁判所の法廷弁護士となったが、在学中に目を患っており、法曹界の仕事は2年程務めただけであった。巡回裁判所に勤務しイングランド西南部の各都市を訪問する際にも、近隣地域の地質を調査したりした。

30歳で法律の仕事を一段落させると、ライエルは知人のロドリク・マーチソンとともに南フランスとイタリアの各地を旅行し、地質を調査し、地層内の化石を収集した。南仏ではオーヴェルニュとニースを、イタリアではパルマ、フィレンツェ、ナポリ、シチリアなどを踏査した。調査にあたっては現地の学者からも各地の地質事情について教えてもらった。南フランスのオーヴェルニュ近辺では、渓谷のでき方を詳しく調べることで、地層の成り立ちの詳細を知ることができた。イタリアでは旺盛《おうせい》な火山活動とその影響を目の当たりにした。

これらの調査旅行の経験からライエルは、地層の積み重なりの形成過程がゆっくりとほぼ連続的に進んできていること、今日起こっていることあるいは歴史的に確かに記録されていることから遠い過去に起こった地質上の変化も説明がつけられるべきであることを確信するようになった。世界中のあらゆる地点において、現在と過去の地質の状態は同一の地質学上の原理で説明されるべきである、すなわち「斉一性」の原理が貫徹されるべきであると考えるようになった。

これらの調査研究の成果と考察の結論は、1830年からの3年をかけて全3巻の『地質学原理』としてまとめられた。標題と内容の類縁性から、同書は地質学における『プリンキピア』と呼ばれたりする。

同書の冒頭にイタリアのセラピス神殿の廃墟を描いた絵が掲げられている（図3-8）。廃墟には3本の大きな円柱と、石に腰掛けそれを眺める男の姿が描かれている。田園に囲まれ廃墟の静けさを感じさせる情景だが、それは実は大地が活発に動いていることを如実に示す風景画なのである。神殿は、有名なヴェスヴィオ火山の麓のナポリ湾の西隣の湾に面して建てられた。付近は「火の平野」と名付けられるとおり、火山の噴火口などが点在する場所である。図に描かれた遺跡は紀元後2世紀に建てられたローマ時代の建築物で、土に埋もれていたところを18世紀後半に発掘され、その姿を現した。近辺には多数の遺跡があり、神殿近くの高台にはキケロの別荘があったとされる。その周辺のガイドブックに掲載されていた絵をライエルは借りてきた。

18世紀の発掘時には海岸から遠く離れていたが、数十年経つと海岸線に近づいた。しかし円柱に残された傷跡はそれらが以前海の中に沈んでおり、貝が付着していたことを示している。すなわち3本の円柱は地面の高さに対する海水面の上昇と下降、あるいは逆に地

図3-8　ライエル『地質学原理』の扉絵

出典：Charles Lyell, *Principles of Geology*, vol. 1 (London, 1830), frontispiece.

面の下降と上昇を示している。そしてそれが先史時代でなく、有史以降に起こったことを物語っている。

斉一性の原理に基づき、現在目にする現象から過去の地質形成も説明するというライエルの立場は、聖書に記される大洪水などの自然界の激変（天変地異）が起こり、それが現在の地質の形成に決定的な影響を与えたとする立場と真っ向から対立することになった。過去に大激変があったと想定してしまう人々は過去の時間の長さを過少に評価しているのだと、ライエルは激変論者たちを批判した。

ライエルの『地質学原理』は広く内外の科学者によって読まれたが、その1人に後に進化論を発表するチャールズ・ダーウィンがいた。ダーウィンは1831年にビーグル号に乗船して世界一周の航海に出かけたが、船中で『地質学原理』を読み、ライエルの考えに共感していくようになる。ライエル自身は進化という概念に否定的であったが、ダーウィンは斉一性や現在主義といった原則を提唱するライエルの考えに大きな影響を受けていくのである。

7　氷河期の発見

「氷河期」という言葉は我々になじみ深い。だが「アイス・エイジ」という語を伴うその学説は、19世紀初頭に登場し、反対を受けながら徐々に受け入れられていったものである。上述の通り、聖書には大洪水の記述があり、過去の大洪水がしばしば地質学者の間でも想定されていたが、大氷床《だいひょうしょう》の想定は想像力とともに多くの証拠を必要としたのである。

科学史家トビアス・クリューガーの著した『氷河期を発見する』という著作の表紙には、広い草原にポツンと存在する巨大な岩石の塊の写真が掲げられている。「迷子石《まいごいし》」あるいは「捨子石《すてごいし》」とも呼ばれるそのような漂石は古くから知られ、地域の住民にはよく知られていた。昔巨人が運んだという言い伝えもあったが、17世紀になると大洪水や火山の噴火に原因が求められたりした。大洪水の際に、氷床から分かれた氷山がこれらの石を運んだとする説も出された。18世紀後半には石の運び手として氷河が考えられるようにもなった。

この「氷河」という言葉であるが、英語やフランス語の「glacier」という語は、フランス語の氷を意味するglaceに由来し、流れる河の意味合いはそこにはない。日本でも幕末や明治初期には「氷野《ひょうや》」、「氷原《ひょうげん》」などと訳されており、「氷河」という訳語が定着するのは19世紀末以降のことである。当時欧州で氷河が実はごくゆっくりと移動していることが確認されるようになり、それに合わせて新しい訳語が提案されたのである。「氷河」という言葉に慣れ親しんだ我々は、氷河は動くものと理解し、当時の科学者も初めからそのように考えたとつい思ってしまう。だが実際はそうではなかったのだ、「glacier」という言葉にそのような意味合いはなかったのだと、自分に言い聞かせる必要がある。

氷河の実態、迷子石は氷河が運んだこと、そしてかつて氷河期という時代があったことを明らかにしていったのは、19世紀初頭のスイスの研究者たちであった。上述のクリューガーは氷河期を発見した人物として4人の研究者たちをあげている。そのなかの1人イグナツ・ヴェネツは道路建設に携わっていた若い土木技術者で、各地の氷河や迷子石を観察した。そして迷子石は氷河が運んだこと、かつて現在より寒冷で氷河が今より長く伸びていた時代があり、その時代に氷河によって運ばれた石が氷河の後退とともにその場所に残され、現在の氷河の先端からは離れた場所に迷子石としてとどまることになったと考えた。

ヴェネツの報告はジャン・ド・シャルパンティエという科学者から高く評価され、創設間もないスイス自然研究協会から賞を受けることになった。ヴェネツはその後、はるか以前には氷河が渓谷だけでなくスイス全体を覆っていたと考えたが、他の科学者には納得してもらえなかった。ヴェネツを評価してくれたシャルパンティエも、以前の地球は現在より暖かく、その後だんだん冷えてきたと考えており、広く氷河で覆われる寒冷な時代があったという説を俄《にわか》に受け入れることはできなかった。

カール・フリードリッヒ・シンパー(1803-1867)はドイツ出身の科学者で、

初め植物学に関心をもち地方の植物図譜の作成を手伝ったが、迷子石の存在から、氷河の役割や氷河期の存在について思索をめぐらすようになった。地球が過去において高温と低温の時期とを交互に経験したという説を提案した。彼はスイスの学会でその説を公表したが、それを機にシャルパンティエと面識を得、またそこで以前ハイデルベルク大学で学友だった博物学者ルイ・アガシ（1807－1873）とも再会した。3人はシャルパンティエ邸で氷河について議論を交わし、近隣の山道を歩き、迷子石や氷河の痕跡を探索した。

アガシはスイス出身の動物学者、古生物学者で、スイスやドイツの大学で学んだ後、フランスの著名な動物学者キュヴィエ（次章参照）の下で研究し、新設されたスイスのヌシャテル大学に赴任した。ヌシャテルのすぐ北にはジュラ山脈が横たわる。同山脈はジュネーブからバーゼルまでスイスとフランスとの国境に横たわる山脈で、その先はドイツのシュヴァルツヴァルト（黒い森）と呼ばれる丘陵地帯につながる。アガシもまた迷子石や氷河に関心をもつようになり、山脈各地で迷子石の存在と分布を調査した。彼はそれまで迷子石は漂流する氷山が運んだものと思っていたが、それらの配置に一定の規則性や方向性があるように思われた。また調査により、大きなむき出しの岩の表面が磨かれたように平《へい》滑《かつ》になっていることにも気づいた。図3-9はそのような岩の一例である。

1836年から37年にかけての冬、スイスを訪問していたシンパーがアガシの家に滞在

図3-9　アガシの見つけた表面が滑らかになった岩
出典：Louis Agassiz, *Étude sur les glaciers* (Neuchâtel, 1840), atlas 17.

し、2人は旧交を温めつつ氷河について議論を重ねる日々を送った。シンパーは思索し仮説を作り上げていく傾向があったのに対し、アガシは証拠となる事実の積み重ねにこだわった。氷河の仮説が科学理論として成長していくにあたって、そのような異なる性格をもつ2人の協力が功を奏したと科学史家のクリューガーは指摘する。だがその後氷河期の理論を学会で発表し、学術書を出版していくのはもっぱらアガシであり、そのため氷河期の発見者、主唱者はアガシと見なされるようになる（シンパーはそれを不満に思い、2人の仲はこじれてしまう）。

1837年夏にスイス自然研究協会の会合がヌシャテルで開かれ、アガシは氷河や迷子石の観察成果と氷河期の理論を発表した。だがある時期欧州全体が氷河で覆われたという大胆な仮説は受け入れてもらえなかった。翌年秋にフランス地質学会がヌシャテルに近い町で開催された。アガシはこの会議で観察事象に即した報告を行い、会議の後に参加者を連れてジュラ山脈に赴き、氷河の痕跡を披露した。報告と実地見学に満足したフランスの地質学者たちは、アガシの説明に納得するようになっていった。

アガシは1840年にそれまでの研究成果をまとめた『氷河の研究』を出版、十数枚の図版とともに氷河の形態や生成メカニズム、また迷子石の由来などに関して、識者の意見も多数引用しつつ詳細な解説を与えた。図3-9は、そのなかの1枚で、彼とシンパーが見いだした岩の平滑な表面と線条痕《せんじょうこん》をよく示している。

アガシは同じ年にイギリスを訪問し、スコットランドなどを調査するとともに学会講演でも氷河の理論を力説した。前述の地質学者ライエルも、迷子石の由来が氷河であることを認めるようになっていく。だが氷河期の存在が広く認められるようになるのは、さらに数十年先になってからのことである。

アガシは1846年にアメリカを訪問するが、その後その地に留まり自然科学の研究教育に尽力し、初期の米国科学史に大きな足跡を残した。

8 過去の地球の姿

アントニオ・スナイダー－ペレグリーニ（1802－1885）は、イタリアで生まれ、フランスで活動し、アメリカで没した地理学者、科学啓蒙家である。彼の著作に『創造とその露わにされた神秘』（1858）と題された本がある。内容は神が天地を創造し現在の自然の姿になるまでプロセスを聖書の創世記に従い、第一日（第一の時代）から第六日（第六の時代）までの六つのエポックに分けながら解説したものである。出版されたのはダーウィンの『種の起原』の前年であるが、内容的には一時代前の自然神学的な内容をもつものである。

その中にアメリカ大陸の起源を説いている箇所がある。そこに掲げられているのが図3－10のような地球の図である。中央にアフリカ大陸、その上にヨーロッパ大陸が通常の地図と同様に描かれ、さらに右上の奥にはアジア大陸が広がっている。アフリカ大陸の左には白い影のような大陸が接合しており、そこには「アトランティス（Atlantide）」と記されている。大陸の形は今日の南米大陸とほぼ同様だが、北に伸びる白い大陸は現北米大陸よりかなり幅が狭い。アフリカ大陸の南東にはオーストラリア大陸がやや形を歪めてくっついている。

スナイダーは創造の第一日から地球はいくつかの激変を経て今日に至っていると説明する。大規模な火山の爆発、そして大洪水。図3-10では大きな大陸の北から南に大きな亀裂が入っているが、火山の蒸気の噴出により二つの大陸は裂けて互いに遠ざかり、その後に大洪水によって海水で覆われ大西洋になったとする。荒唐無稽な説明のように思えるが、図中のアフリカ大陸西岸と南米大陸東岸とが接している様子に見覚えがある読者も多いだろう。彼自身もそのことがアメリカ大陸とヨーロッパ・アフリカ大陸がかつてはつながっており、その後離れていった証拠であるとみなしている。

一方、世界各地に棲息した動物の化石を調査する古生物学者たちは、離れた大陸に類似の化石が見つかることから、それらの大陸は今は大洋で隔てられているが、かつては陸の架け橋で結ばれていたのではないかと推測するようになった。

図3-11は、ジュラ紀と呼ばれる時代の動物の分布状況から、当時アフリカから南米にかけて「ブラジル-エチオピア大陸」が横たわり、東南アジアからオーストラリアにかけて「シナ-オーストラリア大陸」が伸びていたことを示している。またこの地図ではアフリカ大陸の南端からマダガスカル島を経てインドに伸びる「インド-マダガスカル半島」が描かれている。古生物を研究する科学者の間では、マダガスカル島にだけ生息するレム

図 3-10　スナイダーの太古の地球地図
出典：Antonio Snider, *La Creation et ses mystères dévoilés* (Paris, 1859), figure 9.

図 3-11　ノイマイルによるジュラ紀の世界地図（1887 年）
出典：Melchior Neumayr, *Erdgeschichte* (Lepzig and Wien, 1895), p. 263.

ールと呼ばれる動物の化石がインドにも存在することから、このようにマダガスカル島からインドに伸びる長大な半島や、あるいは未知の大陸「レムリア大陸」が過去に存在していたと想像されたりした。

9 ヴェゲナーの大陸移動説

アルフレート・ヴェゲナーは、大陸移動説を提唱した人物である。彼はドイツとオーストリアの大学で学び、ベルリン大学で天文学の学位を取得した。その後気象学と地質学に関心を広げ、グリーンランドへの探検隊に同行し極地の気象現象を観測している。大学では気象学のポストに就いた。

自身の回想によれば、1910年に大西洋の両側の大陸沿岸の形が似通っていることに気づいたが、最初は大陸が動くはずはないと思っていた。しかし翌年に、アフリカとブラジルで同様の化石が見つかることから両者を結ぶ陸橋《りっきょう》があったとする説を知り、自分でも両大陸における地質と化石の特徴を調べ、大陸が移動したという考えを真剣に検討するようになった。アフリカ大陸とアメリカ大陸は以前つながっていたが、両者は長い時間をかけて離れていったのではないか。検討の末、その考えを支持する証拠が十分あると思うようになり、大陸が移動したという説を1912年に公表した。直後に勃発した第一次世界大戦に従軍したが、負傷して戦場から帰還し、休暇を利用して『大陸と海洋の起源』(1915)を書き上げた。同書はその後版を重ね、各国で翻訳出版された。

同書には、三つの異なる時期におけるヨーロッパ－アフリカ大陸と南米大陸との位置関係を描いた3枚の世界地図を縦に並べた図がある(図3-12)。上図ではアフリカ大陸の中央部の凹みと南米大陸北東部の肩の膨らみがよく合致している。中図ではそれがやや離れ、南米大陸の南でつながる南極大陸やオーストラリア大陸が、それまで接続していたアフリカ西南部やインド亜大陸から離れていく。下図ではそれらの大陸がさらに離れ、ほぼ現在の大陸の配置に近づいている。

地図上の南米大陸とアフリカ大陸との見かけ上の適合は、大陸移動説を主張する重要な証拠として提示されたが、ヴェゲナーはそれに加えて地質構造や動植物の生息状況などについても論じ、南米とアフリカの凹凸が出会う地域では同種類の地質、動植物が見いだされることを指摘する。

1929年に出版された第4版には、地質学者アレクサンダー・ドゥートイによって作成されたアフリカと南米との地質図が掲載されている。同図では両大陸はぴたりとつけずに数百キロメートルの距離をおいて配置され、そのような配置にヴェゲナーも賛同した。

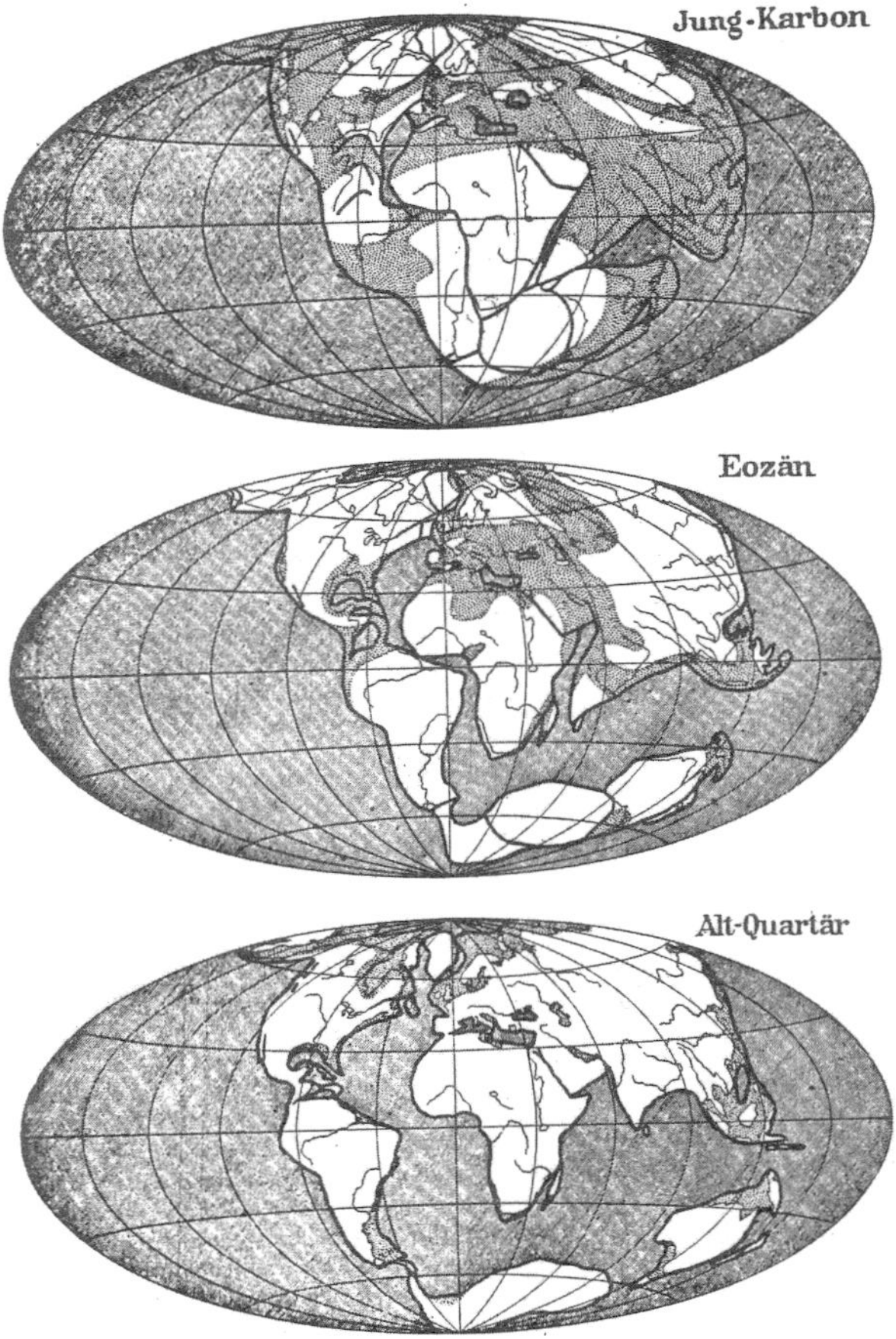

図3-12　ヴェゲナーの『大陸と海洋の起源』1922年版に掲載された大陸移動の図

出典：Alfred Wegener, *Die Entstehung der Kontinente und Ozeane* (Braunschweig, 1922), p. 4.

両大陸の地質の構造は概ねよく一致し、大陸が移動したことの証左の一つと見なされた。

だがヴェゲナーの新説に対して同時代の科学者の反応は分かれた。大陸移動説に好意的な科学者は、理論としての未熟さはあるが有望な作業仮説だと考えた。それに対して反対者は、大陸が移動するメカニズムに懐疑的であり、ヴェゲナーが事実をよく理解しないまま無理な一般化を重ねていると批判した。彼の研究方法は科学的ではないとも言われた。戦前、大陸移動説は多くの地質学者や古生物学者から受け入れてもらえなかった。

10 プレートテクトニクス理論の受容

ヴェゲナーの大陸移動説は多くの地質学者には受け入れがたい理論だったが、物理学から地質学の問題にアプローチする研究者には支持者も少なからず存在した。イギリスの地質学者アーサー・ホームズ（1890‐1965）は放射能の測定を地質年代の測定に応用した人物だが、1931年に公表した「放射能と地球の運動」において、放射能によって出される熱とそれによってひき起こされる地球内部の岩石のゆっくりとした対流運動を論じた（図3‐13）。それに基づき、大陸が移動する可能性を論じ、ヴェゲナーの説を支持した。

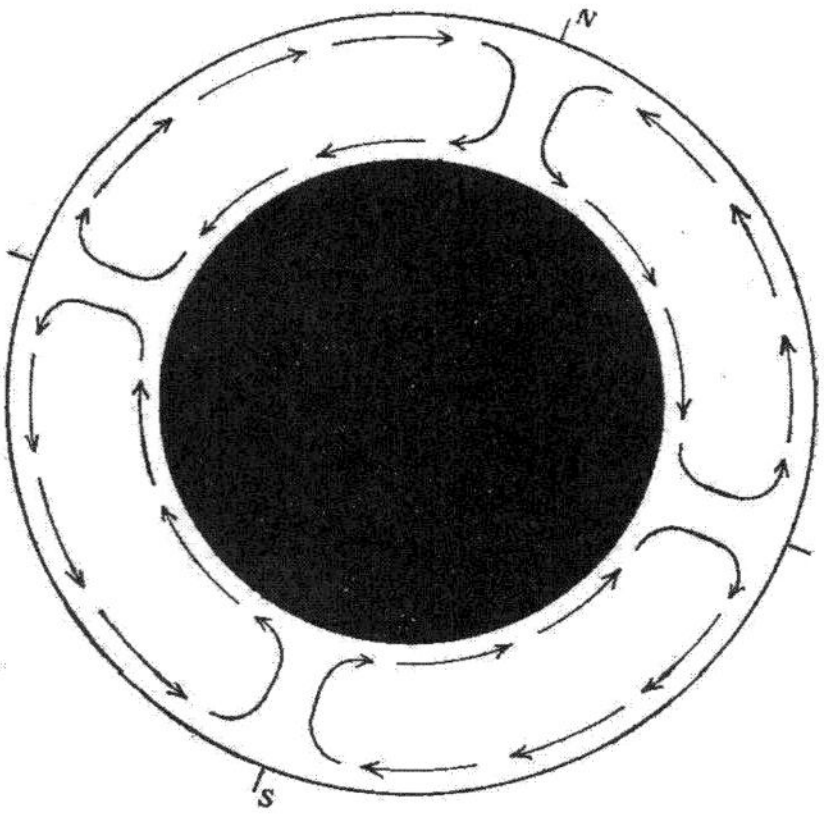

図3-13　地球内部における対流
出典：Arthur Holmes, "Radioactivity and Earth Movements," *Transactions of the Geological Society of Glasgow*, 18 (1931), p. 578.

さらに戦後には、軍事研究の一環として潜水艦の航行やミサイルの正確な軌道の計算のために、海洋底の調査が活発に行われ、その結果、中央海嶺と呼ばれる海洋底に長く連なる山脈が発見された。このような海底の地形の調査結果から、大陸移動のメカニズムが提案されるようになる。

地磁気の南北の極が逆転したように思われる現象が20世紀初頭から発見されていたが、そのような発見者の1人に日本の地球物理学者松山基範（1884－1958）がいる。彼は京都帝大物理学科を卒業した後に、物理学の測定方法を用いて重力や岩石の磁気を精密に測定した人物で、日本や朝鮮半島の各地で古い年

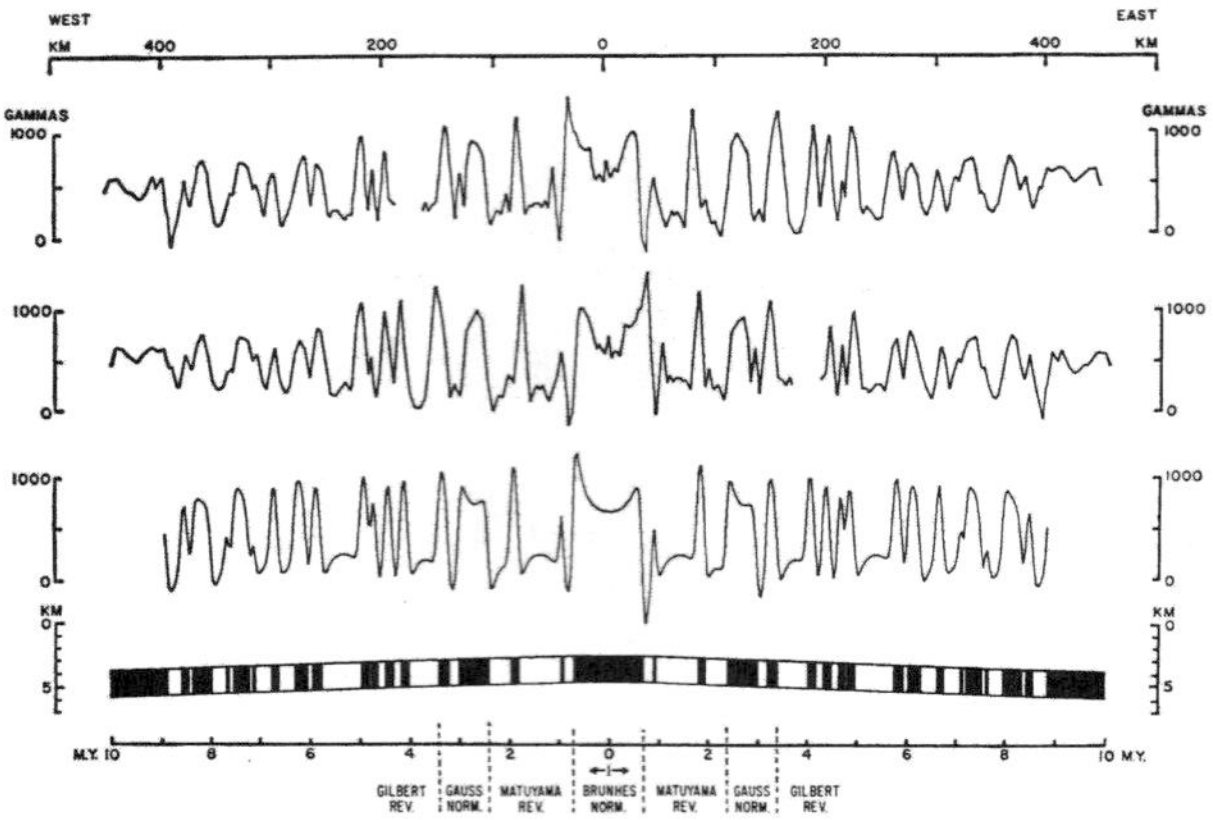

図 3-14　太平洋の海洋底で観測された東西対称な磁極反転の様子

出典：W.C. Pitman, III and J. R. Heirtzler, "Magnetic Anomalies over the Pacific-Antarctic Ridge," *Science*, 154 (1966), p. 1166, figure 3. Reprinted with permission from AAAS.

代の岩石の磁気の計測から、地磁気が逆転するような現象が起こったとする論文を発表した。当時はあまり評価されなかったものの、戦後になり松山の研究論文は高く評価され、約250万年前から約70万年前までにかけて地磁気が逆転していた時期は「マツヤマ逆磁極期」と呼ばれるようになった。

海洋底の観測が進むと、海洋底の岩石においても地磁気の変化が観測され、地磁気逆転の痕跡も見いだされるようになった。しかもその痕跡は、中央海嶺を境にしてその左右でちょうど対称的になっていることが発見された。図3-14は、その観測結果をグラフにまとめたものである。グラフの下部に中央のブリュンヌ正磁極期、マツヤマ逆磁極期、ガウス正磁極期、ギルバート逆磁極期が横軸上に割り振られている。下の横軸は100万年を1単位とする時間軸、上の横軸は100キロメートルを単位とする空間軸を表している。下のグラフには、現在と同じ方向の正磁極の時期は黒く、逆転していた時期は白く塗られている。

この下のグラフは大変印象的である。グラフの中央から左右の方向に、正磁極期を表わす黒と逆磁極期を表わす白の縞模様がほぼ完全に対称的になるよう描かれていることである。ブリュンヌ正磁極期、マツヤマ逆磁極期、ガウス正磁極期、ギルバート逆磁極期という四つの磁極期はきれいに左右対称に配置されている。また各磁極期に存在した短期間の正磁極期や逆磁極期の位置もそれぞれ左右で対称である。たとえばマツヤマ逆磁極期には、実は2回ほど短期間の正磁極期が約100万年前と約200万年前にあったが、その2回の正磁極期の黒い縞も左右対称に配置していることが見て取れる。この磁気逆転の痕跡の計測から、だいたい200万年という時間が100キロメートルという距離に対応しており、地表の岩石はそのようなゆっくりとしたスピードで東西の両方向に移動してきたことが確認できる。大地は確かに移動していることをそのグラフは物語っているのである。

その後、プレートテクトニクスの理論は地球物理学者、地質学者の間で広く受け入れられ、地震の発生のメカニズムを説明する理論にも使われるようになった。同じ頃科学史家トーマス・クーンによって著され出版された『科学革命の構造』（1962）という書を読んだトゥーゾー・ウィルソン（1908－1993）という地球物理学者は、彼らが提唱しているプレートテクトニクス理論はまさにクーンの言う「科学革命」、「パラダイムの転換」を起こしているのだと合点したという。

第4章

動物と植物

――動植物の姿、形、模様

1　ルネサンスの植物図

ルネサンスの植物学者として有名なレオンハルト・フックス（1501－1566）は、インゴルシュタット大学の医学部教授、ブランデンブルク辺境伯の侍医《じい》などを務めた後に、チュービンゲン大学の医学部教授となり、学長も務めた人物である。その経歴と権限を背景に、大学の医学教育を刷新すべく、解剖学教育用に骨格標本を購入したり、次章で述べるヴェサリウスの画期的な解剖学書『人体の構造』をいち早く医学部学生の教科書として指定したりした。女子修道院の跡地の宿舎に住んでいたが、その施設を植物園に改造し、ヨーロッパ各地の植物を取り寄せて栽培した。また学生を連れて近隣の植物を調査するフィールドワークを実施した。貴重な薬草が存在することから、植物の研究は医学にとって重要だった。

フックスは画家や版画家とともに動植物の図譜を作成し出版したが、とりわけ何冊かの優れた植物図譜の出版で名を残している。彼はそのような植物図譜を執筆するにあたって、古代ギリシアのディオスコリデスが著した『薬草誌』を始めとして、多くの植物学の著作を参照し、同時代の多くの植物学者からも情報を提供してもらった。それらの情報は、引

図 4-1　植物を写生し木版に彫刻する画家たち
出典：Leonhart Fuchs, *De historia stirpium commentarii insignes...* (Basel, 1542).

用するにあたって、彼自身でもチェックをした。

1542年に出版された『植物誌に関する重要な注釈』には、フックスとともに、そこに掲載した500枚以上にのぼる植物図を作成した3人の画家・版画家の肖像画が載っている。図4-1は写生を担当したアルブレヒト・マイヤー（右）と木版彫刻を担当したハインリッヒ・ヒュルマウラー（左）を描いたものである。

フックスは翌1543年（ヴェサリウスが『人体の構造』を出版し、コペルニクスが『天球回転論』を出版した年）に、『新薬草誌』を出版した。薬草になる植物の需要は大変高く、それより10年程前にオットー・ブルンフェルスという植物学者もまた薬草誌を出版していたが、フックスが自らの書を「新」と銘打ったのはこのブルンフェルスの書への対抗意識があったためとされている。植物学史家のウィルフリッド・ブラントはこの二つの書に描かれている同種の植物の図を比較対照させ、現実の植物により似せて描いているのはブルンフェルスの方であり、フックスの図はむしろ現実からは離れ理想化された姿を描いたものであることを指摘する（図4-2a、2b）。ブルンフェルスの図では葉が萎《しお》れ花の数も少ない（図右）。対するフックスの図は葉がしっかりと横に伸び花の数も多い（図左）。フックスの図は、紙上に盛期の植物を復元したようなものだが、読者はその姿をより強く心にとどめることができるだろう。フックスと彼の下で作業する画家と版画家は、単に眼前の植物を忠実に描き写すのではなく、一定の思考操作を経て修正を施した図を作成したのである。

前著『植物誌に関する重要な注釈』には、一つの植物の季節ごとの異なる様相を同一の画面に同一の植物の姿として表現しているものもある（スモモの木の左枝に花が咲き、右枝には実がなっていたりする）。あるいは同じ類に属するが種としては異なる植物を、同様に同一の植物として描いているものもある。現実にはあり得ないが、異なる季節における植物の姿を再現させることで、図は季節を超えた理念的な図になるとフックスは考えたのである。

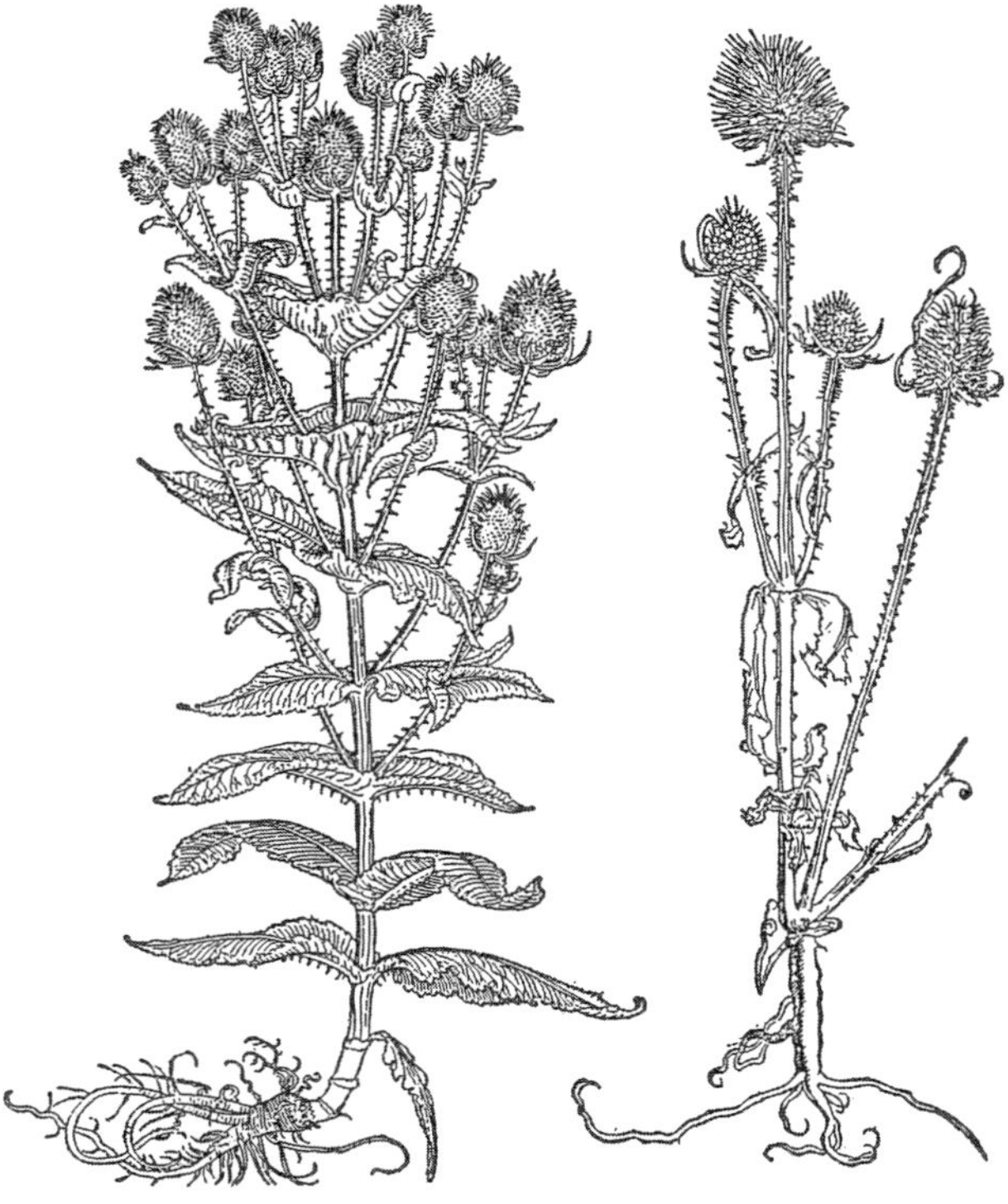

図 4-2a，2b　フックスの描いたチーゼル（オニナベナ）（左）とブルンフェルスの描いたチーゼル（右）

出典：Wilfrid Blunt, *The Art of Botanical Illustration: An Illustrated History* (New York: Dover, 1994), figure 43.

2　植物図譜の系譜

16世紀に登場した近代的な植物図譜は、17世紀に広く普及し、18世紀に緻密で正確に描かれた銅版画からなる図譜へと発展した。

18世紀に活躍した多くの優れた植物画家の中から、ドイツ出身のゲオルク・エーレット（1708-1770）を紹介しておくことにしよう。20歳の時にレーゲンスブルクで薬剤師が所有する庭園の植物を描いたり、銀行家が入手したインド原産の植物の図譜に彩色を施したりした。その後ニュルンベルクに向かい、医者で植物学者でもあったクリストフ・ヤコブ・トレウに出会い、彼から植物の分類や基本構造などを学び、学術的な植物画を描くための基礎知識を修得した。

植物画の描画と製作の技法とともに植物学の基礎を身につけたエーレットは、その後ヨーロッパ各地を転々とした。スイス、フランスを経て、オランダにたどり着いた彼は、そこで植物分類学者として後に歴史に名を残すリンネに出会う。リンネはまだ若い研究者で、ジョージ・クリフォード3世の庭園に栽培される植物の研究に携わっていた。クリフォード3世は祖父がイギリスからオランダに移住した裕福な銀行家で、オランダの東インド会社の経営にも携わり、植物や庭園に大きな関心をもっていた。エーレットは、リンネが執筆する植物学書の植物画を描くことを依頼された。その縁で1736年にイギリスに渡り、そこで多くの植物画の製作に携わった。王立協会の会員にも選ばれ、機関誌の『フィロソフィカル・トランザクションズ』に多くの植物画を添えた論文を寄稿した。

その中の一つ。1767年に寄稿した論文には、イチゴノキというイチゴのような実をつける主に地中海地域に自生する樹木についてその植物学的特徴を挿図（図4-3）とともに記述している。図には花、萼《がく》、蜜腺などが描かれる。中東のアレッポから持ち帰られた実を付けた木をじっくり観察し、その実や実の断面も描き添えた。この植物はイギリスで初めて植樹され、庭木として育てられることになった。

エーレットが植物画を描く際には、同じ種の植物を何本もそろえて描いたとされている。あるときウイキョウに関する論文の挿絵を描くために、それをたくさん求めてテーブルの上に置いた。だがそこからの匂いが強かったため、数本ずつ小分けにして部屋に持ち込むことにした。強烈な匂いをもつような花でも選りすぐった1本では済まさず、何本もの植物を見比べながら典型的な植物図を描いていった。また乾燥した標本を参照して描くこともあった。

画家が描いた植物画は、印刷所に送られ、そこで銅版画が作製された。その銅版画に彩

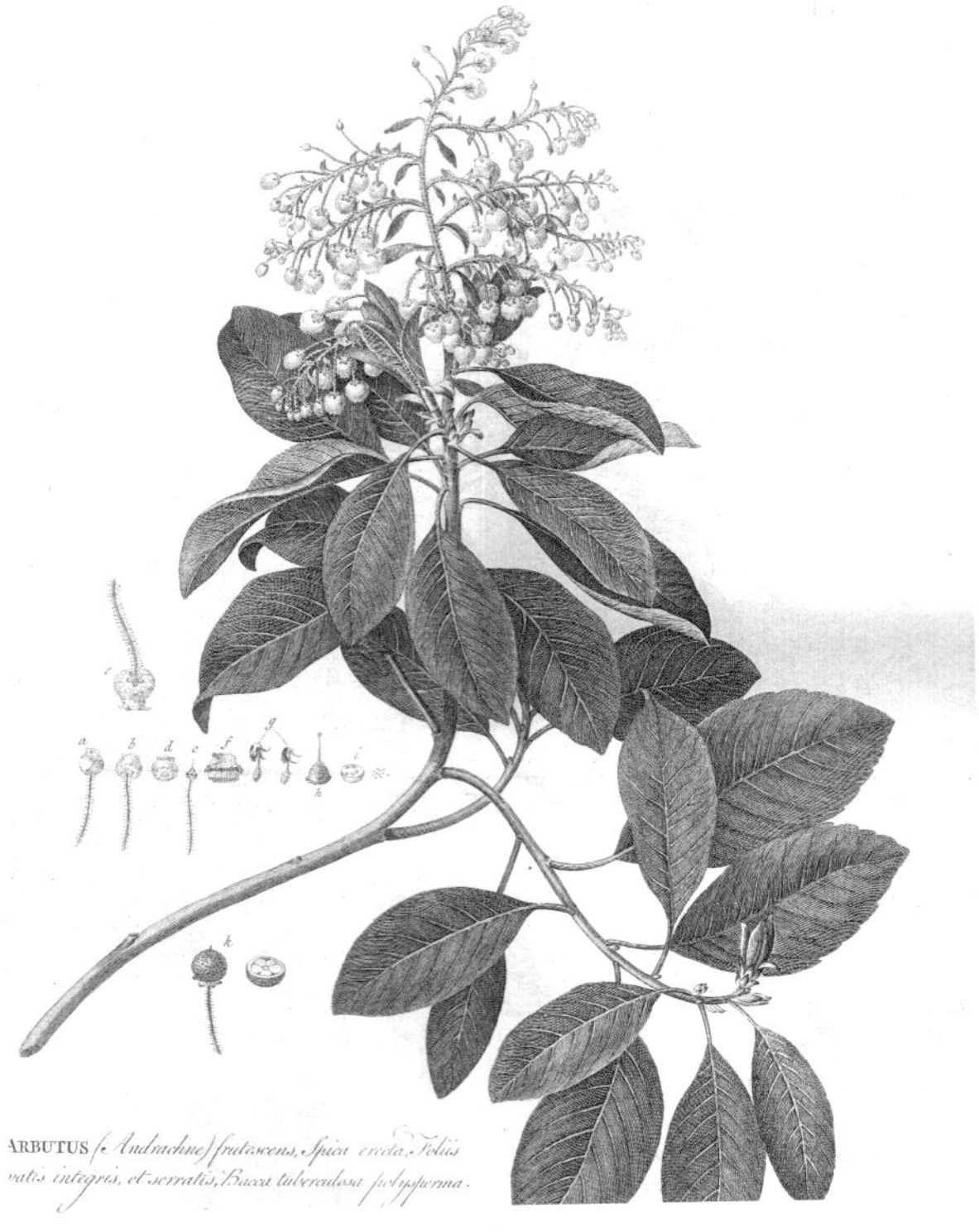

図 4-3　エーレットによるイチゴノキの図

出典：G. D. Ehret, "A Description of the Andrachne, with Its Botanical Characters," *Philosophical Transactions*, 57（1767）, table VI facing p. 115.

色家が画家によるオリジナルの原図を参照して色を描き込んだ。彩色された絵は原画と比較され、しばしば差し戻されて彩色しなおされたという。当時彩色は難しい作業だった。オーストリア出身の植物画家フェルディナンドとフランツのバウアー兄弟は、100種類以上の色のリストをつくり、それぞれの色に番号を割り振ることで色彩の標準化を試みたりしている。彩色された色がしばしば原画と異なっていたり、同じ書物でも別の彩色家によって異なって彩色されたりしたために、植物画の色はしばしば批判の的となった。植物学者のなかには、彩色自体を一切止めて白黒の銅版画に限定すべきだと主張する者もいた。

エーレットは植物を丹念に観察した。与えられた植物の花や葉を顕微鏡で観察しながら正確に細かく解剖したりした。正確な植物図を描くためにそのような作業を厭《いと》わなかった。顕微鏡で観察しながらの細かな作業は目を酷使することになり、60歳頃には視力がずいぶん衰えてしまった。彼の植物画は非常に優れていたので、植物学者トレウは彼の植物画100枚を精選して出版したりしている。同書は『植物精選百種図譜』として日本語訳も出版されている。

3 ツュンベリーの見た日本

リンネは人為分類法に基づく植物分類学を提唱し、近代的な植物の命名分類法を確立した。雄蕊《おしべ》や雌蕊《めしべ》の数という簡単な見分け方で植物を分類し、所属する種とその上位の属によって名前を特定していくという方法を編み出したが、その分類と命名の方法はその後植物学者の間で広く採用されていった。

リンネはスウェーデンのルント大学とウプサラ大学で植物学を学んだ。若い時期から植物分類の方法論について関心をもち始め、自らの新しい分類法を開発すると、スウェーデン各地で採集した新発見の植物をその方法で分類していった。その後オランダに赴き、オランダ滞在中に博士号を取得し、前述の通りエーレットとともにクリフォード邸の植物の図譜を出版し、さらに『自然の体系』を含む数冊の植物学書を出版した。3年の海外経験を経てスウェーデンに帰国し、ウプサラ大学の教授として植物学の研究に専念し、多くの植物学者をその門下から輩出した。彼の薫陶を受けた植物学者は多いが、そのなかに江戸時代の日本に到来した植物学者カール・ペーテル・ツュンベリー（トゥンベリ）（1743-1828）がいる。

ツュンベリーがウプサラ大学に入学したのは1761年、リンネがすでに多くの本を出版し名声を確立した後のことである。医学を研究する傍ら、リンネから植物学の手ほどきを受けた。学位取得後、オランダとフランスを訪問し、そのパリの滞在中にオランダ商船ではるか極東の日本に行くことを誘われた。オランダで需要が高かった園芸用の植物を日本で調査することが目的だった。当時日本を訪れることができたのはオランダ人だけであることはツュンベリーも承知していた。航海の途上、オランダの植民地がある南アフリカに立ち寄り、そこで3年間にわたりオランダ語の訓練を受けることになった。その後ジャワに立ち寄った後、1775年8月に長崎の出島に到着した。

翌年、オランダ商館長に随行し江戸を訪れ、第十代将軍の徳川家治《いえはる》に謁見した。その往復の旅路で多くの植物を入手する。箱根で植物を採集し、江戸で蘭学者と交流し、大坂の植木屋で植物を購入した。その年のうちに長崎に戻ると、そのままヨーロッパに出帆し、スウェーデンに帰国した。帰国後すぐにウプサラ大学の医学・自然学の教授に就任した。

日本滞在中に蒐集した植物の標本は800種にのぼるが、それらはウプサラ大学に保管されることになった。それらの植物の特徴を図版とともに記載した『日本の植物』を1784年に出版した。図4-4は、その中の1枚、サザンカを表したものである。サザンカはツュンベリーによって日本語名を参考に *Camellia sasanqua* という学名が与えられるこ

図 4-4 『日本の植物』に掲載されたサザンカ
出典：Carl Peter Thunberg, *Flora Japonica*（1784）, table 30.

となった。

このサザンカと植物分類上で近縁な関係にある植物の一つが、茶（チャノキ）である（チャノキはサザンカと同様にツバキ科ツバキ属に入れられたり、あるいは同じツバキ科の別の属であるチャノキ属に入れられたりする）。次節でこの茶の話をしよう。

4　中国の茶を探索したフォーチュン

欧州各国の中でも精力的に全世界の植物の探索を行い、国内の植物園でそれらの植物を栽培し、園芸や医療などに利用していた国がイギリスだった。「プラントハンター」と呼ばれる植物採集の名人たちが世界中に赴き、そこから種苗《しゅびょう》を本国に持ち帰った。そのような人物の1人にロバート・フォーチュン（1812－1880）という園芸家がいる。彼の名は、中国から英領インドに茶の苗を初めてもたらした人物としてよく知られる。

イギリスは海外貿易を拡大させる過程で、インドと衝突して植民地とし、中国と衝突してアヘン戦争を勃発させた。第一次アヘン戦争が1842年に終結し、その直後にロンドンの園芸協会から声がかけられ、中国に派遣されたのがフォーチュンだった。3年間にわたる中国滞在の記録は『中国北部での3年間の放浪の旅』として1847年に出版された。

図 4-5　19 世紀前半の中国の茶畑

出典：Robert Fortune, *A Journey to the Tea Countries of China* (London, 1852). 扉絵。

冒険譚も含まれるその旅行記は、イギリスの読書界で評判を呼んだ。

最初の旅行記を出版すると、フォーチュンは東インド会社から栽培用に茶の種と苗木を中国で採集し、それらをインドに搬送することを依頼された。承諾した彼は1848年6月にイギリスを出航、2カ月後に香港到着、さらに乗り換えた汽船で上海のイギリス租界地にたどり着いた。彼はそこでワンという中国人の助手と合流する。ワンは安徽《あんき》省の松蘿《しょうら》山《さん》という茶の産地の出身、両親はそこで暮らしていた。

フォーチュンはやがて松蘿山の実家に招かれ、そこで心ゆくままに茶の木の若木や種を採集していく。一行が到着したとき、外は雨で山も木々も霧で覆われていた。雨が上がると、彼は朝から晩まで丘陵地の植生を調べ、茶の栽培や製法の情報を集めた。彼が集めた多くの種苗は無事に上海に到着し、そこからはるかインドのヒマラヤ山麓の実験農園へと送られた。苗木の輸送にはその頃発明され利用されていたウォードの箱が使われた。ウォードの箱とは遠隔地の生きた植物の苗を、航海中も温度や湿度をなるべく一定に保ちつつ、本国へと輸送することができる栽培用の容器である。

フォーチュンはさらに翌年の夏には中国人ガイドとともに武夷山《ぶいさん》に向かい、その山麓に点在する寺院が管理する茶畑を訪れた。夏場で僧侶たちに摘まれた茶葉が天日干しされていた。彼は山麓の細い道を歩き、辺りの岩石や土壌を観察する。ひとしきり歩き回り眺望の利く高台にたどり着くと、そこからは武夷山の山脈の連なりとごつごつする岩石、斜面に散在する無数の茶畑、そして谷間の先の集落を見渡すことができた。日が暮れて寺院に戻ると、彼は近くの岩に腰掛けた。月が昇り辺りの奇岩《きがん》を照らし不自然な形の影を作り、樹木の漆黒のシルエットを背景に谷底の湖は宝石のように輝いている。これは夢か現実か、それともおとぎの世界に迷い込んだか。うつらうつら思いにふけっていると、ガイドのシンホウが晩飯ができたと迎えに来てくれた。高級茶が採れるその地で、茶の製法や淹《い》れ方、また茶にまつわる伝承説話なども教わった。

フォーチュンが最初にインドに送った茶の苗と種はどれも枯れたり発育しなかったりしていたことが判明した。そこで彼はウォードの箱に種を蒔き、航海中に発芽し生育させるという搬送法を思いついた。アイデアは功を奏し、発芽した多くの苗がインドの土地に植樹されることになった。彼はまた茶の製法を熟知する数名の若い職人たちとも雇用契約を結び、インドへ派遣することができた。それ以降、インドで茶の栽培と生産が定着し、大きく発展していった。

5 フィッチとフッカー

フォーチュンの本国イギリスでは、世界各地で採集される植物を収集し、育成する国立の植物園がロンドン近郊のキューに存在した。そのキュー王立植物園を、イギリスが大英帝国として成長する時代に園長として管理したのがウィリアム・フッカーとジョセフ・フッカーの親子である。そしてそのフッカー親子を植物画家として陰で支えたのが、ウォルター・フィッチ（1817－1892）だった。

フッカーの次男ジョセフ・ドルトン・フッカー（1817－1911）は大学で植物学を修め、医師の資格も取得した後に、地磁気の南極点を探し求める航海に同行し、南極海周辺に生息する植物の調査に向かった。その学術調査の成果は『南極航海の植物学』としてまとめられたが、そこにはフッカーが発見し、フィッチによって描かれた多くの植物画が挿入されている。

植物学者としてだけでなく探検家としても認められるようになったフッカーは、次にインドとヒマラヤの調査に向かった。1848年からほぼ3年をかけての探査旅行の日々は、著書『ヒマラヤ紀行』に詳しく記録されている。カルカッタからガンジス川周辺を、時にゾウに乗りながら地域の文物を見学調査する。3カ月を経てヒマラヤ山麓のダージリンに到着すると、切り立った尾根から尾根へと山道を歩き、周囲の豊富な植生を観察した。『ヒマラヤ紀行』には、科学者そして旅行者としての目で見たヒマラヤ山麓の自然とそこに暮らす人々の生活が簡潔な文章で表現されている。

フッカーの探査したダージリン周辺の地域は、西をネパール、北をチベット、東をブータンに囲まれたカンチェンジュンガ峰の山麓に広がる土地であり、イギリスがネパールの東進を阻止するために確保する地域と彼は述べている。ヒマラヤに遮られるインド洋からの水蒸気は大量の雨をこの深い渓谷地にもたらし、熱帯植物から高山植物に至るまでの多様で豊かな植物種を育くんでいる。

高度約2200メートルのパチームという場所での観察記録を引用しよう。「いくつかの白や紫色のセロジネやその他のランがあり、また、実に見事な白いシャクナゲを見る。たいへん大きな、レモンの快い香りのするシャクナゲの花が地面に散乱していた。樹木の半数はカシ類、4分の1はモクレン類、あと4分の1はクスノキ科である。それらの間にカバの木、ハンノキ、カエデ、ヒイラギ、サクラ、リンゴの木が生育している」。ヒマラヤ地域の植生として特色をもつのは、「ロードデンドロン」と呼ばれる種類豊富なシャクナゲである。比較的低地から高地に至るまで種々のシャクナゲが、季節を違えてその地に咲く。キューで便りを待つフィッチは、フッカーから送られてくる簡単なスケッチを頼りに植物画を描く。それらの植物画を掲げた図譜は、フッカーが帰国する以前に『シッキム－ヒマラヤ地域のシャクナゲ』（1849－1851）としてまとめられ出版された。それ

図 4-6　ヒマラヤのシャクナゲの一種
出典：Joseph Dalton Hooker, *The Rhododendrons of Sikkim-Himalaya* (London, 1949), table 1.

らの中には、シャクナゲの姿を植物図として取りだして描くものだけでなく、ヒマラヤの峰を背景に可憐に描かれたものもある(図4-6)。

『ヒマラヤ紀行』を読むと、時に当時の社会事情をまざまざと思い起こさせるエピソードにも遭遇する。ガンジス流域の調査中、フッカーは河沿いの町パトナを訪れた。パトナ訪問の目的は同地のアヘン貯蔵施設の見学だった。東インド会社によってケシの栽培は取り仕切られ、刈り取られたアヘンは3月になるとパトナに集められ、そこでアヘンが抽出され砲丸状の玉に加工される。美しいヒマラヤの景色とシャクナゲを始めとする美しい花々の記述のわきに、毒を含んだ歴史が潜んでいることを思い知らされる。

フッカーはヒマラヤから帰国すると、1855年にキュー植物園の副園長に就任し、65年の父の死後は園長に就任、20年間その職を勤めた。その間、友人ダーウィンの出版した『種の起原』が巻き起こす論争に立ち会い、トマス・ハックスレーとともに学会で進化論を擁護した。フィッチは1892年に74歳の生涯を閉じるまで、9000枚もの植物画を描いた。

6 再生する動物

ここで時代は18世紀半ばに遡り、対象を植物から動物へ移すことにしよう。ただ最初に取り上げるのは、植物でも動物でもないとされたポリプと呼ばれる生物である。

1740年代に生命の概念について再考を促すような大きな発見が報告された。一つは微小生物が煮沸して生物のいないはずの肉汁から自然に発生するという発見、もう一つは切断しても再生するというヒドラの存在の発見である。前者の発見は広く受け入れられ、啓蒙主義の時代思潮をつくり上げていく重要な科学的発見とされたものだが、19世紀後半にパスツールの実験によって完全に反証されることになった。後者の発見は、前者と相まって生命の成長や進化の考えを促していくことになる。このヒドラの特徴について詳細な報告を残したのは、アブラハム・トランブレー(1710-1784)という動物学者である。

トランブレーはジュネーブで生まれ育った後、オランダのライデン大学に留学、その地で名士と知り合い、彼の2人の息子の家庭教師となった。以来彼はハーグにほど近い邸で子供たちへの教師を務める傍ら、付近に見いだされる小さな生物を研究していった。1740年に辺りの水路に棲息していた生き物を見つけ、ガラス瓶に入れてその生態を調べた(図4-7)。それはヒドラという生物、当時はポリプと呼ばれていた生物の一種で、不思議なことに二つに切断してもそれぞれが元の姿に戻った。

トランブレーは師でもあったフランスの科学者レオミュールにそのことを報告した。すると、レオミュールはヒドラの再生を目撃し大いに驚いた。「一つのポリプを二つに切断し、そこからだんだんと二つのポリプになっていくのを見たとき、自分の目が信じられないほどだった。それを何百回も何百回も繰り返し見た後でも、まだ見慣れた事実となっていない」。

ヒドラはいったい植物なのか、それとも動物なのか。それには何本もの細く長い足がついているが、それは植物の根か、それとも腕なのか。ヒドラは何カ月も何も食べずにいることができるが、トランブレーはある日、それが小さな線虫を腕で捕捉して穴の中から体内に入れているのを目撃した。そこからヒドラには口と胃が存在し、それが動物であることを見て取った。彼はそこでヒドラを縦に切ってみた。口と胃を真っ二つに切り裂いても、ヒドラは1日も経たずに再生された。

トランブレーの観察結果は生物学者とともに、当時の思想家たちにも大きな影響を与えた。昆虫を研究していたシャルル・ボネは、ヒドラは動物でも植物でもなく、その間に位置づけられるものと考えた。動物と植物の間をつなぐ鎖のような存在。動物には高等な動物から下等な動物まで存在し、植物にも高等なものと下等なものがいる。ヒドラを介して高等な動物から下等な植物までさまざまな生物が1本の梯子《はしご》の上から下まで配置されるこ

図4-7　子供たちとポリプを調べるトランブレー

出典：Abraham Trembley, *servir a d'un genre de polypes d'eau douce, a bras en forme de cornes* (Leiden, 1744), p. 229.

とができる。そのような「自然の階《かい》梯《てい》」、「存在の連鎖」という考えを後押しする発見となった。

トランブレーのヒドラはまた思想家ジュリアン・オフレ・ド・ラ・メトリ（1709－1751）にも影響を与えた。ヒドラは二つに切断してもそれぞれが再生する。動物には霊魂が備わっていると考えられたが、霊魂はどちらの切片《せっぺん》に備わっているのか。備わっていない切片はどうして再生できるのか。そのような疑問の検討から、霊魂の備わらない物質自体にも、組織化し再生していく能力があるのではないかと考えられた。

ラ・メトリの有名な『人間機械

図 4-8　成長したポリプ

出典：Abraham Trembley, *Mémoires pour servir a l'histoire d'un genre de polypes d'eau douce, a bras en forme de counes*（Leiden, 1744）, planche 8, figures 2 and 8.

論』(1748)には、トランブレーのヒドラが(ポリプと呼ばれて)何度も引用され、そのような唯物論の考えが提示されていく。また、ラ・メトリはヒドラの例を引用する際に、クモが織り上げる緻密な蜘蛛の巣に神による設計と創造の痕跡を見て取ろうとするドニ・ディドロを批判している。その後ディドロ自身も、それまで取っていたそのような自然神学の考え方を捨て、唯物論的な思想をもつようになっていく。

7 発掘された巨大動物の化石

図4-9は、1780年にオランダの町マーストリヒトの地下の採石場で化石が発見された時の様子を描いたものである。発見されたのは巨大なワニのような動物の頭部の化石で、助手の男たちが大きな顎の骨と歯を持ち上げようとしている。同図は、調査したフランスの地質学者バーテルミ・フォジャ・ド・サンフォンの著作『マーストリヒトのサンピエール山の自然誌』(1799)に掲載された。

このような地層内に含まれる化石の発掘は、世紀が変わり19世紀になるとますます活発に進められた。そのような化石採集がとりわけ盛んになされたのはイギリスで、その南西に位置するライムリージスという場所は、奇妙な化石がよく見つかる場所だった。ライムリージスは、前章で述べたスミスが「リアス」と呼んだ地層が露出する場所で、その地層に多くの化石が含まれていたのである。

ライムリージスで化石を採集していた人物にリチャード・アニングという家具職人がいた。化石を見つけると、観光客に売ったりしていた。彼が若くして亡くなると、残された子供たちも化石探しで家計を支えるようになった。娘のメアリー（1799-1847）は化石探しに長け、珍しい化石も見つけられるようになった。珍しい化石は高値で引き取られ、彼女の発見したワニのような動物の化石は、地元のコレクターに買い取られた後、オークションを経て大英博物館の科学者の手に渡った。その化石は現存のワニとは異なる骨格をもつことがわかり、「イヒトサウルス（魚トカゲ）」と命名された。彼女はその後も完全な形で残るイヒトサウルスの化石を発見したり、「プレシオサウルス（「ほとんどとかげ」という意味）」と命名されることになる新種の化石を発見したりした。

前章で述べたように、このような化石は地層の同定に役立てられ、化石や鉱物、地質や地層を研究する地質学者はロンドンに創設された地質学会に集い、研究活動を活発化させていた。王立協会とは独立に設立された組織で、新しく発見された化石はより自由な雰囲気で検討されていく。そのような地質学者の1人ヘンリー・ド・ラ・ビーチは絵もうまく、アニングの見つけた化石をあしらった地質学会のシンボルマークをデザインしたりした。

図 4-9　マーストリヒトの石切場で見つかった巨大化石

出典：Barthélemy Faujas de Siant-Fond, *Histoire Naturelle de la Montagne de Saint-Pierre de Maestricht*（Paris, 1799）, p. 37.

図 4-10　地質学者ド・ラ・ビーチの想像した太古の世界

出典：Henry Thomas De la Beche, "Duria antiquior（A more ancient Dorset）"（1830）, water-color drawing, De la Beche Mss, National Museum of Wales.

そのデザインは採用されなかったが、アニングの化石採集作業が地質学者たちからも一目置かれていたことがわかる。

ド・ラ・ビーチはさらに、アニングらの発見したイヒトサウルスやプレシオサウルスが生きていた時代を空想した絵を描いている（図4-10）。大きなワニのようなイヒトサウルスがプレシオサウルスの細長い首に嚙みついている様子が、画面の中央右に描かれている。海中にはその二つの動物が泳ぎ回っている。空には翼をもつ別の動物が飛び回っている。地質学や古生物学の研究者たちは、このような見慣れぬ動物が生息し、動き回る太古の世界を想像し始めるようになっていた。

8　キュヴィエの比較解剖学

ジョルジュ・キュヴィエは18世紀末から19世紀初頭にかけてフランスの動物学を先導した人物である。貧しい中流階層の家に生まれた彼は、子供の時から動植物に関心をもち、それらを収集したりスケッチしたりした。モンベリアール（当時メンペルガルトと呼ばれた）というスイスとの国境に近いヴュルテンベルク伯が領有する町で生まれ育った彼は、シュツットガルト（ヴュルテンベルク王国の首都）の中学校で法律や商業を学んだが、その傍ら動物学や解剖学も学んだ。フランス革命の動乱期には、ノルマンディで貴族の子弟の家庭教師を務めるが、やがてパリに上京し気鋭の動物学者として頭角を現していく。

ルネサンス以降に急速に進展した人体解剖学に比べ、動物の解剖学は立ち後れる傾向にあった。また動物のなかでも無脊椎動物については、17世紀にスワンメルダムなどのオランダの解剖学者が、顕微鏡を使って昆虫を解剖し観察したが、それらの先駆的研究が継承されることはなかった。

各種動物の内部構造を解剖し、比較する研究に着手したのはフランスの医学者フェリックス・ヴィクダジールである。彼は魚、鳥、四足獣の内臓、骨格、聴覚器官、脳神経系統などを解剖して分析した。マリー・アントワネットの侍医も務めた彼は、革命の最中に肺病をこじらせ亡くなってしまう。彼の目指した生理学的分析に基づく各種動物の比較解剖学という研究計画は、キュヴィエらの次世代の研究者に引き継がれていった。

動物は植物と違い知覚し運動する。そして知覚と運動を可能にさせる生理器官とそれらを連絡する脈管《みゃくかん》系統が備わっている。動物の各構成要素は、栄養摂取、消化吸収、呼吸、刺激知覚、骨と筋肉による運動、生殖などの機能を可能にさせる。それらのうち栄養の摂取、肉体の運動、感覚と知覚の三つの機能は動物を動物たらしめる主要な基本機能であるといえる。

キュヴィエの『比較解剖学講義』（1800－1805）は数多くの動物種の解剖学的構造を比較分析したものである。そこには、それら3種の主要機能に関係する部位と器官が重点的に取り上げられている。キュヴィエの解剖研究は、とりわけ以前から研究していた各種の魚の構造分析について定評があった。図4－11は、さまざまな魚の胃と腸の一部を26種にわたって図示したものである。

キュヴィエはこのような各種類の動物の解剖学的分析とそれらを比較検討する学問――比較解剖学――を、動物の分類体系学の基礎学問として位置づけた。ただ彼の分類体系は、魚の分類を除き、やや不確かな面もあったとされている。

キュヴィエは地質学で重要性を増しつつあった化石の調査と研究にも関心をもち、地質学者や古生物学者とも協力してモンマルトル界隈などで発掘される化石の調査に携わり、『パリ周辺の鉱物地理学』という著作を共同編集し出版した。前章で述べたように、この時期に地質学や古生物学は大きな発展を遂げ、やがて進化論につながる地球の歴史像の大改訂へと繋がっていく。だが彼はキリスト教の教義を信奉し、種が変異するという考えに反対し、種の変化を認め進化論を提唱したラマルクらの博物学者と論争を繰り広げた。ただ彼の比較解剖学の知見は古生物学の発展に大いに貢献し、多くの新しい化石の発見に基づく古生物学研究はやがて彼の見解を覆していくことになる。

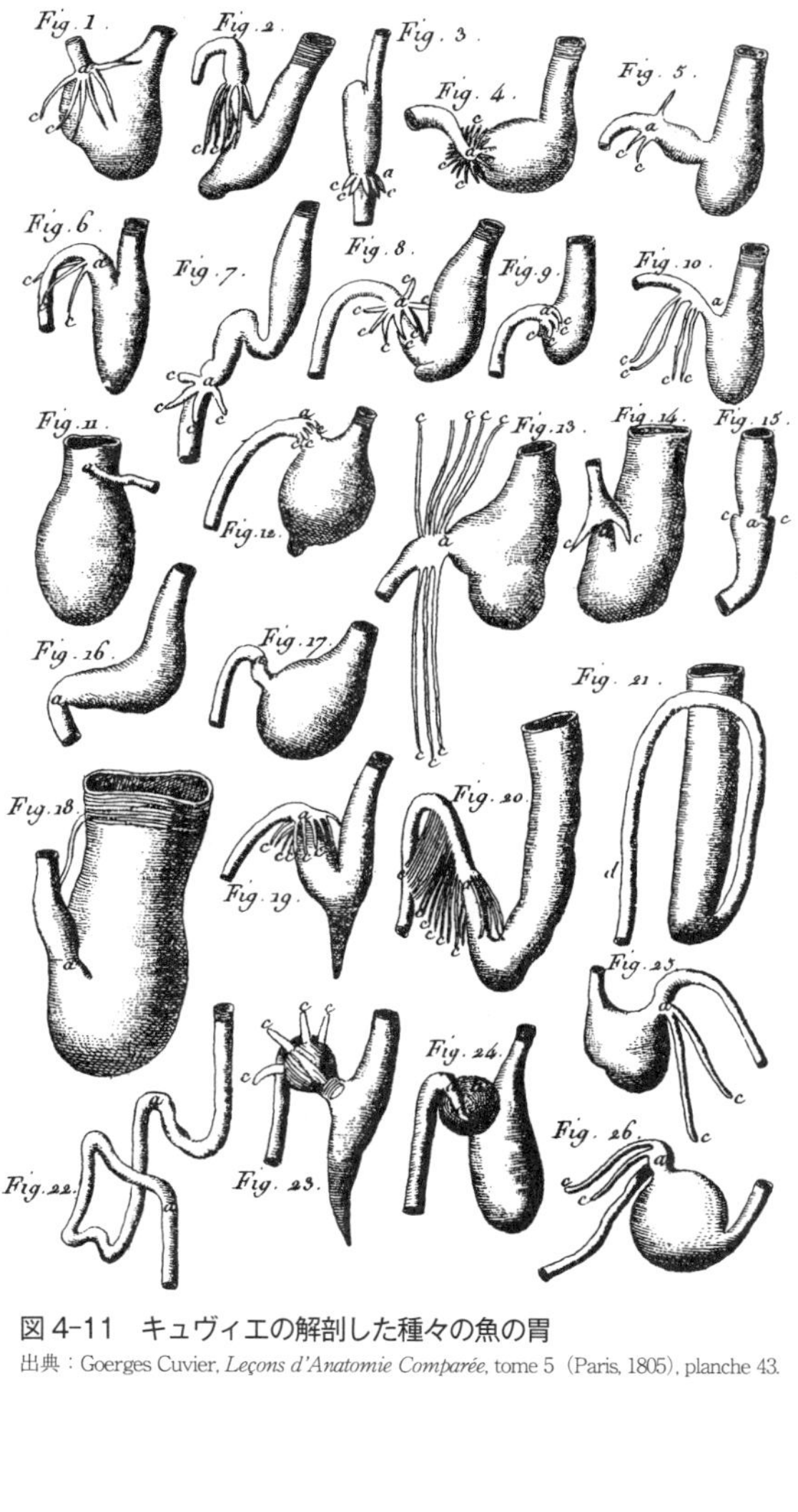

図 4-11　キュヴィエの解剖した種々の魚の胃

出典：Goerges Cuvier, *Leçons d'Anatomie Comparée*, tome 5（Paris, 1805）, planche 43.

9　グールドのインコ

18世紀から19世紀にかけて、英仏を始めとするヨーロッパ各国から、世界各地に探検隊が派遣され、博物学者が動植物の調査を進めた。観察された新種、珍種の動物はスケッチが描かれ、標本として本国に持ち帰られた。クック船長と知られるジェームス・クックは、18世紀後半にオーストラリアから南太平洋に点在する諸島をまわる大航海を数度にわたり敢行した。彼の航海はそれらの地域の探検調査ばかりでなく、植物学者や天文学者も同行して科学的な調査観測を行う使命も担っていた。

19世紀に入ると、イギリスの探検調査活動はますます活発化していく。そのような時代に活躍した動物学者の1人にジョン・グールド（1804-1881）がいる。彼は前々節で紹介したアニングのいたライムリージスで生まれた。父は園芸家で、グールドが子供の時分、ウィンザー城の庭園の管理を任されたこともあった。父の専門は植物だったが、子の関心は鳥に向かった。ウィンザーで剝製の製作技法を学び、剝製師として身を立てることにした。折しも、1826年、シンガポールをイギリスの植民都市につくりあげたトマス・スタンフォード・ラッフルズや科学者ハンフリー・デーヴィらによってロンドン動物学会が創設され、動物の標本を保管する博物館とともにリージェント公園に動物園が開設された。グールドはその管理業務を引き受けることになり、エジプト王から贈られたキリンが死んでしまった時は、その剝製を見事に作製したりした。

1829年に上流階級子弟の家庭教師を務めることになり、教養を備え絵を描くのもうまいエリザベス・コクセンと結婚する。グールドの関心は鳥の研究に向かい、妻はその技量を生かし、多数の鳥の絵をリトグラフに描いてくれた。グールドは動物学会創設者の1人ニコラス・ヴィガースの支援を受け、『ヒマラヤ山脈からの百羽の鳥』と題する鳥の図譜を出版した。その作製には画家エドワード・リアの援助も受けた。続いて大陸ヨーロッパの鳥の図譜を出版することを計画する。妻とリアを伴い、ヨーロッパ各地を訪れ、野生の鳥と動物園や博物館の鳥を視察した。その成果は『ヨーロッパの鳥』(1832)として出版された。

1836年、ロンドン動物学会は、世界一周の航海から帰国した若い博物学者より動物標本の寄贈を受けた。寄贈者はダーウィン、彼の寄贈した標本のうち鳥の標本はグールドによって鑑定され、その結果は動物学会の会合で報告された。とりわけガラパゴス諸島からもたらされたフィンチと呼ばれるスズメのような小さな鳥の種類の豊富さが関心を惹くことになる。

グールドは南米や太平洋、そしてオーストラリアなど、南半球各地からもたらされるさまざまな種類の鳥に関心をそそられていった。妻の兄弟がすでにオーストラリアに移住しており、彼らはイギリスのグールドの下にさまざまな鳥の標本を送ってくれていた。彼はオーストラリアの鳥たちの図譜を構想するようになり、思い切って家族とともに遠く離れたオーストラリアまで赴き、そこで野生の鳥たちを自ら観察し図譜を完成させようとした。計画は実行に移され、彼は妻と7歳の息子を伴い、4カ月の航海を経てタスマニア島に到着した。

その後2年間、グールドはオーストラリア大陸の各地を精力的に探査し、さまざまな鳥を観察し、スケッチに残した。それまで知られていた鳥の種類は300種ほどであったが、グールドはさらに300種程の新種を発見した。グールドのスケッチはエリザベスらによって精密で美しいリトグラフ版画に仕上げられた。2年間の滞在を経て、グールド夫妻はイギリスに帰国するが、その直後に妻は他界してしまう。グールドは他の画家の助けを借り、不幸を乗り越え、8巻からなる『オーストラリアの鳥』を1840年から8年がかりで出版した。彼自身が発見した新種を含め、681種の鳥を図版とともに解説した。

そこにはダチョウや黒鳥《こくちょう》（黒いスワン）など、オーストラリア特有の鳥が多く含まれている。その中に今では世界中に普及した愛玩用の鳥、黄色や黄緑色をしたセキセイインコ

図 4-12　オーストラリアで発見されたインコ
出典：John Gould, *The Birds in Australia* (London, 1948), vol. 5, plate 44.

もいる。セキセイインコはオーストラリアにだけ棲息していたが、グールドがつがいをイギリスに持ち帰り、繁殖させることに成功し、ペットとしてその後広く普及したのである。

グールドの『オーストラリアの鳥』の序文は、次のような言葉で締めくくられている。「摂理の思し召しで健康と衰えぬ体力に恵まれ、私はまだ自分の乏しい努力を鳥類学の前進に捧げたいと思う。鳥類学は全能の数多くの作品の中でも最も喜ばしい一つを扱う科学なのだから。英国王のもう一つの広大な領域であるインドの鳥たちを描画するための準備が十分に整っており、私の次のプロジェクトはおそらくは「アジアの鳥」についてとなるだろう」。彼はその後計画通り、インドの鳥を調査し『アジアの鳥』を出版した。

10 ダーウィンのフィンチ

進化論の提唱者チャールズ・ダーウィンは、1831年から5年間、イギリス政府の測量船ビーグル号で世界一周の航海に出かけ、もっぱら南半球各地の地理地質や棲息生物について調査した。その際に携行したライエルの『地質学原理』を読み、南米各地の地質と化石を調査するうちに、ライエルの提唱する斉一性の原理に賛同し、創造説への疑念を芽生えさせていく。それを打ち明けたビーグル号の船長フィッツロイと衝突することもあった。

ビーグル号が南米大陸から1000キロほど離れたガラパゴス諸島に到着すると、ダーウィンはそこで南米とはずいぶんと異なる種類の動物たちと出会うことになる。島ごとに甲羅の模様が異なるというリクガメ、さまざまな形態をした小鳥たち。自身は鳥類学者ではないダーウィンは島々で鳥をつかまえるとそれらを標本にして本国に持ち帰った。前節で述べたとおり、それらの標本はグールドによって鑑定され、似通った小鳥たちはすべて同じフィンチ類であり、その同じフィンチ類のなかで13の異なる種に振り分けられること

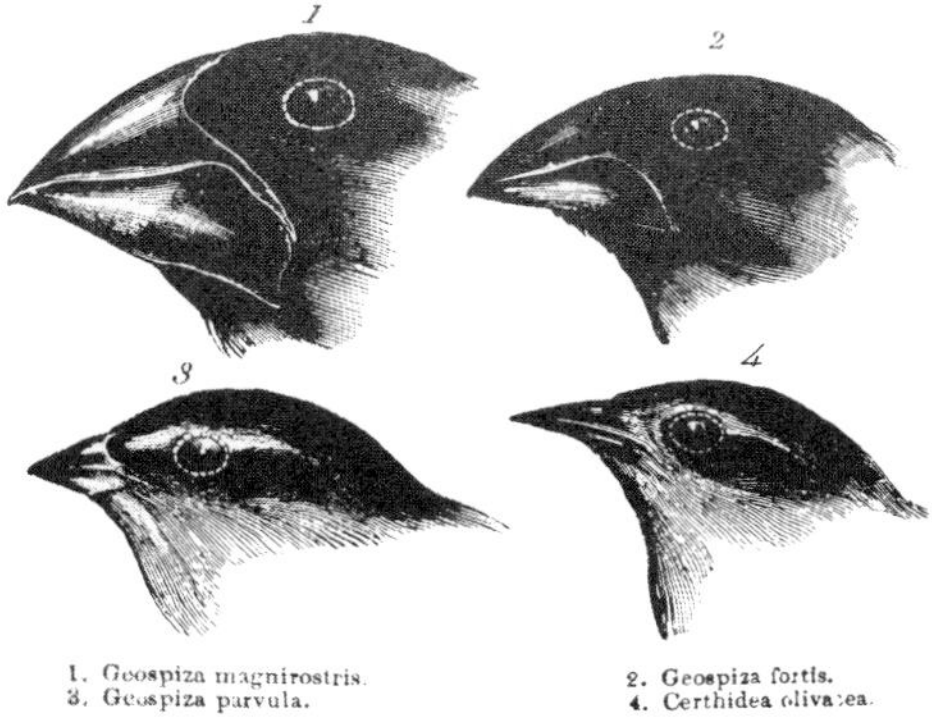

図4-13 ダーウィンの航海日誌に添えられたフィンチの嘴

出典：Charles Darwin, *Journal of Researches into the Geology and Natural History of the Various Countries Visited by H. M. S. Beagle* (London, 1839), p. 379.

が判明した。一つの諸島の中でそれだけ多くの種に分かれていることに関心がかき立てられた。

図4-13は、後に出版されたビーグル号航海中のダーウィンの研究日誌に挿入されたガラパゴスのフィンチの代表的な4種の嘴《くちばし》の様子を描いた図である。左上の大きくしっかりした嘴をもつものから、右下の小さく細い嘴をもつものまで、嘴のサイズも形状もさまざまである。ダーウィンはガラパゴス諸島滞在時にこれらのフィンチをどの島で捕捉したか、残念ながら記録していなかった。そのため島ごとの棲息状況の正確なデータは得られなかったが、別々の島で採取し13もの異なる種のフィンチが得られたことから、島ごとに異なる種が棲息

している蓋然性が高いと考えられた。

ダーウィンは、ビーグル号での航海中の思索と調査結果の検討から、すべての生物は神が世界誕生時に創造したものだという創造説への疑念をさらに深めていく。そして生物は長い時間を経て徐々に変異を遂げていったとする進化論を信奉するようになっていく。彼以前にも進化論を主張した生物学者がいたが、特にフランスの博物学者ラマルクの主張する進化論は本国で影響力をもつばかりでなく、イギリスにも伝わってきていた。ダーウィンが自らの見解を調査結果とともに公表しようとしていたちょうどその頃、ラマルク流の進化論を紹介する著作が出版された。『創造の自然史の痕跡』（1844）と題されたその著作は匿名で出版されたが、宇宙や生命を含む自然界全体の誕生や成り立ちを、聖書とは離れた立場から流暢《りゅうちょう》かつ整然と解説するもので、非常に多くの人々に読まれる大ベストセラーになった。その一方で、同書が紹介する進化論は当時の社会で物議を醸すことにもなった。そのためダーウィンは計画中の自著の出版を差し控えた方がいいと思うようになる。

ダーウィンはラマルクや『創造の自然史の痕跡』の著者が説く進化論とは異なる進化論を構想するようになっていた。その差を端的に示すのが図4-14aと14bの系統模式図である。上の図4-14aは『創造の自然史の痕跡』に載る生命の進化を示すグラフで、最下の出発点から最上のMに向けて生命は進化を遂げていく。その途中のAで別の方向に分岐しFに向かって進化し始める生物種が存在する。同様にAより少し上のCから側枝に分かれRへと向かう生物種も存在する。また同様にDから分かれBへと向かう種もある。その線図は下の出発点からMへと単一直線でつながるものではないが、それでも全体として下から上へ向かい線が伸びている。

それに対して下（図4-14b）のダーウィンが自らのノートブックに記した進化の図では、根元から枝が伸びていくが、枝の伸びていく方向はまちまちである。左右にも上下にも伸

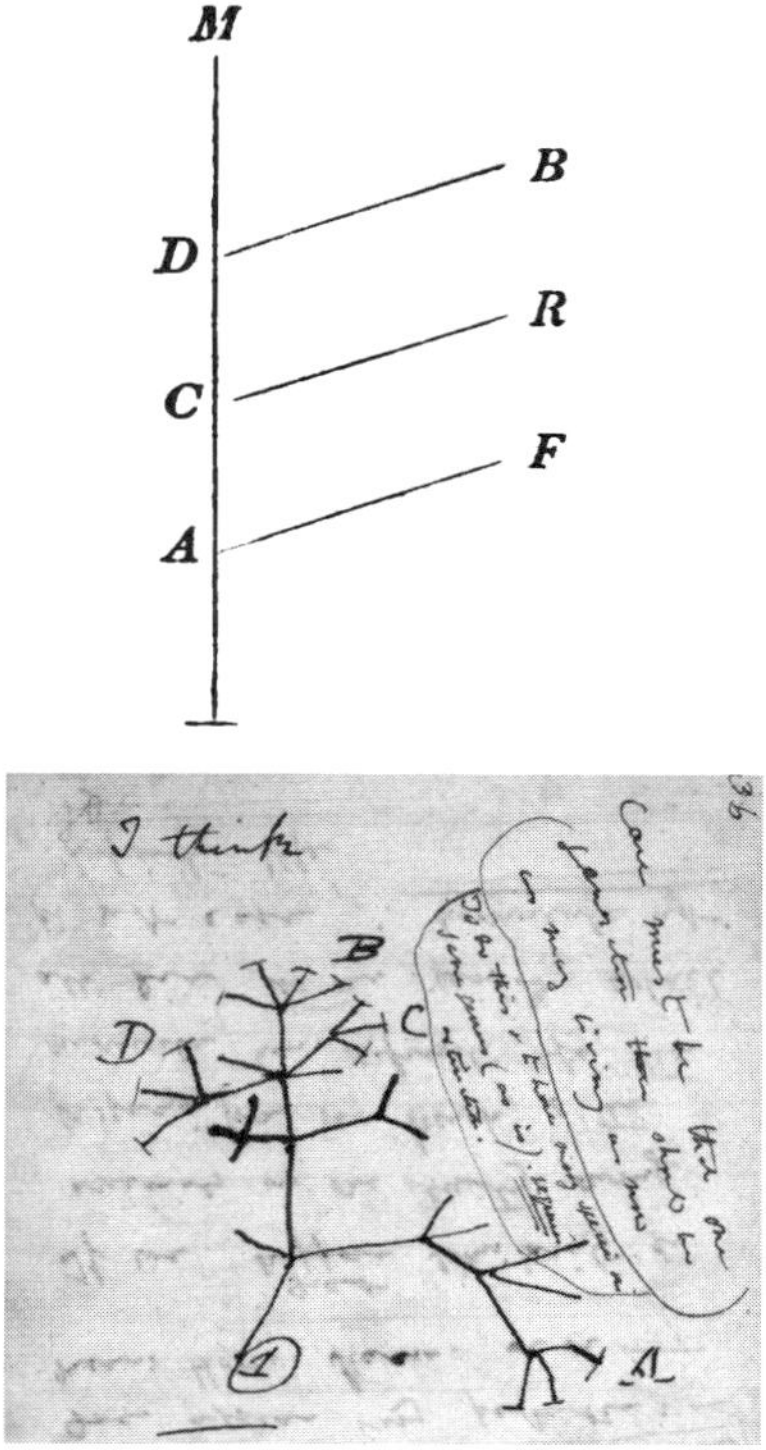

図4-14a（上），14b（下）　進化を表現した二つの樹状図

出典：Anonymous（Chambers），*Vestiges of the Natural History of Creation*（London, 1844），p. 212; Charles Darwin, Notebook B（DAR121），p. 36, Darwin Archive, Cambridge University（Reproduced by kind permission of the Syndics of Cambridge University Library）.

びていく。枝分かれするポイントも、方向も、数もまちまちである。生物はそれぞれが棲息する周囲の環境にあって特有の進化を遂げていく。地理的、生態的環境が変われば、また別の変異と進化を遂げていく。一定方向に向かうのではなく、あくまで生物が存在する場所の環境に適応するよう変化していくと考える。

『創造の自然史の痕跡』の出版で論争が巻き起こり一度はためらった自著の出版だが、その十数年後に同様の議論を展開した未発表の論文に遭遇し、自らも20年以上に及ぶ調査と考察の成果をより簡潔に論述した『種の起原』（1859）を急ぎ完成させ、自らの進化論を世に問うていくことになる。

11　疾駆する馬の脚

動物と植物の大きな違いは、動物が目に見える速度で動くことである。ゆっくり動くカタツムリもいれば、高速で疾走する野生動物もいる。海を泳ぐイルカや空を羽ばたく鳩や鳶《とび》。その動きは多種多様だ。動物の動きは空間的移動に専念する時だけではない。手足を伸ばし物を摑《つか》み、目玉を動かし視線を向ける。動物の動きは、生理学や解剖学の観点からばかりでなく、動物行動学の観点からも研究対象とされる。

そのような動物の動作を記録するために大きな助けとなったのが、連続的な写真撮影による動画、映画の技術である。動物の動きを動画として写真撮影した初期の代表例として、疾走する馬の脚の動きを見事に記録したマイブリッジの連続写真を取り上げることができる。

疾走する馬の脚の動き、と聞くと読者はどのような足運びを頭の中に思い描くだろうか。図4-15は、19世紀初頭の早世の画家テオドール・ジェリコーによる「エプソムのダービー」と題される競馬の一場面を描いた油絵である。これを見ると現代の読者は、馬の脚の位置具合が何となくぎこちないと感じるのではないだろうか。全速力で走る4頭の馬の脚は、いずれも前脚を前に、後脚を後ろに思い切り伸ばしている。全力で疾駆している馬たちをその通り描いているのだが、何か変だと我々は思う。生き物の馬ではなく、機械仕掛けの馬のように感じる。

イギリスの写真家エドワード・マイブリッジ（1830-1904）は、1878年、スタンフォード大学の創設に関わり名を残す大富豪ルランド・スタンフォードの要望を受け、パロアルトの競馬場で走る馬の連続写真を撮影することになった。馬が走る道に沿ってカメラを10台あまり設置し、カメラのシャッターにつなげた糸を走路上に張っておく。馬が駆け抜けると糸を次々に引きちぎり、それとともにシャッターが次々に押されていく。

図 4-15　エプソムのダービー
出典：Jean L. T. Géricault, "The Epson Derby," Louvre Museum, Paris.

図 4-16　マイブリッジの撮影した走る馬
出典：Muybridge, "The Horse in Motion," 1878.

そうして走る馬の姿を馬と走りながら捉えたような連続写真ができあがった。撮影された疾駆する馬の各瞬間の脚の運びは、ジェリコーの描く馬の脚とは似ても似つかぬ姿形であり、4本の躍動する馬の脚がそれぞれ時間差を経て着地し、大地を蹴る様子が生き生きと記録されている。

12 キリンの斑

明治から昭和にかけて活躍した物理学者寺田寅彦の名は、日本人の間ではよく知られている。寺田はX線回折などの実験物理学や地震や気象などの現象を研究した物理学者だが、年を重ねてからは自然現象に現れるさまざまな模様やパターンを取り上げ、独創的な観点から分析した科学者でもある。寺田の弟子の学生には、そのような彼のスタイルを受け継ぎ、ユニークな科学研究や問題提起をした人々がいた。

その1人平田森三（1906－1966）は材料工学や物性物理を専門とする物理学者で、寺田とともに固体物質の割れ目のでき方などを研究した。ある時生物の表皮の模様が物質の割れ目と似ていることに気づき、両者を比較する論文を発表した。「キリンの斑《まだら》模様に就いて」と題されたその論文はまず、キリンの模様が乾燥した粘土の層にできるひび割れによく似ていることに注意を喚起する。粘土をゴム板の上に密着させゴム板を一方向に引っ張りながら粘土を乾燥させると、筋状のひび割れが生み出される。彼はそれが虎やシマウマの縞模様にも似ていると指摘する。そしてそのような模様の類似性から、成獣としてのキリンや豹や虎などが皮膚に有する斑や縞の模様は、それらが胎児の時の性質、とりわけ表皮にひび割れが生じるような時期の胎児の物理的性質に依存しているのではないかと推測した。

平田の議論は、しかし、生物学者の反発を招くことになった。発生や成長の具体的な過程を考慮せず、文字通り表面的な類似性だけから思弁を重ねるものだ、と。平田自身の弁論や恩師寺田の援護もあったが、1930年代当時、物理学者と生物学者との議論がかみ合うことはなかった。

戦後、コンピュータの基礎原理を先駆的に研究したことで有名なイギリスの数学者アラン・チューリング（1912－1954）が、「形態形成の化学的基礎」と題する論文を『ネイチャー』誌に発表した。それは生命におけるさまざまな形状パターンの生成メカニズムを簡単な連立微分方程式で与えようとするものだった。パターンを生み出す上で、作用を活性化させる「活性因子」と作用を抑制する「抑制因子」を考え、それが空間的・時間的にどのように分布し変化するか指定する方程式を与えておく。するとその方程式に従い、空間上にさまざまなパターンが生まれ、そのパターンが時間とともに変化していくことが数学的に導出される。活性因子と抑制因子となるような化学物質や物理的メカニズムが与えられれば、そのような物理化学的状態から生命の形態パターンの形成を説明することができるはずである。

イギリスの数学者ジェームス・マレーは、このようなチューリングの数学的手法を用いてチョウの翅や哺乳類の表皮に生じるさまざまな形の模様の発生機構を説明しようとした。1981年に出版された「チョウの翅のパターンと哺乳類の表皮模様に対するパターン形成のメカニズムについて」と題する論文において、チューリングの提唱した数式や機構の理論を用いながら、チョウの翅の模様とともに、哺乳類の表皮に生じる黒い縞や斑点の模様を生成する化学的機構とそれを表現する数学的方程式を提示した。哺乳類ではシマウマの縞とヒョウの斑点とともに、キリンの斑模様が取り上げられる（図4-17）。

キリンの胎児は35-45日ぐらいで図4-17(a)のような姿をしており、その頃には成長後のパターンの準備がなされていると指摘する。彼はそのような発生学的な機構についても知見を引用しつつ論を展開した。キリンにはいくつかの亜種が存在する。チューリングの連立微分方程式からは、図4-17(f)のような斑模様と星形模様が導出されるが、実際に「マサイキリン」というキリンの亜種にはそのような星形模様も現れることが知られている。

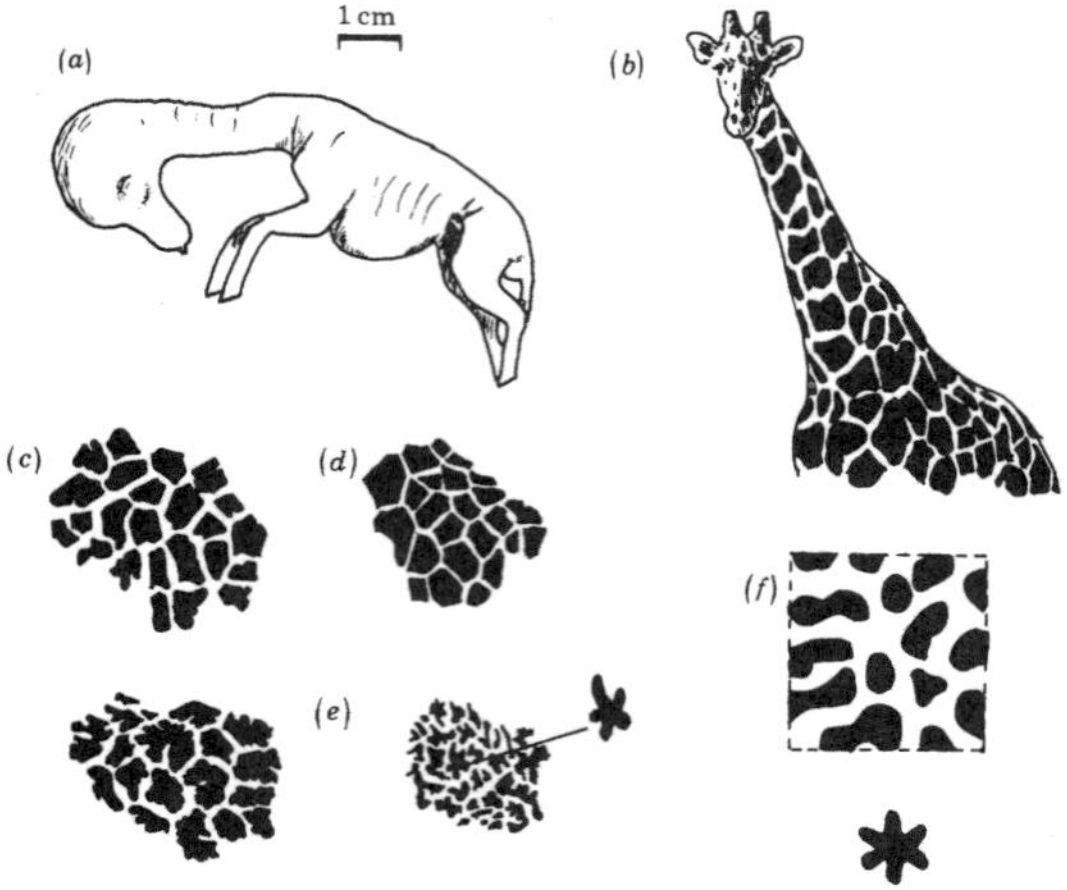

図 4-17　キリンの斑模様

出典：J. D. Murray, "On Pattern Formation Mechanisms for Lepidopteran Wing Patterns and Mammalian Coat Markings," *Philosophical Transactions*, B 295 (1981), p. 489. Reprinted by permission of the Royal Society.

マレーの論文はもともと、ロンドンの王立協会で開催された「生物学のパターン形成の諸理論」と題されたシンポジウムで発表されたものである。シンポジウムでは他にもさまざまな動植物や細胞に生じるパターンの形成過程を論じる報告がなされ、それらの報告論文は同協会の機関誌『フィロソフィカル・トランザクションズ』に特集号として出版された。特集号を編集したマレーはその序文で、1970年代の半ばに数学的モデルを生命現象に適用する数理生物学と呼ばれる専門分野が誕生し、北米や欧州に加え日本で盛んに研究されてきていると述べている。彼も利用した上記のチューリングのモデルは、そのような数学的モデルの一例にすぎず、他にもさまざまなモデルが考案され、生命の発生や成長のメカニズムを解く鍵として数理科学者の関心を集め、研究が精力的に進められてきている。1981年に述べられたマレーの言葉は、三十数年後の今日でも説得性をもっている。

第5章 人体——各器官の構造と機能

1 中世の大学における解剖

12世紀、西ヨーロッパの諸都市では活発な文化活動が始まった。「12世紀ルネサンス」と呼ばれたその時代、ギリシアやアラビアの文化と学術を伝える多くの文献がアラビア語からラテン語に翻訳され、それらの文献を教科書にして講義する大学も出現した。それらの大学はヨーロッパの諸都市で設立されたが、イタリアのサレルノとボローニャ、フランスのパリとモンペリエでは医学部が設けられ、医学教育が施された。古代ギリシア由来の医学知識、アラビアで体系化された医学教科書に頼りながら、時に動物の解剖などもなされ、人体の構造と病の治療法が教育された。

14世紀に入ると、人体の解剖も時に実際になされるようになった。ボローニャ大学で臨床医学と解剖学を教えたモンディーノ・デ・ルッツィ（1270頃-1326）は、1315年に初めて医学生を相手に人体解剖を行い、翌年『人体解剖学』という教科書を著した。その著作は大学医学部の解剖学の教科書としてその後数世紀にわたり利用された。図5-1は同書が15世紀に印刷出版された際に挿入された図である。図中、モンディーノは椅子に腰掛けて書物を開き、解剖を行う助手に指示を与えている。助手は教師の指示を受けながら、台の上に横たわる人体の胸腹部を切開している。絵は屋外での情景を描いているが、屋内で解剖がなされることももちろんあったことだろう。

この図に示されているように、中世の大学の解剖実習では、解剖を指示する教授はもっぱら医学書を頼りに文献に書かれる内容を解説し、助手は教授の指示に従い、人体の指示された箇所を切開することが通例であった。モンディーノは自ら人体の切開を行い、解剖された人体の該当箇所を指示しながら講釈したと言われるが、通常は医学を講じる教授と実際に人体を切開する外科職人とは、別の人物が務めることになっていた。

図 5-1　解剖を指示する医学部教授
出典：Mondino de Luzzi, *Anatomia corporis humani* (1493).

モンディーノが初めて解剖を行った1315年には再度解剖がなされたと記録されているが、その後どのような頻度で解剖実習が行われたか記録は残っていない。14世紀以降、他の大学でも学生を前にした解剖実習がなされるようになるが、解剖は年に1度、あるいは2〜4年に1度しかなされず、医学部の学生といえども大学の修学期間中に1回の解剖実習を体験するのがせいぜいであったという。

医学部の講義、また解剖実習で利用される教科書は、古代ローマの医学者ガレノスの医学理論を解説するものであり、解剖そのものよりもガレノスの説明を尊重する傾向があった。解剖で見て取ることが著作の説明と多少食い違うような場合、読まれている写本が原典から誤って筆写されたのではないかと疑われることもあった。写本によって学問が学ばれていた時代、解剖図などの図像はたとえ描かれたとしても写本を通じて正確に伝達することは困難だった。

2　ベレンガリオの解剖書

モンディーノの解剖書はその後長く医学者たちに参照されたが、印刷術が発明された15世紀末以降は、同書の注釈書が出版されるようになった。彼と同じボローニャ大学で解剖学を講じたジャコモ・ベレンガリオ・ダ・カルピ（1460頃−1530）は、『ムンディヌスの解剖書の追補と注釈』(1521)と題する千ページ余りの解剖学教科書を著し、多くの解剖図を添えて同書を出版した。翌年には解剖図を備えた縮刷版も出版され、広く参照されることになった。

ベレンガリオは外科医だった父の下で子供の時から解剖という作業に親しんだ。少年時代に自らブタを切開し解剖への興味を深めたという。解剖への関心ばかりでなく、ボローニャ大学の医学部に進学すると、ラテン語、ギリシア語、アラビア語を修得しガレノスの著作やアラビアの医学書にも親しみながら医学を学んだ。

ベレンガリオの注釈書には、胴体の筋肉、子宮などの生殖器、静脈などが描かれる。腕と手を描いた図には静脈がどのように通っているか描かれているが、古代以来19世紀に至るまで西洋世界で継承された「瀉血《しゃけつ》」と呼ばれる血液を抜き取る治療のために、抜き取るポイントを示したものだとされている。図5-2は、人の骨格を、町と木々が見える風景の中に描いた解剖図である。頭蓋骨を右手と左手に持たせ、その頭頂部と側面を示しているが、そのポーズは何かユーモラスである。また現代の視点からは、肋骨や骨盤などに不正確な箇所が散見される。

図5-3は、手を構成する5本の指とそれらの付け根の骨を描いたものである。手の指のうち親指を除く4本の指(人差し指、中指、薬指、小指)は、3本の骨(末節骨、中節骨、

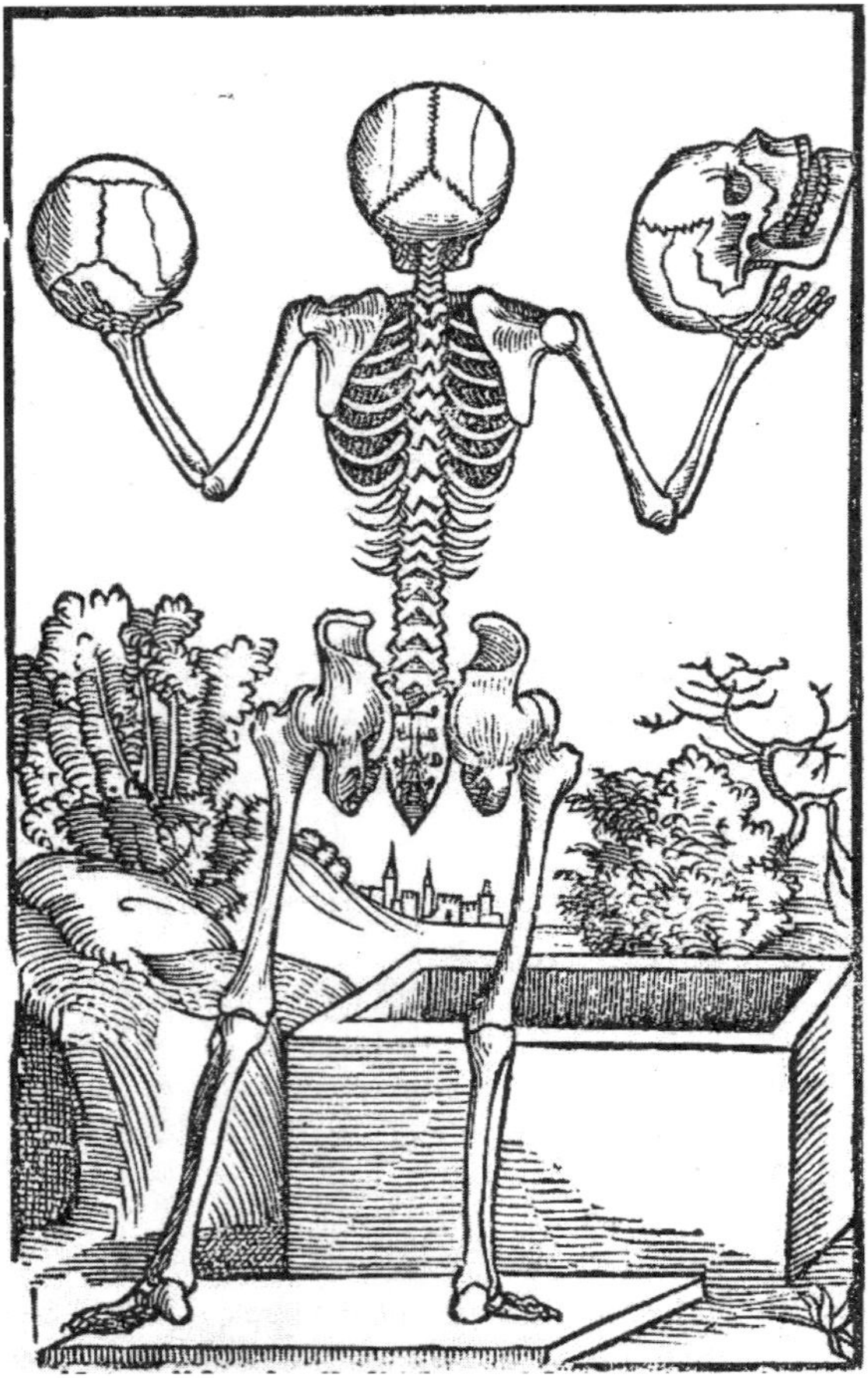

図 5-2　後ろ姿の骸骨

出典：Berengario da Carpi, *Commentaria cum amplissimis additionibus super Anatomia Mundini* (Bologna, 1521), folio 521.

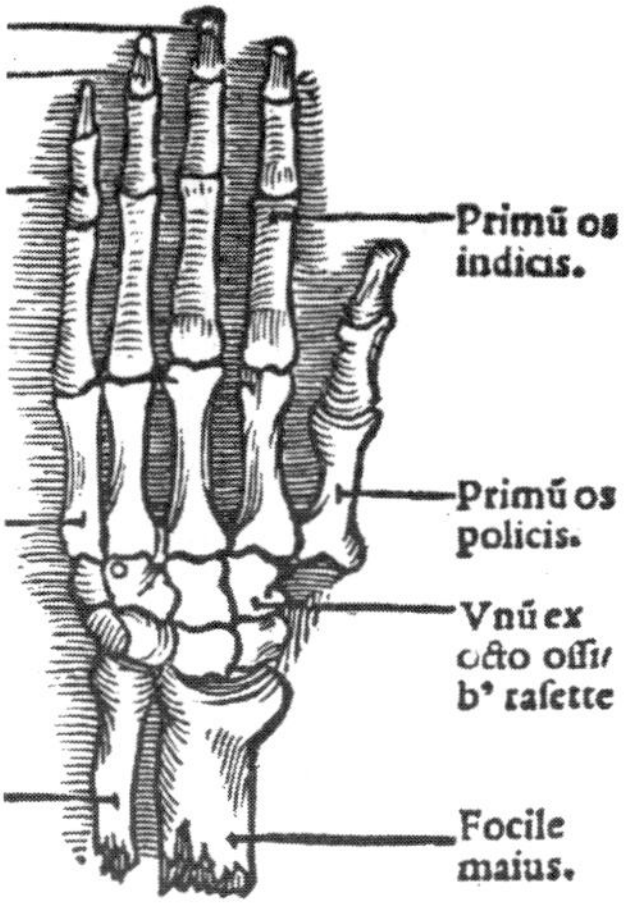

図5-3　手を構成する骨

出典：Berengario da Carpi, *Commentaria cum amplissimis additionibus super Anatomia Mundini* (Bologna, 1521), folio 522.

基節骨）から成り立っており、それらと手のひら内部に隠れるもう1本の骨（中手骨）が繋がっている。それら4本の骨までは自分の手のひらを触って存在を感じ取ることができる。さらにその根元で繋がる骨は、図5-3では親指以外の中手骨に対応して小さな骨が描かれているが、実際にはそのような一対一の対応はしておらず、より複雑な形の骨が互いに接合し、「手根骨《しゅこんこつ》」と呼ばれる一群の骨を形成している。

　このような手を構成する骨は、次節で述べるレオナルド・ダ・ヴィンチも描いているが、解剖図譜の歴史を追った解剖学者のJ・D・W・トムリンソンは、ベレンガリオとレオナルドの図の類似性からベレンガリオ自身あるいは彼の解剖図譜を描いた画家は、それ以前にレオナルドが描いた解剖のスケッチを見る機会をもったのかもしれないと推測する。

レオナルドやベレンガリオが正しく描けなかった手根骨を、その後登場するアンドレアス・ヴェサリウスはより正確に緻密に描くことになる。

3 レオナルドの解剖図

「モナリザ」や「最後の晩餐」で有名なレオナルド・ダ・ヴィンチ（1452－1519）は、機械技術や人体解剖に強い関心をもち、さまざまな機械や解剖の図を残した。ヴィンチ村で生まれた彼は、青年時代をフィレンツェで過ごし、画家としての訓練を受けた後、機械創案の才を買われミラノに赴任した。その後イタリア各都市を移り住み、晩年はフランスで過ごした。その間、考案した飛行機械の図を描いたり、解剖に立ち会い人体解剖図を描いたりした。彼の書き留めた多くのスケッチは、彼とともにイタリアからフランスへ運ばれ、死後弟子に寄託されたが、いったん散逸してしまう。その後いくつかのコレクションに分かれて収集され、現在ではヨーロッパ各地の図書館で保管されている。そのうち解剖図を多く収めているのが、イギリスのウィンザー城に所蔵されているコレクションである。
図5-4は、レオナルドが30代末の若い時期に人の頭部のその内部構造を描いたもので、一見して本物の頭蓋内部とは異なり、想像上の図であることが見て取れる。我々が知る脳髄の構成や形状とはかなり異なる脳内の様子が、頭蓋内に描かれている。眼球の奥から延びる神経の先に三つの袋状の空間が描かれている。これら三つの脳室は、古代以来の医学者によって考えられてきた知覚・思考・記憶という三つの機能に対応するものと考えられた。彼はその後、これら三つの脳室に蠟《ろう》を流し込み、その上で脳自体を取り除いて3室の配置や形状を明らかにするという方法を考えたりもしている。

レオナルドは若い時から積極的に解剖に立ち会い、人体各部分の構造を描写しようとした。50代になり再度ミラノに移り住んだが、そこで解剖学者の教えも受けながら人体解剖を実見し解剖図を描いた。絵画を描く関心から、人体運動の基礎になる骨格や筋肉に注意を傾けた。解剖学者と協力し解剖図譜を出版する可能性もあったのだが、その解剖学者が伝染病に罹患して亡くなり、そのような図譜の出版は実現しなかった。60代になり短期間ローマに滞在した時も、病院に通い解剖学を学んだ。この時は心臓に対して関心をもち解剖に臨もうとしたが、他の画家からの横やりがあったせいか、病院での解剖見学の許可が

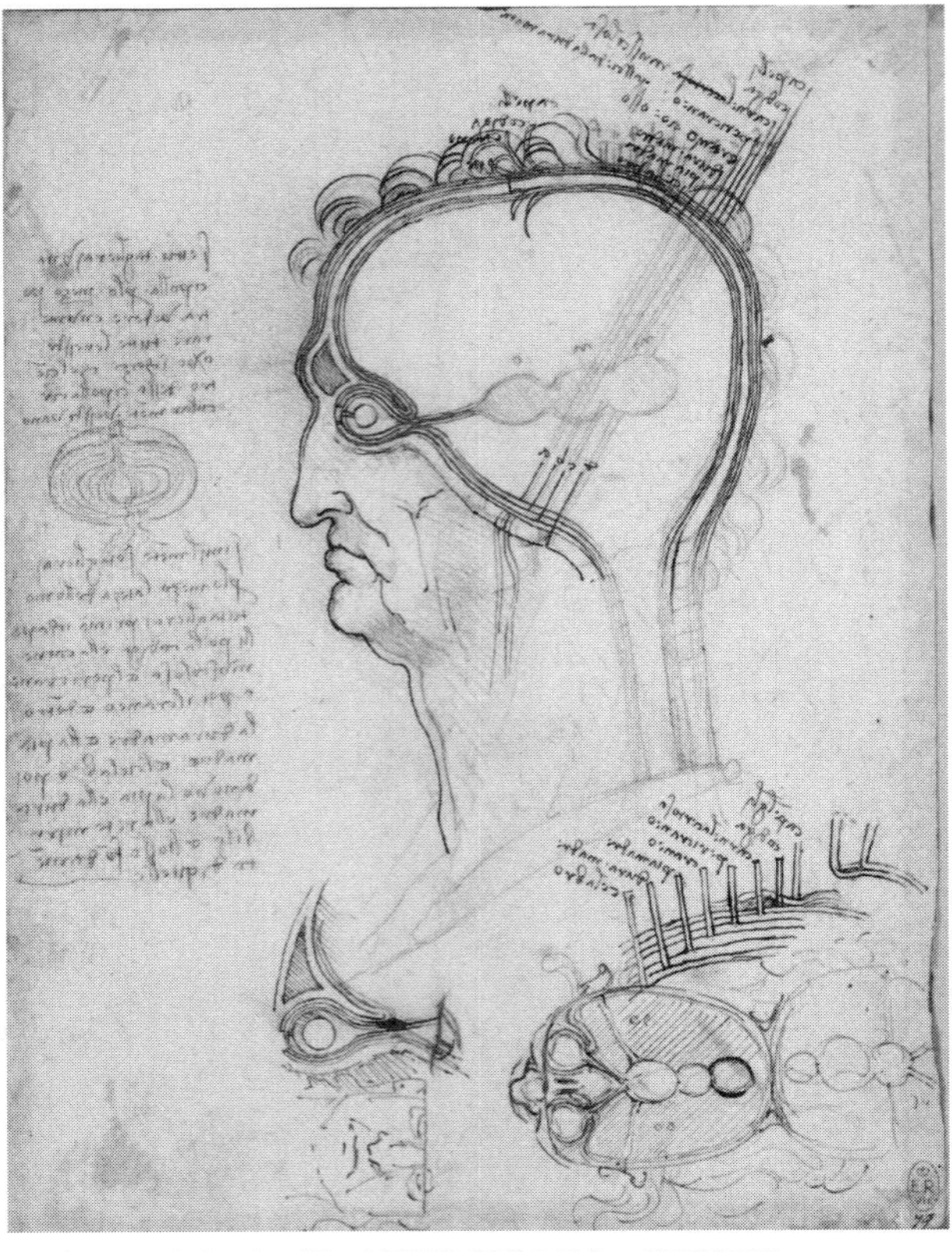

図 5-4　レオナルドの描いた頭部と眼球の垂直・水平断面図

出典：Leonardo da Vinci, Vertical and horizontal sections of the human head and eye, The Royal Collection 12603r, Windsor Castle. Royal Collection Trust/© Her Majesty Queen Elizabeth II 2016.

降りなかった。

レオナルドは解剖で明らかになった筋肉の構造について、その機械的機能をよく示すために筋肉をひもやワイヤで置き換えた解剖図を描いたりしている。また筋肉を始めとして人体の各部分を描く際には、表裏と両側面の4方向から描くことを勧め、骨については切断しその断面も描くべきだとしている。絵画を描くという実用目的だけでなく、より学問的な関心と目的からも解剖に向き合っていたことが覗える。

4　ヴェサリウスの『人体の構造』

アンドレアス・ヴェサリウス（1514－1564）は近代的な解剖学を確立させた人物である。彼はもっぱらイタリアで活躍したが、出身は現在のベルギーである。曾祖父はドイツ出身だったが創立間もないルーヴァン大学医学部の教授に招聘され、以来その地に移り住んだ。父は王室付きの薬剤師を務めた。ヴェサリウスは、ルーヴァン大学とパリ大学で医学を学び、そこで解剖学の知識と解剖の技術を身につけた。その後イタリアのパドヴァ大学に移り、そこで医学博士号を取得し、外科学と解剖学の教師の職を得た。パドヴァ大学で人体解剖を実施すると、学生から勉強のため解剖図を描いて欲しいと要望された。

その要望に応え6枚の大きな解剖図を描き、木版画として出版、図に各部位を説明する簡単な解説を添えた。この図解書は評判になり、解剖学教師としての名声もそれとともに高まった。

1540年、ヴェサリウスは近隣のボローニャ大学に招かれ、解剖実習に携わることになった。マテウス・クルティウスという教授がまず講義を行い、その後に学生たちに解剖を実演するのである。実習に出席していた1人の学生の日記から、その時の様子をありありと思い浮かべることができる。

準備が整った解剖室には学生とともにクルティウスら医学者たちも来場し、総勢150人ほどが詰めかけた。ヴェサリウスはきれいに洗浄された死体にナイフを当て、皮膚をはがし始めた。だが皮膚には外側の皮と内側の皮膚（真皮《しんぴ》）とがある、と彼は説明する。するとと見学していたクルティウスが口を挟んだ。「それはガレノスの意見ではない」。それに対し、ヴェサリウスは「ガレノスの意見ではなかったとしても、事実は実演で見せるとおりなのです」と応じる。それ以上反論するのを躊躇《ためら》っていたヴェサリウスに、傍聴していた学長らしき人物が割って入り、「アンドレアス博士、恐れずに自分の意見を言いたまえ」と彼を励ました。

このやりとりに現れているように、ヴェサリウスは多くの解剖を行っていくうちに、実際の人体の構造がガレノスの説明する構造からかなり異なっていることに気づくようになった。ガレノスは人の解剖ではなく動物の解剖に基づいて人体の構造を論じているのではないか。しかも医学者はそのことを知らずに1000年以上にわたってガレノスの説明を信じてきたのではないか。彼はそのような疑念を心に抱くようになった。

それからしばらくして、ヴェサリウスは解剖学書の決定版ともいえる『人体の構造』を1543年に出版した。それは多数の詳細な解剖図とそれに基づく人体構造を解説する書だった。同年にその簡約版を出版し、1555年に改訂版を出版した。

『人体の構造』の序文には、それまでの医学の教育のあり方への痛烈な批判が語られている。教師は本に頼って解説し、彼とは別に解剖者が実際に人体を切り裂いていく。医学用語を完全には理解していない解剖者は、講師の指示を明確に理解せぬままに解剖する。このように大学で医学が誤って教えられているのだ、と。『人体の構造』は7部からなる大判で大部の書で、序文に続く第1部で人体の各部分の骨格構造が解説され、第2部以降では筋肉と腱《けん》、脈管、神経系統、臓器、心臓、脳の解剖構造が詳細に説明される。

『人体の構造』の絵を描いた画家については、誰であるか完全には特定されていないが、画家として著名なティチアーノ、あるいは彼の弟子のヨハネス・ステファネス（イタリア名：ジョヴァンニ・ダ・カルカール）という人物だろうと推定されている。画家によって描

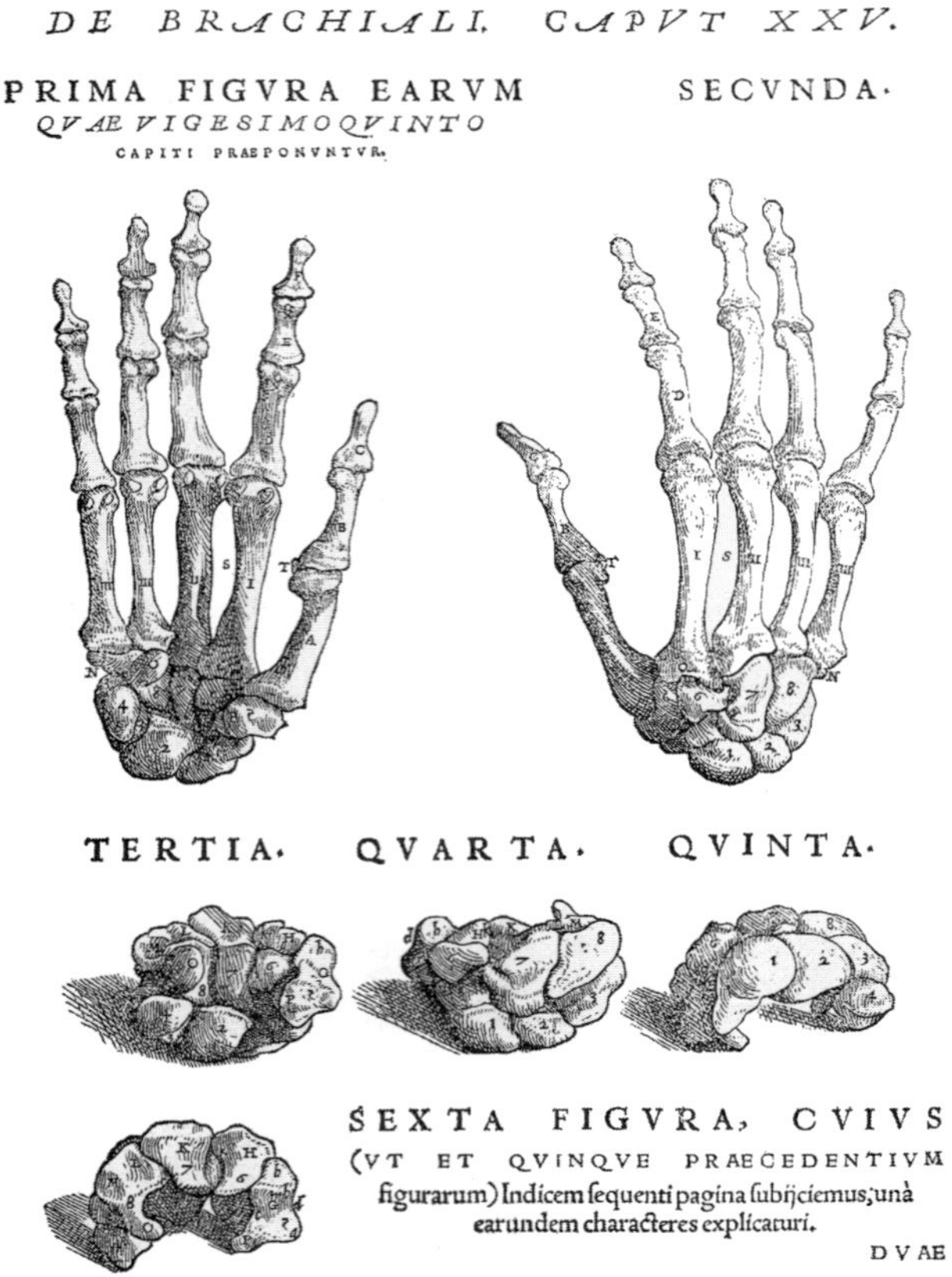

図 5-5　ヴェサリウスの解剖書の手の骨

出典：Andreas Vesalius, *De Humani Corporis Fabrica*, p. 115.

かれた絵は、ヴェニスの版画家によって版画にされ、本自体はバーゼルの出版社から印刷出版された。

図5-5は、前々節でも引用した手の骨格を示す図である。いずれも右手の骨構造を描いたもので、図の上半分の左右の2図は右手の骨格表側と裏側の骨格を描き、下半分の小さな4図は根元の手根骨を見る角度を4通りに変えて描いている。複雑な形状の小さな骨が接合し合うこの手根骨に対して、4枚特別に拡大して描いているところに、その構造を重視して描かせたことが覗えよう。彼の描く手根骨には小指の根元にある非常に小さな骨も描かれているが、それは人には非常にまれにしかない骨であることが医学史家によって指摘されている。彼の観察眼はそのような微細で稀なものを捉えることもできた。

5 静脈の弁

ヒエロニムス・ファブリキウス（イタリア名：ジロラモ・ファブリチ）（1533-1619）は、パドヴァ大学で解剖学を学び、同大で50年にわたり解剖学の教鞭をとった。その間、医師としても多くの患者の診断と治療にも携わったが、その中には当時大学の同僚だったガリレオも含まれる。彼はヴェサリウスを尊敬し、彼と同様に解剖を実際に行い、人体内部を観察して構造を見極めようとした。その一方で、ヴェサリウスはガレノスを批判することに急で、人体全体の生理的機能との関係を見損なっているとも感じていた。

ヴェサリウスの『人体の構造』以来、多くの解剖学者が人体の構造を実際に解剖して分析するようになり、それにより新しい事実もいろいろと見いだされるようになっていた。ファブリキウスはそれらの知見と自分が見いだしたことを合わせ、人体の構造に関する書を著すことを計画した。そのためにヴェサリウスの書と同様に多くの図版も新しく描かれることになった。彼の解剖書は、いくつかの巻に分けられ、彼が60歳代になってから出版された。最初は眼・口・耳について、次に静脈について、さらに発生や呼吸などがそこでは解説されている。

ファブリキウスは、ガレノスを険しく批判した師ヴェサリウスと異なり、古代以来の医学理論を基本的に踏襲した。静脈の中に弁と覚しきものが備わっていることは、ファブリキウス以前にも数人の解剖学者によって気づかれていた。ファブリキウスはその存在を自身でも丹念に分析し図を描いた(図5-6)。図には我々には弁のように見える膜が描かれるが、彼はそれを弁とは解釈せず、小さな門を意味するostiolumという言葉で表し、そしてそれはガレノスの理論を特に覆すものではないとして説明した。

ガレノスの理論によれば、静脈は肝臓から栄養を人体各部分まで運搬する役割を担うとされる。従って、静脈を流れる血液は、末端から心臓に向かっていくとは理解されておらず、逆に肝臓から末端へ流れるものと考えられていたのである。弁の存在はそのような考えとは矛盾するはずである。しかしファブリキウスは、矛盾するとは考えなかった。彼はそれを弁ではなく小さな門とみなし、静脈の血流をゆっくりさせるものと説明した。小さな門がなければ速く流れてしまう血流を緩慢な流れにさせるものである、と。今の視点からはまったく誤った考えであり、その誤った考えに彼はとらわれていたが、解剖図の中のその部位は正確に描かれている。

ファブリキウスの静脈に関する著書が出版される直前に、パドヴァ大学に留学しファブリキウスの下で医学を学んでいた学生の1人にイギリスのウィリアム・ハーヴィがいた。彼はその後、この小さな門とみなされた部位の機能を弁として正しく解釈し直し、動脈及び静脈を流れる血液の流量を測定することで、血液循環論を打ち出していくことになる。

図5-7はハーヴィが血液循環論を説いた『動物の心臓ならびに血液の運動に関する解剖学的研究』(1628)に掲げられた実験の図である。棒をつかんでいる左腕の上腕部が帯で締められると下腕部の静脈が浮き上がってくる。そしてその静脈上にこぶのような膨らむ箇所が生じる(図5-7上)。それらはファブリキウスが小さな門とみなし、ハーヴィが弁とみなしたものの存在する箇所を示す。その一つを指で押さえると、その箇所より

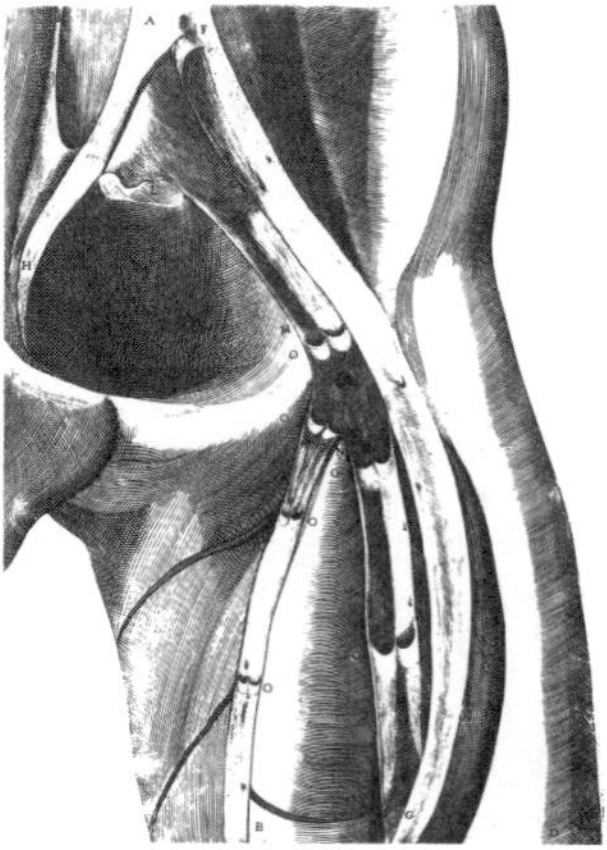

図 5-6　ファブリキウスの描いた静脈弁

図中央部分に下から２本の静脈が１本に合流する。その前後に ω の形の弁が見て取れる。

出典：G. Fabrici, *De venarum ostiolis* (Padua, 1603), p. 17, table 5.

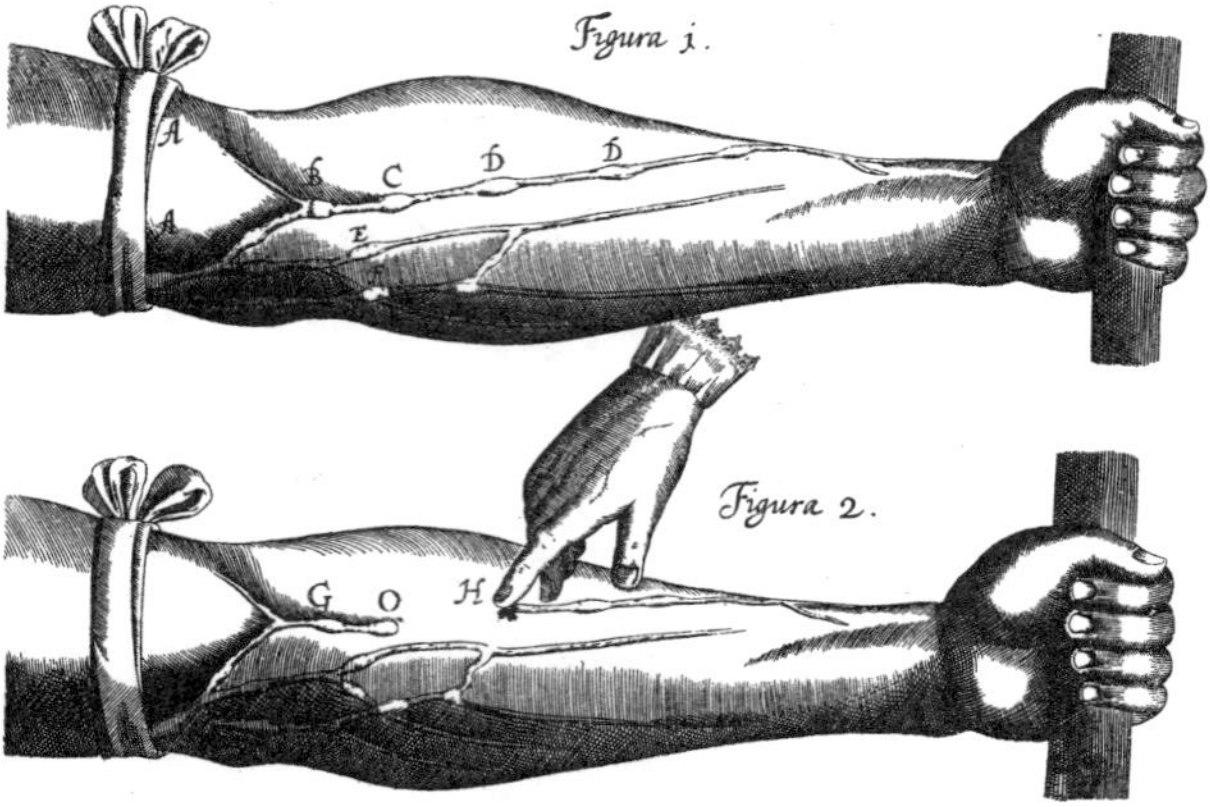

図 5-7　動脈の流れを確認する実験図

出典：William Harvey, *Exercitatio anatomica de motu cordis et sanguinis in animalibus* (1628), figures 1 and 2.

心臓に近い方向の静脈の浮き上がりが消え、血液が心臓の方向に流れようとしていること、そしてOの位置にある弁が逆流を防いでいることが見て取れる（図5-7下）。

6　個体差も描く精密解剖図

17世紀に経済と文化が栄え、医学の研究教育体制も充実していったのが北方の国オランダで、その地で医学教育に臨床教育や化学や植物学の教育も組み込んで、近代的な医学教育を確立させたのがヘルマン・ブールハーフェ（1668-1738）である。1701年にライデン大学の医学部講師に就任した彼の下には、オランダばかりでなくヨーロッパ各地から学生が集まり、彼の下で学んだ医学知識と医学教育のあり方を自国にもち帰っていった。彼の同僚として同大で解剖学を教えたのはベルンハルト・ジークフリート・アルビヌスという人物である。ドイツからライデン大学に留学して医学を学び、同大の解剖学講師に就任後、画家ヤン・ワンデラーと協力して精密な解剖図を作成し図譜として出版した。

ブールハーフェの下に留学し、ドイツにライデン流の医学教育をもたらした人物にアルブレヒト・フォン・ハラー（1708-1777）がいる。彼はゲッチンゲン大学で長く

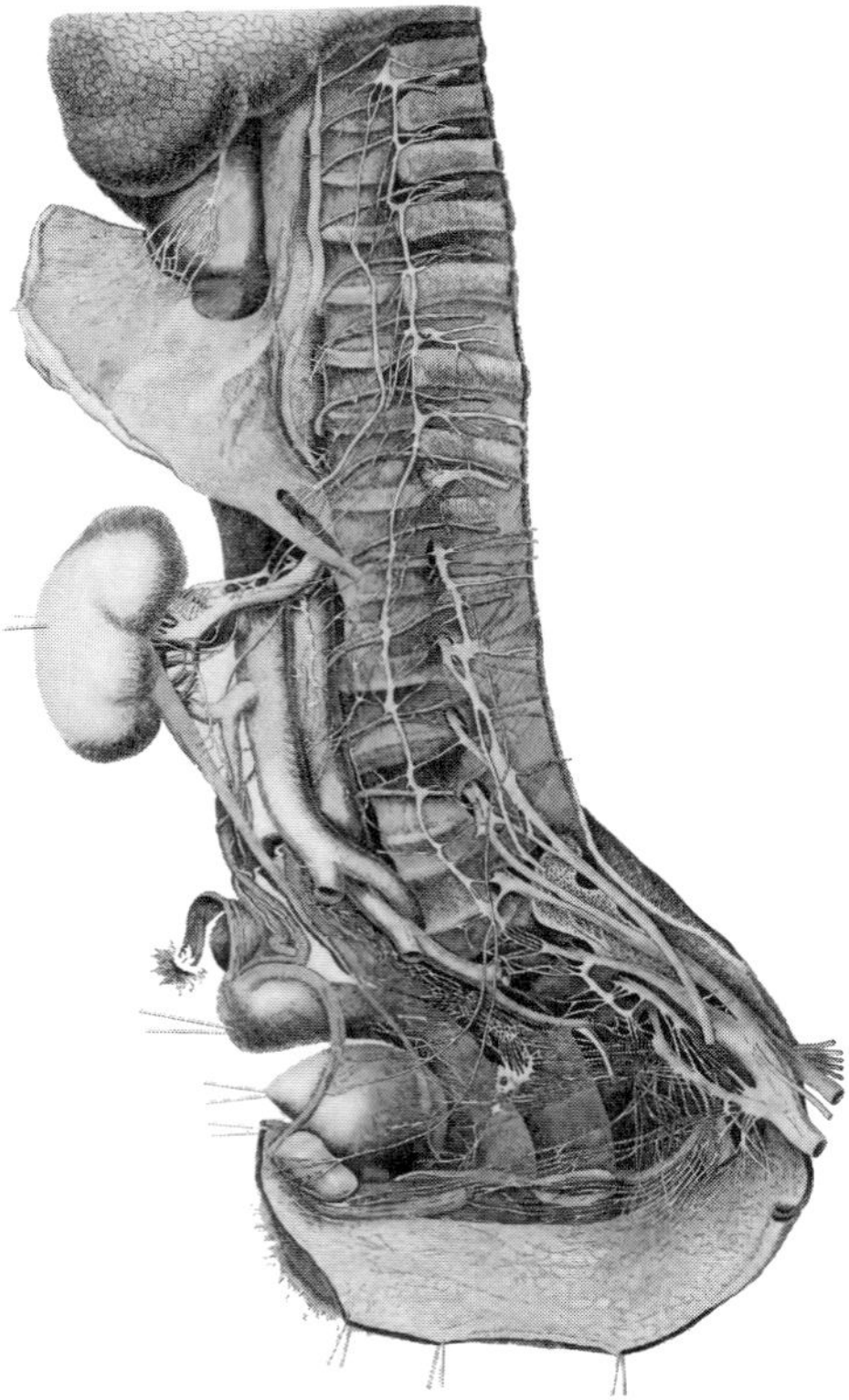

図 5-8　18 世紀後半の腹部の神経網の図

出典：J. G. Walter, *John Gottlieb Walter's Plate of the Thoracic and Abdominal Nerves* (London, 1804), plate 1. 同書はドイツ語原書の英訳縮刷版である。

医学を教えたが、40代半ばに同大のポストを辞し、故郷ベルンに戻った。その間に多くの医学書の編纂出版に従事した。主著は8巻からなる『生理学原論』だが、精密に描かれた解剖図譜も製作し出版している。血管を描いた図には、多数の血管が番号を付されて細かに描き込まれている。

18世紀後半のドイツで活躍した解剖学者で、ハラーの解剖図譜と同様に精密な解剖図を出版した人物にヨハン・ゴットリーブ・ヴァルター（1734-1818）がいる。図5-8は彼の『胸腹部神経の図譜』（1783）の英訳縮刷版からのものである。図には肺の下から下腹部まで脊髄に沿い細い神経の線が延びている様子が描かれている。原書に添えられたその拡大図には臀部の太い幹から細い神経管が無数に枝分かれしている様子が、各神経に番号が割り振られ克明に描かれている（英訳縮刷版では各神経までには番号は割り振られていない）。このような精密な図では、個人ごとに異なるような位置関係までもその通りに描かれている。18世紀の後半になると、解剖図の精度はこのような細かさまで描き込めるまでになっていた。

7 解体新書

ブールハーフェの下で学んだ別のドイツ人医学者に、ヨハン・アダム・クルムス（1689-1745）がいる。幼くして両親をなくすが、ダンツィヒのギムナジウムで教育を受けた後、ハレ大学などのドイツの各大学で医学を学び、バーゼル大学で学位を取得した。学位取得後、オランダに赴き、ブールハーフェとアルビヌスから学ぶ機会をもった。その後ダンツィヒに戻り、その地で医学の教授を務めた。

クルムスはそこで『人体解剖図譜』（1722）と題する教科書を出版した。クルムスの解剖図譜は、ラテン語を解さない同胞外科医のためにドイツ語で書かれたが、よい評判を得て数年ごとに加筆され、改訂版が出版された。好評だった同書はラテン語、オランダ語、フランス語に翻訳され、1734年に出版されたオランダ語版は日本にもたらされ、日本人医師の手により日本語に翻訳されることになった。その日本語訳書こそ、江戸時代後半に蘭学の興隆を促した『解体新書』である。

1771年春、長崎のオランダ商館長が江戸に参府したが、その折に大小の解剖書2冊を持参した。それを同僚の藩医中川淳庵《じゅんあん》から見せてもらった杉田玄白（1733-181

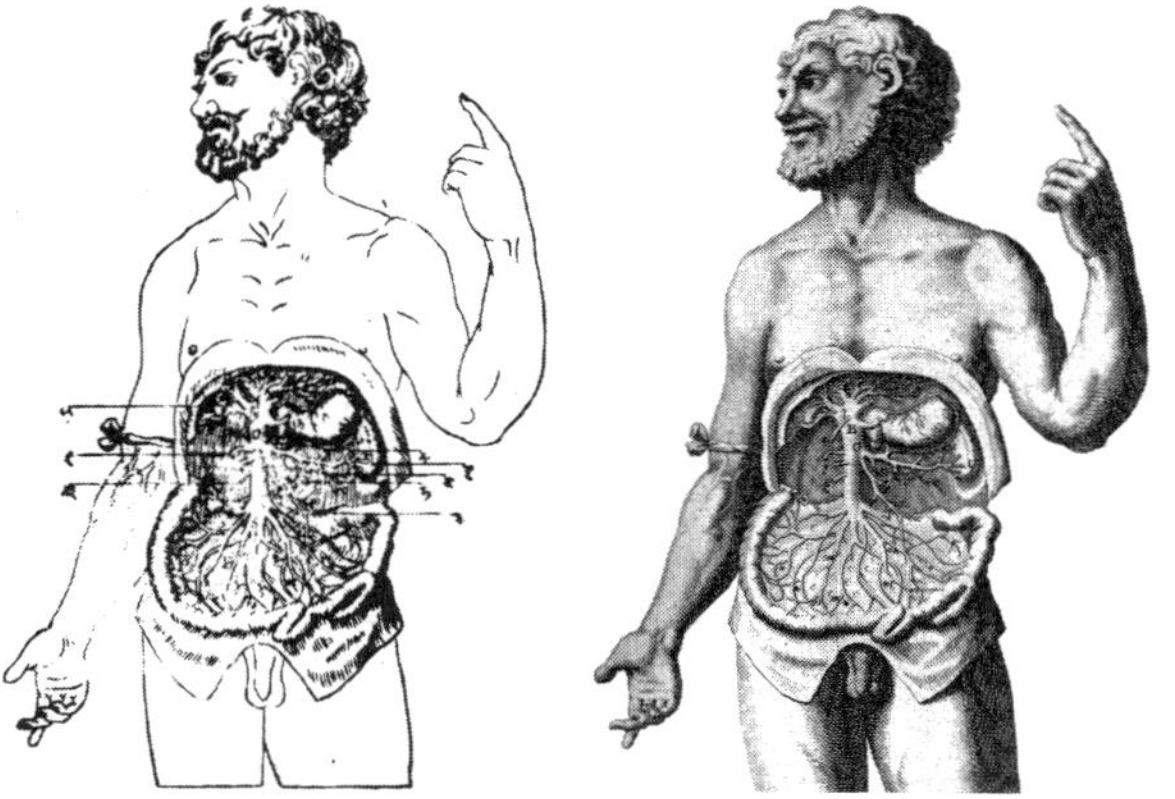

図 5-9a，9b 『解体新書』の門脈を表す図（左）とクルムス『人体解剖図譜』の対応図（右）

出典：『解体新書』門脈篇図； Johann Adam Kulmus, *Ontleedkundige Tafelen* (Amsterdam, 1734), tafel 18.

7）は、その人体図が大変よく描けていることに驚き、藩の家老を説得し解剖書を買い取ってもらうことになった。その後玄白と淳庵は他藩の医者だった前野良沢《りょうたく》（1723－1803）とともに、千住小塚原で刑死者の解剖を実地見学する。その時玄白とともに良沢もたまたまクルムスの解剖図譜を持参してきており、腑分けされる人体と同書の図示する人体がよく一致していることにともに感心し、同書の翻訳を決意した。

図5－9aは、『解体新書』と『人体解剖図譜』に描かれている多数の図の中の1枚、胃や小腸から栄養を肝臓に運ぶ門《もん》脈《みゃく》と言われる静脈の脈管系統を示す図である。解剖学にあまり明るくない現代の

読者にも、顔の輪郭が右の『人体解剖図譜』から左の『解体新書』へと正確に模写されていることを見て取ることができよう。西洋人の顔形など描いたことがなかっただろうが、身体の輪郭、両手両腕の所作、頭部の顔形などしっかりと描けているように見える。クルムスの原画は銅版画で精密に描かれており、日本の木版画による模写図は立体性の表現や脈管細部の描写で見劣りはするが、顔の輪郭模写の確かさから、脈管や臓器の姿形や位置構造などの描写もかなり正確になされているだろうと推測できる。

医学史家小川鼎三《ていぞう》は『解体新書』の翻訳作業に当たったグループを野球チームに喩え、玄白を主将と監督を兼ねた捕手、良沢をエースの投手であり唯一の投手だったと評している。他に内野手や外野手が彼らの翻訳作業を補佐した。また図版を模写したのは、平賀源内から洋画の手ほどきを受けた小田野直武《なおたけ》という人物だった。こうしてできあがった『解体新書』だが、その書はもっぱら杉田玄白の名と結びつけられ、訳者のリストに良沢の名前が入っていない。良沢はまだ彼らの訳述作業を完全とは思っていなかったのではないか、逆に玄白は出版を急いでいたのではないか。小川はそのように推測する。その事情は、菊池寛の小説『蘭学事始』にも、小説家の想像した玄白の心模様を織り交ぜ綴られている。

8 顔の筋肉と表情

チャールズ・ベル(1774-1842)は、19世紀前半に活躍したイギリスの解剖学者である。兄もまた解剖学者で、エジンバラ大学医学部在学中は、兄の助手を務めながら外科学を学んだ。ベルはエジンバラの王立外科学校でしばらく解剖学を教えたが、兄とともにロンドンに出て、外科医兼解剖学者として活躍した。彼は外科手術を専門としつつ、神経の研究にも顕著な業績を残した。運動神経と感覚神経の弁別をしたことで知られ、顔面神経麻痺の症状は彼の功績にちなみ「ベル麻痺」と呼ばれる。

ベルは画才にも恵まれ、解剖図や外科手術に関する解説書を挿絵とともに多数出版した。若くして執筆した解剖学と解剖術の教科書は、イギリス本国で好評を博し、海外でも出版された。ロンドンで兄と解剖学教科書を出版した直後、『絵画における表情の解剖学試論』(1806)という興味深い小著を出版している。ベルの試論は王立芸術アカデミーの学長からも推薦され、19世紀の間に7版もの改訂版が出された。そこで彼は、人間と動物の顔面の筋肉の解剖学的特徴を概説し、その上で人間の筋肉によって生じる人間特有の表情について自作の絵を見せながら説明した。

図 5-10　ベルが描き分析する劇中人物の表情
Charles Bell, *Essays on the Anatomy of Expression in Painting* (London, 1806), 141 ページの左。

『試論』は6部に分かれ、まずは頭蓋骨の骨格、動物と人間の顔面の筋肉、顔面の筋肉の差から生じる表情の差、そして人間における感情表現と顔面の筋肉の働き方との関係へと論を進めていく。筋肉をリラックスさせ呆然とした表情から始め、苦痛や笑い、喜びや不満、驚きや恐怖、そして狂気の表情を解説していく。「疑念、怒り、悔恨」といった感情を取り上げた節では、18世紀のイタリアの詩人でありオペラの台本作家だったピエトロ・メタスタージオによるオラトリオ「アベルの死」の一節を引用し、復讐を成し遂げた直後の人物の、嵐は去ったが陰鬱は晴れない心模様を表現する表情を自ら描いている（図5−10）。

ベルは、人間には動物にない眉毛や口角などの筋肉があり、それにより豊かで微妙な表情を生み出せることを強調した。これに対して、同じように人間と動物の表情の比較から両者の共通性を強調したのが、ダーウィンである。進化論を提唱した『種の起原』を出版した十年余りの後、『感情の諸表現』と題する著作を著し、多くの老若男女の表情を撮影した写真を配しながら、人間の表情と動物の表情とのある種の連続性を指摘し、進化論の証拠をそこにも見いだそうとしたのである。

9　ラモン・イ・カハールの脳神経のスケッチ

イタリアのカミッロ・ゴルジ（1843−1926）とスペインのサンティアゴ・ラモン・イ・カハール（1852−1934）は、ともに神経の構造の解明に寄与した医学者である。ゴルジは神経組織だけを黒く染色する方法を開発し、カハールはその染色法を駆使することで神経、特に脳内の神経が複雑に絡み合う様子を明らかにした。2人はその功績により、1906年にノーベル生理学・医学賞を受賞した。

ゴルジは細胞内の「ゴルジ体」の発見者として名を知られるが、精神病院に勤務しつつ骨髄や中枢神経について研究した。それまでは神経を染色するよい方法がなかったが、1873年に彼はクロム酸銀によって神経を黒く染色させる方法を発明した。鍍銀《とぎん》法と呼ばれるその方法は、まず神経組織を二クロム酸カリウムに浸し、さらに硝酸銀に浸すことで茶や黒に染色させ背景から際立たせる。繊細な構造をもつ神経組織だが、この染色法によって樹状突起などの棘なども明確に見て取ることができるようになった。彼はこの方法を活用して神経組織の構造を研究していったが、神経は一つ一つの分離した細胞からなるのでなく、全体として一つの網状組織を構成していると考え、いわゆる「網状説」を提唱した。それに対し、神経は一つ一つ分かれた「ニューロン」と呼ばれる細胞から成り立つという「ニューロン説」を唱えたのがカハールだった。

カハールは少年時代から絵を描くのが好きだったという。医学部卒業後、一時期軍医を務めた後に、バレンシア大学の解剖学教室に就職した。その直後にゴルジの染色法に出会う。以来、この染色法を駆使して神経組織の研究に終生専念することになる。染色された神経組織を顕微鏡で観察するのだが、その神経の姿を写真に収めることに満足せず、網状・繊維状に見える神経の姿を自分の手で紙に丁寧に写し取った。カハールの論文や未公刊の観察ノートには、そのような彼自身の手になる描画が多数含まれ残されている。

カハールがゴルジの染色法を知ったのは1887年であるから、ゴルジの発明から14年

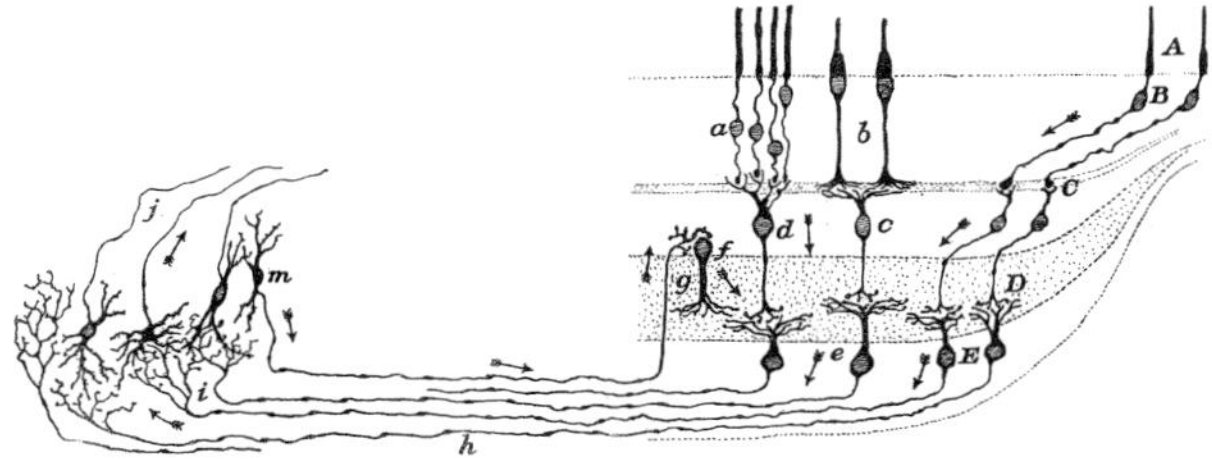

図 5-11　カハールの描いた視神経
図の右上が眼底の視覚受容器である錐体・桿体。
出典：Santiago Ramón Y Cajal, "The Croonian Lecture: La Fine Structure des Centres Nerveux," *Proceedings of the Royal Society of London*, 55 (1894), p. 456, figure 4.

が経っていたことになる。実はゴルジの染色法はその発明が発表されても、あまり使い勝手がよくなかったせいか、広くは普及していなかった。そこでカハールはゴルジ染色法を改良することに専念した。神経組織を何度も溶液に浸してみたり、解剖した動物の年齢や器官に応じて、浸す時間を変えてみたりした。そして彼は安定して神経組織が黒く染色できる手法を見出していく。改良された手法で神経組織をじっくりと観察してみると、その先が末端として終わっていること、別のどの神経組織にも接触していないことを確認することができた。脳神経が網状ではなく、多数の独立のニューロンからなっていると確信するようになるのである。

図5－11は、視覚に関わる神経の眼底から脳に至るまでの回路を図に描いたものである。それは矢印や記号が配されてやや模式化された図であるが、カハールが時間をかけて観察し丹念に線描した様子をよく伝えている。

いちばん右上のAは眼底中心部の中心窩《ちゅうしんか》付近の錐体《すいたい》で、光はここで受容され電気信号として下の双極細胞、神経節細胞、さらに視神経へと伝わっていく。Cは錐体と双極細胞がつながる節（シナプス）、Dは双極細胞と神経節細胞がつながる節（シナプス）である。aやbは中心窩から離れた箇所にある錐体と桿体《かんたい》、c、d、eはそれらにつながる双極細胞と神経節細胞、hは視神経、さらに樹状突起・iを経て視覚刺激を受ける脳内の神経・jにつながっていく（ちなみに図で光は下から当たっており、網膜の最深部［図では最上部］に位置する錐体、桿体で受容される。錐体は明るい光に反応し色を識別する。桿体は暗い光に反応し色は識別しない）。

カハールにとって、顕微鏡によって脳神経の切片組織を観察しながら、そのスケッチを精密に正確に自分の手で描写していくことは特別の意味をもつことだった。顕微鏡で観察した後、研究上最も適切だと思える画像を写真撮影しそれで事足れりとするのでなく、彼は顕微鏡で観察しながら自ら描画することにこだわった。それは一つには、神経が三次元的に絡み合っていることで焦点を定めにくいということがあった。倍率を上げればそれだけ、奥行きの違いによるピンぼけにつながることになる。彼は顕微鏡の焦点を上下に移動させ、神経組織がどのように三次元的に配置されているかを確かめながら、スケッチを描いていったのである。あるときは手前の組織を濃く、奥の組織を薄く描き分けたりもしている。

だがそれとともにカハールは、実際にスケッチを自分で描くことによって、隅から隅まで精密に観察することができると考え、そのことを重視した。丹念に克明に描画することで、眼前の現象のすべてを細部に至るまで隈無く見る、そのように見ることが強制される。それによって、ふだんの観察では何気なく見過ごしてしまうような細部も見落とすことなく注意を向けることができる。彼にとって描画することは科学者の観察眼を常に活性状態に保ち、鍛え上げてくれる作業だったのである。

10 MRI診断画像

19世紀末のX線の発見以来、人体内部の構造を視覚的に把握するための手段がさまざまに考案されてきた。X線画像は体内の骨格のありようを示し、種々の臓器の輪郭や様態を、骨格ほど鮮明ではないが、見せることができた。

人体内部の様子を探る手段としてその後開発されたものとしてMRI（Magnetic Resonance Imaging、磁気共鳴画像）がある。それはもともと物理や化学の研究のために使われていた実験技術が、医学研究や医療診断に転用され開発されていったものである。

MRIの起源は、NMR（Nuclear Magnetic Resonance、核磁気共鳴）と呼ばれる現象の発見である。強い磁気を発生させると、その中の原子は強い磁場の影響を受けるが、磁場が消失するとその影響が消え、代わりに電磁波を放出する。「核磁気共鳴」と呼ばれるこの電磁波の放出現象を利用して、さまざまな液体や固体の物理的、化学的性質を調べることができる。初期のNMRの技法では、磁場が消失する際に発生する電磁波の波長や強度を検知するが、そのデータは数値として表示され、画像として表現されるものではなかった。

それまで物理現象の測定技術だったNMRを、画像を生成する「MRI（磁気共鳴画像）」の技術へと発展させたのは、アメリカの化学者ポール・ローターバー（1929－2007）とイギリスの物理学者ピーター・マンスフィールドらの研究者だった。ローターバーは勾配《こうばい》磁場という強さが場所ごとに異なる磁場を利用し、その上で発生する核磁気共鳴を測定する手法を考案した。マンスフィールドは検知した電磁波の数値データを画像へと変換する計算手法を案出した。そのような計算手法を駆使して画像を作成できるようになった背景には、高速計算を可能にした電子計算機の出現があった。彼らによって開発された医療診断機器は、NMRから「核（Nuclear）」という言葉が省かれ、MRIという名称で呼ばれるようになった。2人の研究者はその功績により2003年にノーベル生理

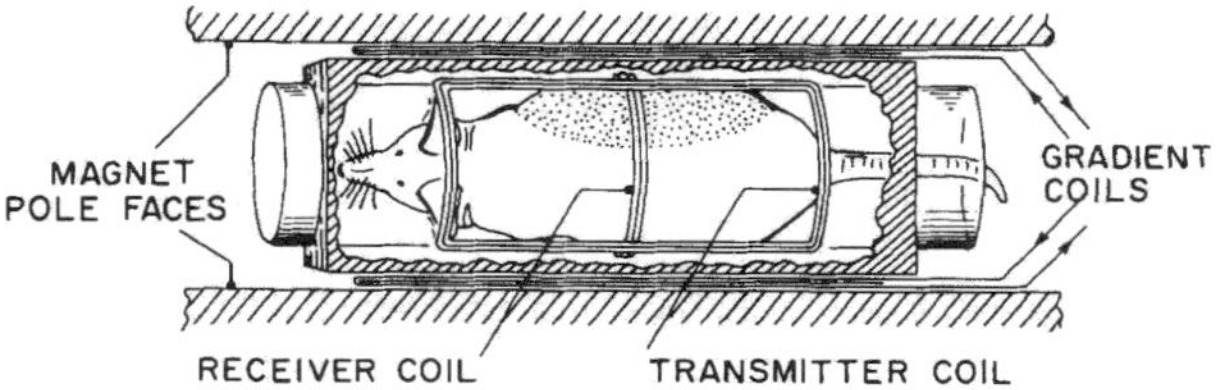

図5-12　コイルにネズミを入れて磁場をかける

出典：Paul C. Lauterbur, "Cancer Detection by Nuclear Magnetic Resonance Zeugmatographic Imaging," *Cancer*, 57 (1986), p. 1901, figure 7.

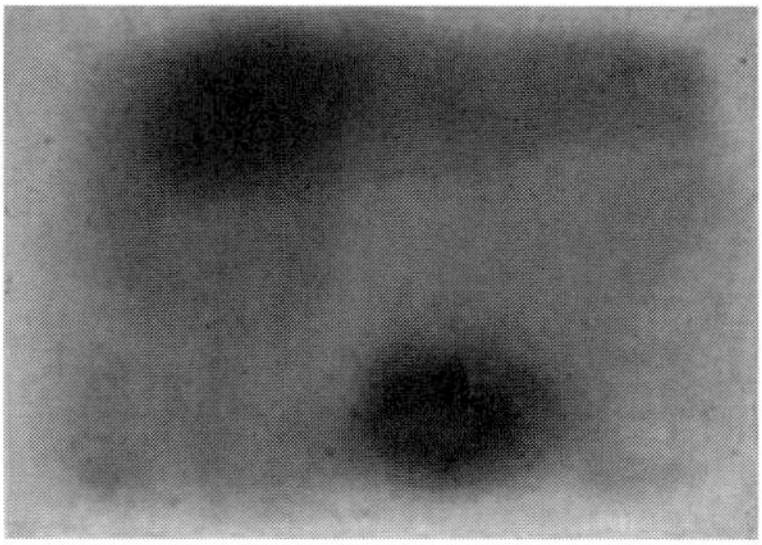

図5-13　磁場をかけてネズミの腫瘍を計測する

出典：Lauterbur, "Cancer Detection," p. 1903, p. 1902, figure 9.

学・医学賞を受賞することになる。

図5-12は、ローターバーがＭＲＩの開発で１９８６年に研究財団から賞を受けた時の講演論文に掲げられたもので、１９７０年代半ばにネズミに腫瘍を移植し、その成長の様子をＭＲＩによって捉えようとした時のものである。腫瘍をもつネズミを装置の中に入れ、コイルから断続的に磁気を発生させる。断続的に発生する磁場に呼応してネズミの生体から発せられる電磁波

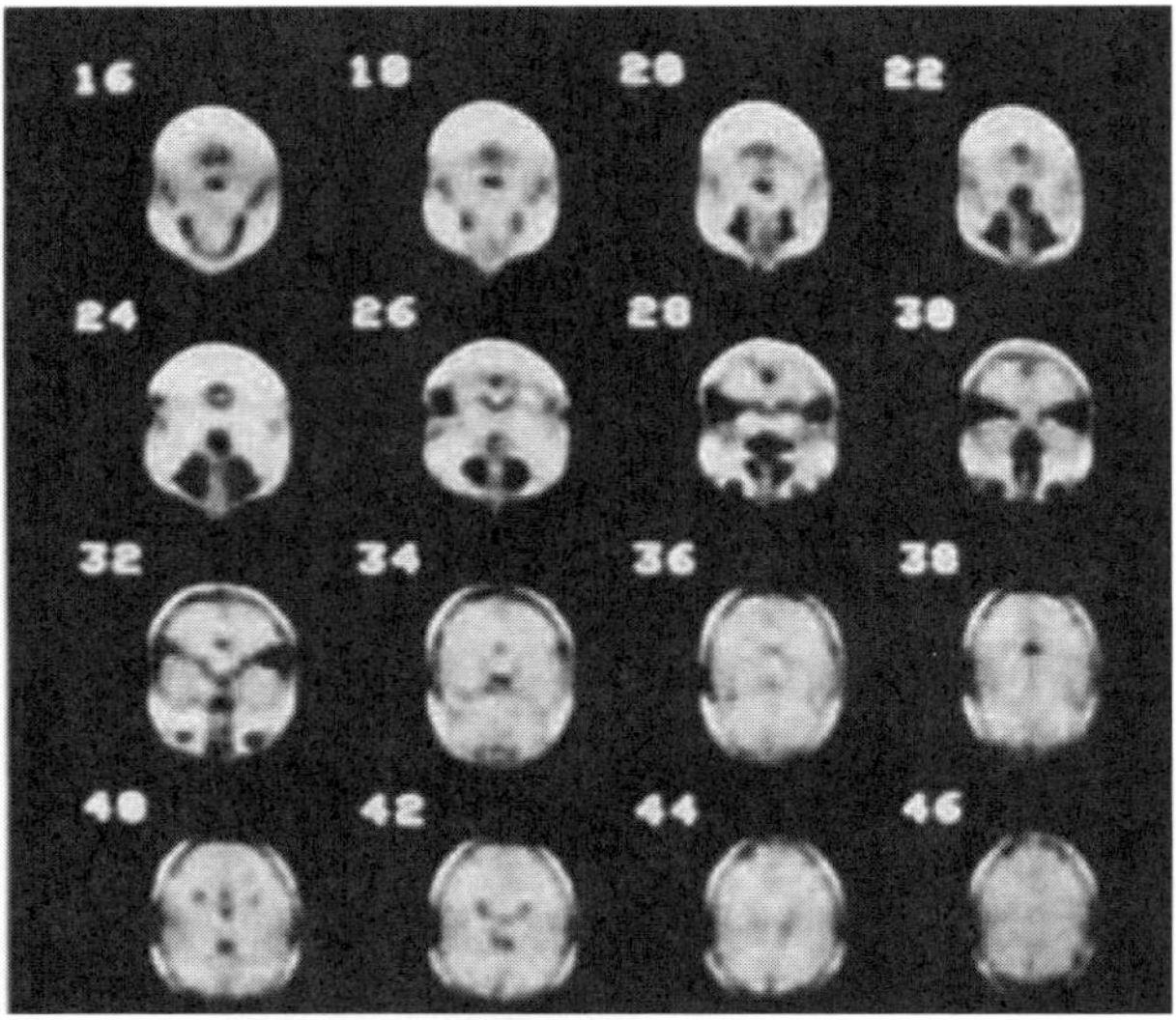

図 5-14　人間の頭部の初期の MRI 画像

出典：Lauterbur, "Cancer Detection," p. 1902, figure 14. Reproduced by perrnission of John Wr-ley & Sons, Inc.

は、小刻みに振動する波形になって計測される。それらの電磁波の各位置における信号を、場所全体にわたって見ることができるよう、計算処理して作成されたのが図5－13である。同図はネズミの背中から臀部を上から見たときの様子で、その左上の黒い（実際の論文の図では赤い）斑が腫瘍の存在を示している。

ロータバーはこのような動物実験から、腫瘍をもつ人間の患者の診断にもMRIが有効であることを確信し、その医療診断への応用を実現させようとさらに改良を重ねていった。図5－14は同じ論文に掲載されている人間の頭部のMRI画像で、1980年代になって撮影されたものである。このような画像も実際には電磁波の振動波形を計算合成処理したものだが、画像はより鮮明になり、頭部の異なる位置での断面を撮影することで三次元的な立体把握を可能にすることが目指された。

MRIはその後も急速に発達し、さらに鮮明な画像が得られるようになり、患者の医療診断や人体の医学研究のための計測技術として活用されてきている。

第6章 生命科学——顕微鏡下の世界

1　フックのミクログラフィア

顕微鏡は、1600年頃にオランダのメガネ職人によって発明されたとされている。二つのレンズを組み合わせ、互いの間隔を調節することで数倍の倍率の拡大を生み出すことができた。

イギリスの科学者ロバート・フックは、自ら顕微鏡で観察した成果を『ミクログラフィア』（1665）として出版した。そこには37枚の図版ページが収録され、その各ページにいくつかの図が掲げられた。いずれも1663年頃に自作の顕微鏡で観察し描いたミクロの世界の姿であった。

その中の1枚がコルクの断面を拡大した姿を表す図6-1である。フックはコルクをカミソリで切断し、その断面を滑らかにした上で観察した。続いてさらに切断したコルク片の断面を薄く切り取り、透き通って光を通すほどの厚さの薄片にした。その薄片を黒い板の上に置き、そこに凸レンズを通した強い光を当てて再び顕微鏡で観察した。そこに見える姿を描いたのが図6-1である。図は右半分のA図と左半分のB図とに分かれる。右のA図はコルクを横方向に切断したときの薄片の姿、左のB図はコルクを縦方向に切断したと

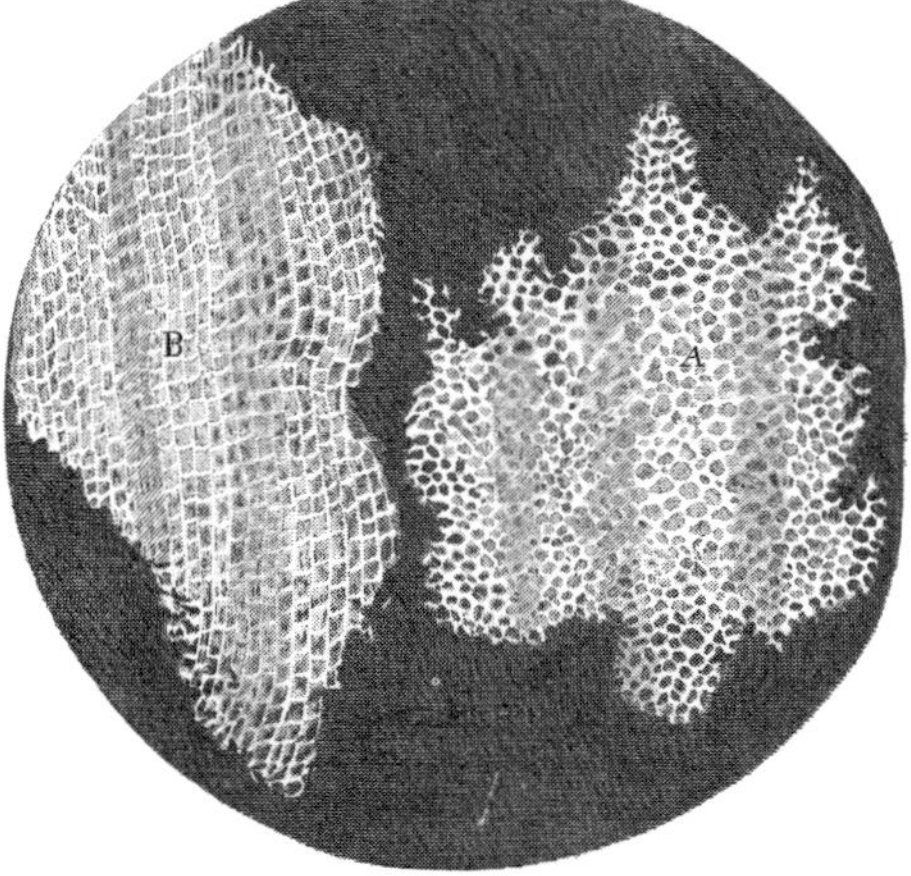

図 6-1　コルクの断面拡大図
出典：Robert Hooke, *Micrographia*（London, 1665）, figure. 1 placed between pp. 114 and 115.

きの姿である。A図から断面には無数の小さな穴が存在すること、またB図からそれらの小穴は開口部と同じか少し長い奥行きをもち、白い区切りの壁によって四角い部屋を構成しているのが分かる。すなわち穴は細長い管ではなく、小さく区切られ閉じた空間になっている。これらの壁に囲まれた小さな空間の単位を、彼は「セル（小部屋）」と呼んだ。

　コルクがこのようなセルから構成されていることを知ることで、コルクの性質をよく説明することができるとフックは考えた。まずコルクが大変軽いこと。それは中空の空間が内部に多数存在することからわかる。

コルクは水を通さず、水の上に浮かび続けて沈まない。それは穴が管としてつながっておらず、壁で区切られ独立の部屋になっていることからわかる。そしてまたコルクは縮めたり伸ばしたりしても元に戻る弾力性をもっている。そのこともそれが多数の独立した小部屋から構成されていることから説明されるだろう。彼はそのようなセルが、1インチに1000以上並んでおり、1立方インチではその個数は10億以上に達すると見積もった。フックが「セル」と呼んだ植物の小部屋は、その後19世紀になり植物だけでなく動物にも存在し、生物を構成する基本単位「細胞」として理解されていくことになる（その経緯については後述する）。

この歴史的な発見となったコルクの細胞の他に、同書にはさまざまなものの姿が現れる。ナイフの刃先、氷の結晶、植物の葉の表面、さまざまな種子、魚の鱗、ハチの尻の針、孔雀の羽、ハエの眼、そしてアリ、ダニ、ノミの全身像。そこに登場するのは身近に存在するごくありきたりの生物と無生物である。披露されるのは、ふだん目にすることのない細密で美しくもある模様の数々である。彼は美しいものだけに限らず、汚く醜いという類のものまでまなざしを向け、それらのミクロな微細構造の姿を暴き出した。

2　スワンメルダムとマルピーギ

『ミクログラフィア』が出版されてから、顕微鏡での観察結果を報じる論文や著作が次々に出版されるようになった。フックは生物無生物を問わず、顕微鏡を通して現れる小さなものの精妙な模様を探しだし、それらに科学的解釈を与えた。他の研究者は昆虫や植物などの生物に注目し、それらの生理的なメカニズムや成長における変化を、顕微鏡を通して系統的に観察しようとした。オランダのヤン・スワンメルダム（1637-1680）は、昆虫の外見ばかりでなく、内部の組織や器官の構造を探求した人物の1人である。昆虫の生殖器官などを詳しく観察し、その成果を『一般昆虫誌』（1669）として出版した。その後蠅の複眼に注目し、その内部構造を探るべく、複眼を解剖し一つ一つを選り分け、その構造と脳との接続関係について調べあげた（図6-2）。

スワンメルダムとともに顕微鏡の観察で優れた成果を出したのが、イタリアのマルチェロ・マルピーギ（1628-1694）である。昆虫の排出器官である「マルピーギ管」から現在ではその名が知られる。マルピーギは、アカデミア・デル・チメントの会員であった医学者ジョバンニ・ボレッリの感化を受け、実験研究の重要性と自然のメカニズムへ

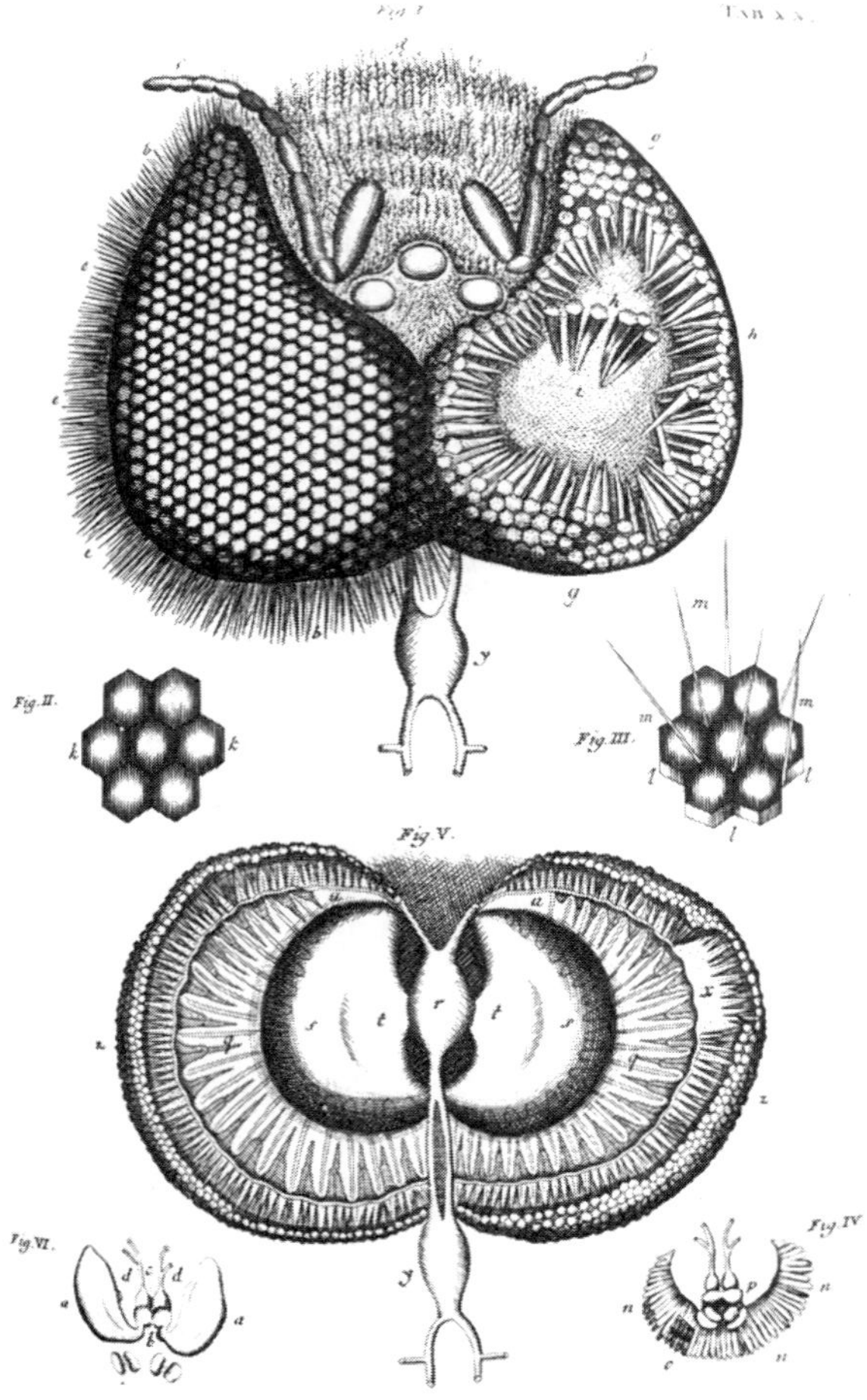

図 6-2　スワンメルダムの描いたハエの複眼
出典：Jan Swammerdam, *Biblia naturae*（Leiden, 1737-38), table 20.

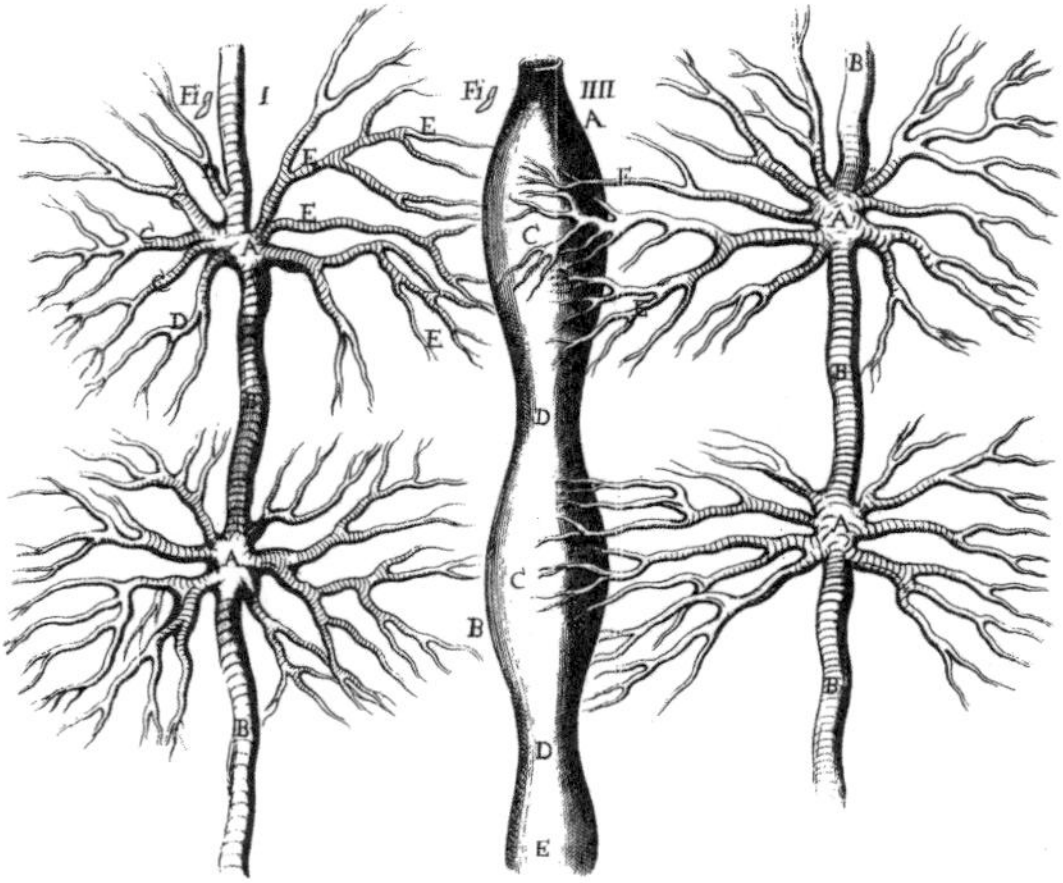

図6-3　マルピーギによる蛾の気管
出典：Marcello Malpighi, *Dissertatio epistolica de Bombyce*（London, 1669）, table 3.

の関心を強めていく。大学の医学部に在籍していたマルピーギは、人体の構造を見極める間接的な手段として、小動物を解剖しその内部の構造を顕微鏡で探っていくことに取り組んだ。観察にあたってはは動物組織内にインクを注入するという工夫も試みている。顕微鏡では観察しにくい脊椎動物のもつ柔らかい内臓組織に比べ、植物や昆虫などの体内はしっかりした剛構造をもっており、顕微鏡での観察が比較的容易である。マルピーギは1669年に蚕《かいこ》の蛾の気管を精密に描き、その図（図6-3）を掲載した論文を発表した。

上述のスワンメルダムはその論文にいたく感銘し、自らも顕微鏡の利用法にさまざまな改良を加えていく。マルピーギもまた解剖用の切開器具を特別に製作し、顕微鏡下でそれを研ぎ、その特製刃物で昆虫を解剖していった。このような技術と技能を身につけていきながら、彼は気管をはじめとする昆虫の組織を詳しく観察していった。

マルピーギの数多くの生体細部の観察において重要な意義をもつのが、「毛細《もうさい》血管」と呼ばれる非常に細い血管の観察である。毛細血管の存在自体は彼以前にも知られていたが、彼はそのような細管に血液が流れており、それが動脈から静脈へと連続的に繫がり流れていることを示した。

前章で触れたように、古代以来考えられていた動脈と静脈に対する考え方を斥《しりぞ》け、心臓から押し出される動脈の血液が体内を回り静脈を通じて再び心臓に戻ってくること、すなわち血液が体内を循環していることを立論したのがハーヴィだった。しかしこの血液循環論は実験に基づく説得的な議論ではあったが、動脈と静脈とが実際にどのようにつながっているのか判然としていなかった。動脈と静脈とが脈管によって実際につながっていることと、それまでは目に見えなかったミッシングリンクとしての毛細血管を探し当てて、その存在を明らかにしたのがマルピーギだったのである。

3　顕微鏡の性能を評価する

18世紀末までに望遠鏡は巨大なものが建設され大きな進歩を遂げていた。その一方で顕微鏡はあまり大きな進歩はなされていなかった。19世紀初頭に至るまで、単眼、すなわち一つのレンズだけで拡大する顕微鏡もよく利用されていた。複眼式の顕微鏡に比べ、単眼式の方が分解能がよかったことによる。

19世紀初頭になり、イタリアの科学者で望遠鏡と顕微鏡の製作者でもあったジョヴァンニ・バティスタ・アミチが、半球形のレンズを利用した複眼式の顕微鏡を開発することで、顕微鏡の性能は飛躍的に向上するようになった。改良した顕微鏡を利用して、彼は植物の雌雄器官や受粉の仕組みを観察し、雄蕊が管の構造をしていることを発見した。彼の開発した顕微鏡は、倍率・分解能・開口数などの性能で向上したとされているが、彼自身は分解能や開口数などに関する概念をもちあわせていなかった。

顕微鏡の性能を客観的に評価するために有効なのが、細部まで精密に描かれている図、あるいは細かな微細構造を有する物質を試験対象として利用することである。そのような試験法を考え出したのが、イギリスのチャールズ・ゴーリングという人物である。科学史家ジュッタ・シッコールは、19世紀の間に顕微鏡による観察において、顕微鏡自体の性能が向上するとともに、そのような試験物を利用することで客観的な観察ができるようになったことを、『顕微鏡と眼』という著作の中で説いている。

ゴーリングは医者であるが、博物学や天文観測、そして光学にも関心をもった。当時はまだ単眼の顕微鏡がよく使われていたが、彼は2枚あるいはそれ以上の枚数のレンズでできている顕微鏡に関心をもち、使うようになった。そのような「複式」の顕微鏡は視野が広くなり一見観察しやすいのだが、鳥の羽根の細い線などの細かな線や模様を見ようとするとよく識別できない。「単式」の顕微鏡ではそれらの細い線がよく見えていたのに、複式顕微鏡でははっきりと見えない。なぜそうなのか、どうすれば複式の顕微鏡でも細部がはっきり見えるようになるのか。

ゴーリングが気づいたことの一つは、「開口《かいこう》」と呼ばれる量の大きさであった。当時の顕微鏡に使われていたレンズには色収差や球面収差をもっていたために、レンズの外縁部からの光を塞ぎ、レンズの中央部の光だけを通して対象物を拡大するようにしていた。ゴーリングはそのような開口部を広げると、対象物がよりよく見えるようになることに気づいたのである。今日の言葉で言えば、彼はそうすることで「分解能」が増大することに気づいたのである。しかし彼は「分解能」や「解像度」といった言葉を知らない。それに代わって彼は「浸透力（penetrating power）」という言葉を使った。「浸透力」という言葉は、天文学者のウィリアム・ハーシェルが望遠鏡の性能を表すために導入した用語である。彼は、第1章で述べたとおり、大型で高性能の望遠鏡を製作し、夜空の星、星雲を観測した。どれだけ小さく、暗い天体を見ることができるか。彼はそのことをどれだけ遠くの宇宙にまで浸透できるかということで、「浸透力」という言葉を使った。今では望遠鏡においても「浸透力」という用語は使われず、「分解能（resolving power）」という用語が使われる。ゴーリングはハーシェルの説明を参照しこの用語を借用したのだが、すぐにそれとは別に"defining power"という言葉も使うようになった。"define"という言葉は、「定義」という意味の他に、ものの輪郭をはっきりと画定するという意味がある。ゴーリングは顕微鏡下に観察する様子を表現するのに相応しい言葉として、この"define"という言葉を使った訳である。その言葉は、今日「解像力」として日本語訳されている。

その上でゴーリングは、顕微鏡の「解像力」をテストするために、特定の生物の模様、具体的にはチョウの翅の細い脈線や鱗粉などを利用することを提唱した。彼が雑誌に寄稿した論文には、そのような細かな線や模様が図版上にいろいろと再現されている（図6-4）。図版にはチョウの翅とともに、アオバエと呼ばれるハエの足先も描かれている。そ

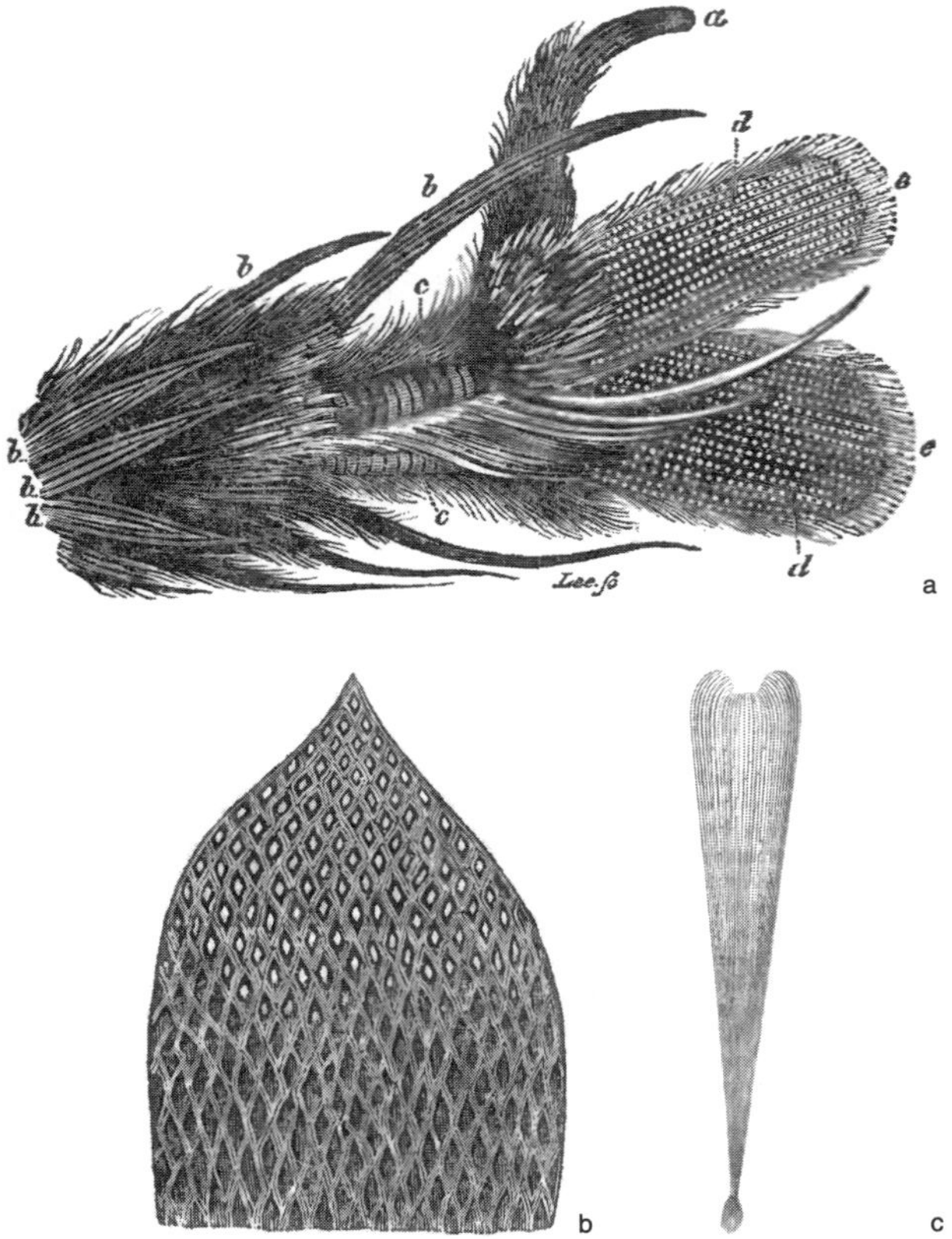

図 6-4a, 4b, 4c

出典：C. R. Goring, "On Achromatic Microscopes, with a description of certain Objects for Trying their defining and penetrating power," *Quarterly Journal of Science, Literature, and the Arts*, 22（January to June, 1827）: 410–434, on pp. 423, 428, and 432.

の細かな毛や模様が描かれているが、顕微鏡でそれらの模様が確認できるかどうかが、その性能をチェックする指針になると考えた訳である。彼が提案した生物の細密な模様や構造を顕微鏡の性能を試験する対象物とすることが、科学者や顕微鏡の専門家・愛好家の間で広まっていった。

ゴーリングの試験対象物を利用した方法は、イギリス国内ばかりでなく大陸諸国でも採用され、顕微鏡の性能比較試験がなされ、性能の向上が目指された。イギリスの顕微鏡の製作や利用に関わる人々は、前述のイタリアの顕微鏡製作者アミチをロンドンに招聘し、彼の顕微鏡で試験対象物を観察したり、他のイギリス製の顕微鏡と比較したりした。その上でアミチの顕微鏡の優秀性が改めて確認されることになった。

4 細胞の発見

性能の向上した複眼式の顕微鏡を利用して、植物や動物における生命体の構成単位としての細胞の存在を明らかにしていったのが、ドイツの生物学者であるシュライデンとシュヴァンである。彼らは1830年代末に相次いでそのような細胞の存在を確立していった。

細胞の存在は、すでに以前から観察されたり推測されたりしていた。本章の冒頭で述べたように、フックは自らの顕微鏡で平らに切り取ったコルクの表面を観察することで、そこに数多くの小さな穴が規則的に存在していることを見いだした。彼の後にニーマイヤ・グルーは、植物の茎などの緻密な内部構造を顕微鏡で観察し、図を添えて観察結果を公表した。それらの観察により、植物は繊維によって織りなされた組織をもっており、それは二次元ではなく三次元に織られた立体状の布のようになっていると考えられるようになった。細胞はそのような植物の構造をつくり出す繊維の間の間隙《かんげき》だと思われた。

19世紀初頭になり植物の微細構造がさらに詳しく観察されるようになると、細胞と細胞の間で2本の線が認識できることがあった。さらに、色を付けた液体が一つの細胞だけにとどまっていること、植物の根を水に浸し熱すると各細胞が一つ一つに解離することなどが見いだされていく。

そのような独立した生命の構成要素としての細胞の存在の認識は、生命の本体が小さな形で父親の精子や祖父の精子など、先祖の生殖に預かる部分の内部に入れ子状にしまい込まれていると考える前成説が否定され、生命の本体は受精した後に形成されていくと考える後成説が確立することとも深く関係している。細胞概念の成立は、後成説に立脚し、発生のメカニズムを詳細に検討していくための基盤を与えるものだった。シュライデンは自らの顕微鏡観察に基づき、そのような独立した細胞の存在だけでなく、細胞の中にはチト

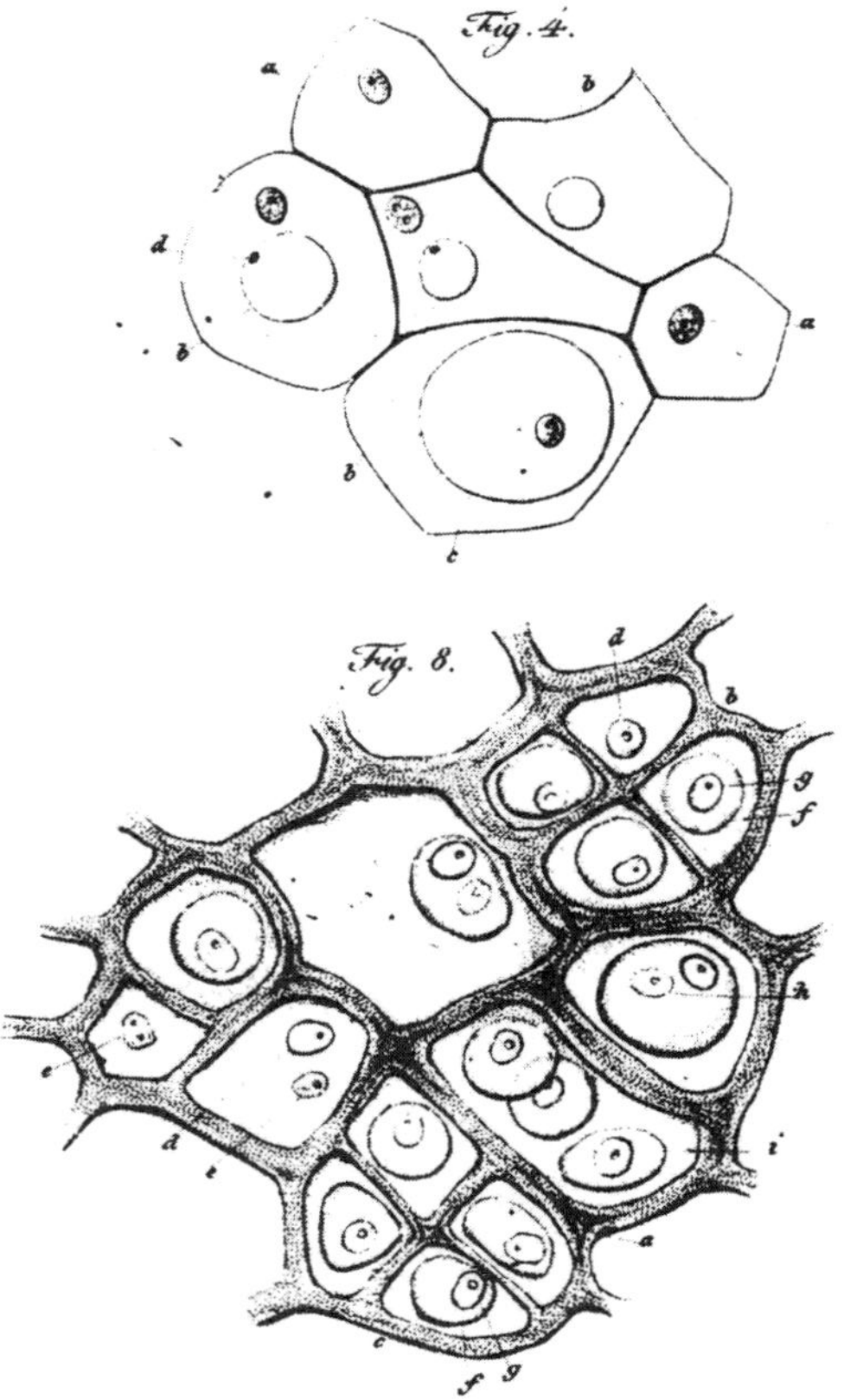

図 6-5　シュヴァンが描いた細胞

上はコイの脊索，下はトノサマガエルのオタマジャクシの鰓軟骨の細胞を顕微鏡で観察して描かれたものである。

出典：Theodor Schwann, *Mikroskopische Untersuchungen über die Übereinstimmung in der Struktur und dem Wachsthum der Thiere und Pflanzen* (Berlin, 1839), table 1, figures 4 and 8.

ブラストと呼ぶ細胞の核が存在すること、そして新しい細胞は細胞の内部から生成されていくことを論じる「植物発生論」を公表した。

シュライデンの研究に触発されたシュヴァンは、植物だけでなく、動物においてもそのような細胞の存在や、細胞形成のメカニズムが見いだせるのではないかと考えた。植物の細胞は細胞膜に覆われており、繊維状の組織としてではあったが初期の顕微鏡においても姿を観察することができた。それに対し動物の組織は植物よりも柔らかく、その構成単位をはっきりと同定することは難しかった。シュヴァンは各種動物の軟骨と脊索《せきさく》の構造を高性能の顕微鏡で観察し、それらが同一の構造をしていることをつきとめた。さらに続けて、動物の各組織がこのような構成単位である細胞から徐々に構成されていくことを、発生の過程を観察することで見いだした。これらの発見を、『動物と植物の構造と成長の一致に関する顕微鏡的研究』（１８３９）と題された著作で明らかにした。シュヴァンの著作は、シュライデンの主張する細胞説が動物においても成り立つことを示すものだった。

しかし細胞説を確立したと言われるシュライデンとシュヴァンであるが、彼らの細胞生成の考え方には誤りも含まれていた。彼らは新しい細胞の核は、細胞内の液体が結晶化するようにしてできあがると考えたが、その考えは後に細胞は分裂によって増殖するという考えに取って代わられていく。細胞内の構造や細胞生成のメカニズムが明らかになっていくのは、19世紀の後半になってからのことである。

5 腎臓の糸球体

毛細血管の存在と機能を明らかにしたマルピーギは、肺や腎臓における毛細血管に注目した。腎臓には動脈と静脈がつながり、両者を繋げる細い血管が複雑に入り組んだ構造をしている。マルピーギは動物の腎臓を解剖し、その大まかな仕組みや毛細血管の存在を明らかにしたが、その細部の構造までは認識できなかった。

人や各種動物の腎臓の解剖を通じて腎臓の基本構造を明らかにしたのは、イギリスの解剖学者ウィリアム・ボーマン（1816-1892）である。現在「ボーマン嚢《のう》」と呼ばれる腎臓内の動脈の毛細管から尿の成分を濾過する役割を果たす基本部位に、その名を残す人物である。彼は1842年、「腎臓のマルピーギ小体の構造と使用について」と題する論文を発表したが、そこには人と動物――ウマ・ウサギ・カエル・ハト・ブタなど――の腎臓の微細構造を比較して示す詳細な観察図が掲載されている。

図6-6はその中の人の腎臓を表す2枚で、腎臓内の基本部位の構造を示すものである。左図は木の枝に成った（刺さった）果実のような様子をしているが、木の枝が動脈からつ

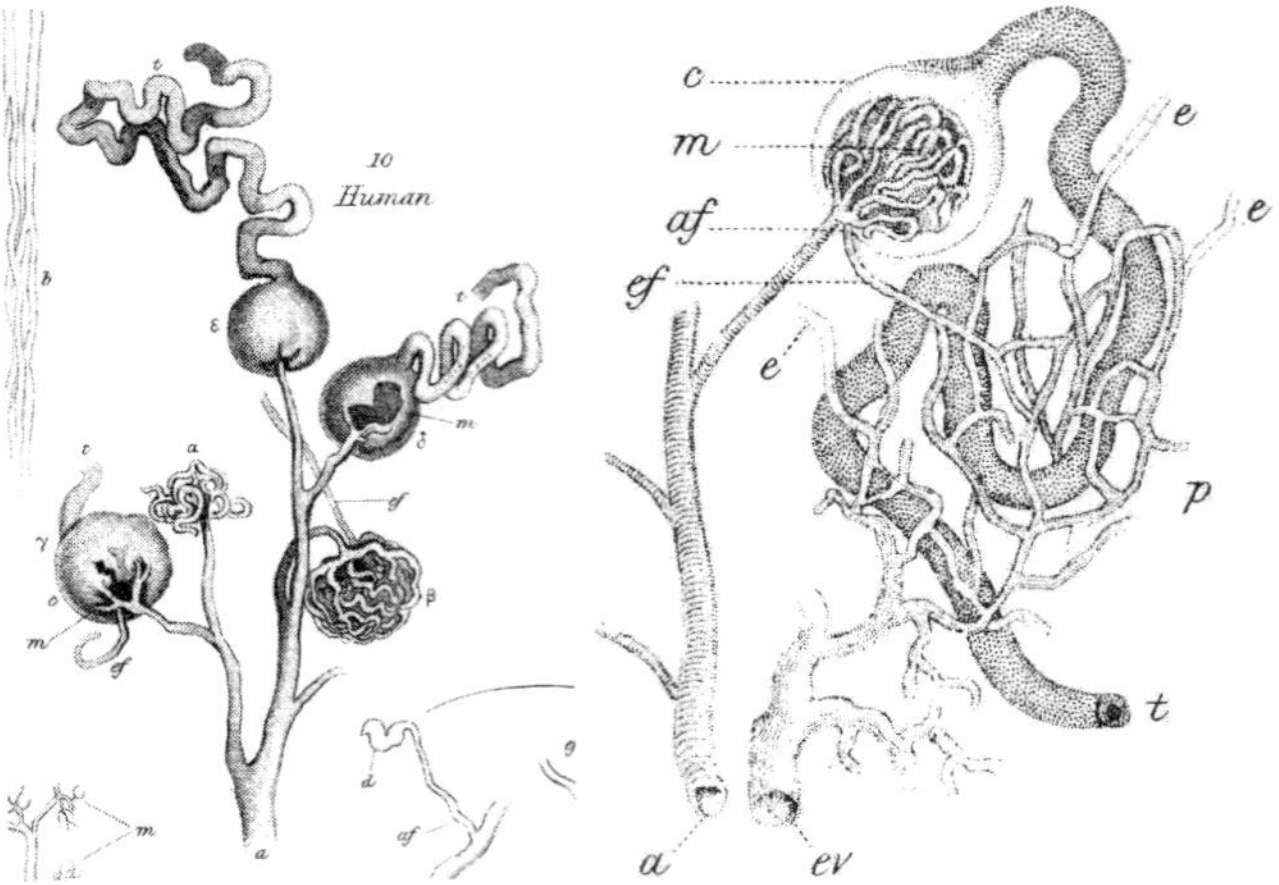

図 6-6a，6b　ボーマンの観察した腎臓内の腎小体の構造

出典：W. Bowman, "On the Structure and Use of the Malpighian Bodies of the Kidney, with Observations on the Circulation through That Gland," *Philosophical Transactions*, 132（1842）, p. 78, plate 4 の一部（figures 10 and 16）.

ながる輸入細動脈、果実の先から伸びる曲がりくねった管が尿細管、そして果実は動脈から尿を濾過する働きをする「マルピーギ小体」あるいは腎小体とよばれる部位である。右図はその部位の内部と周囲の詳細を示す図で、左から入る輸入細動脈は腎小体の中で曲がりくねって毛糸玉のような「糸球体」を形成し、その先が輸出細動脈として腎小体から出て行く。細い血管から成る小球体は尿細管につながる小さな袋（ボーマン嚢）で覆われており、そこから伸びる曲がりくねった尿細管には糸球体から伸びる輸出細動脈が枝分かれして纏《まと》わり付いている。枝分かれした網状の細動脈は再び寄り集まって腎血管静脈（左図のev）となり静脈へと繋がっていく。ボーマンはそのような腎小体とその周囲の毛細血管や尿細管の分かれ具合、繋がり具合を色をつけた液体を流すことで明らかにした。その様子を示す右図は腎小体の構造を示す古典的な模式図としてしばしば引用される。

ボーマンは腎臓内部の腎小体の微細構造を明らかにしたが、その機構の理解は単純な段階にとどまった。糸球体を構成する毛細血管から水はしみ出すが、尿の成分となる尿酸や塩などは細管の上皮から分泌されるものと考えていた。

それに対して、糸球体の毛細血管から水とともに尿の成分が濾過されること、さらに尿細管の周りに纏わり付く血管によって尿管から血管へ血液成分が再吸収されることを見いだしたのがドイツの生理学者カール・ルートヴィヒ（1815－1895）である。彼はマールブルク大学で博士号を取得したが、同大で解剖学の教授とともに、「ブンゼン・バーナー」の発明者として知られる化学者ロベルト・ブンゼンからも教えを受けた。ボーマンとちょうど同じ時期に腎臓の脈管構造を分析し、「尿の分泌を促す物理的力について」（1842）と題する論文を公表した。

ルートヴィヒは当時興隆しつつあった生命現象をすべて物理や化学の機構によって説明しようとする機械論の信奉者であり、腎臓の尿生成のメカニズムもすべて物理化学的な濾過や吸収の機構によって説明できると考えた。血管の断面積、水圧、化学物質の濃度などを計測し推測することで、尿の成分が濾過され水成分を再吸収することを実証しようとした。

腎臓の構造と機能についてはその後も議論がなされ、ルートヴィヒの機械論的な説明は19世紀後半に批判を受け、さらに20世紀になると精神の作用、ホルモンの分泌が大きな影響を及ぼしていることが解明されていくことになる。

6 テムズ川の小動物

18世紀後半に始まったイギリスの産業革命。世界の工場として大量に生産された物品を国外の各地に輸出した。19世紀になると首都ロンドンを流れるテムズ川には、人畜の排泄物や生活排水が流れ込むとともに、流域で燃やされる石炭の残留タールが排出され、川は黒々と汚染され悪臭を放つ川になりはてた。

19世紀にはインド起原のコレラが数回にわたり世界的に流行した。第2回の流行ではヨーロッパで広く病気が蔓延し、多くの死者を出した。ロンドンでも1832年、1848－49年、1853－54年など、数回にわたり流行。流行病の原因探求が科学者によってなされたが、微生物である細菌がその原因であることが突き止められるのは、次節で述べるように19世紀後半のことになる。

当時の医学では汚染される大気に病気の一因があるとも考えられたが、19世紀前半には汚染された河川や水道の水に関心が集まり、化学者によって飲料用水に含まれる物質の分析が取り組まれた。だがさまざまな物質の近代的な組成分析がようやく着手され始めた時期に、微量の含有物質を特定し、その含有量を精密に測定することは困難だった。

世紀半ばに医学者のアーサー・ヒル・ハッサル（1817－1894）は、テムズ川の水とロンドンで供給される水道水を顕微鏡で観察し、そこに含まれるさまざまな形状の物質・微生物を描いた図を公表した。図6－7は、彼がロンドン中心のテムズ川のウォータールー橋のたもとですくった水を顕微鏡で拡大して観察したときの図である。

ただし、同図は目に見えた像をそのまま写し取ったのではなく、いくつかのサンプル水に観察される生物や無生物を1枚の画像に重ねて描いたものなのだが、そのことは後に明らかにされた。顕微鏡の倍率は220倍で、写生にあたってはプリズムを用いて手元の画像と顕微鏡内の観察像とを重ね合わせる「カメラルシダ」と呼ばれる写生器が利用された。観察すると多くの小動物が動き回っており、それらがもはや動かぬ死骸とともに多数存在することが確認された。

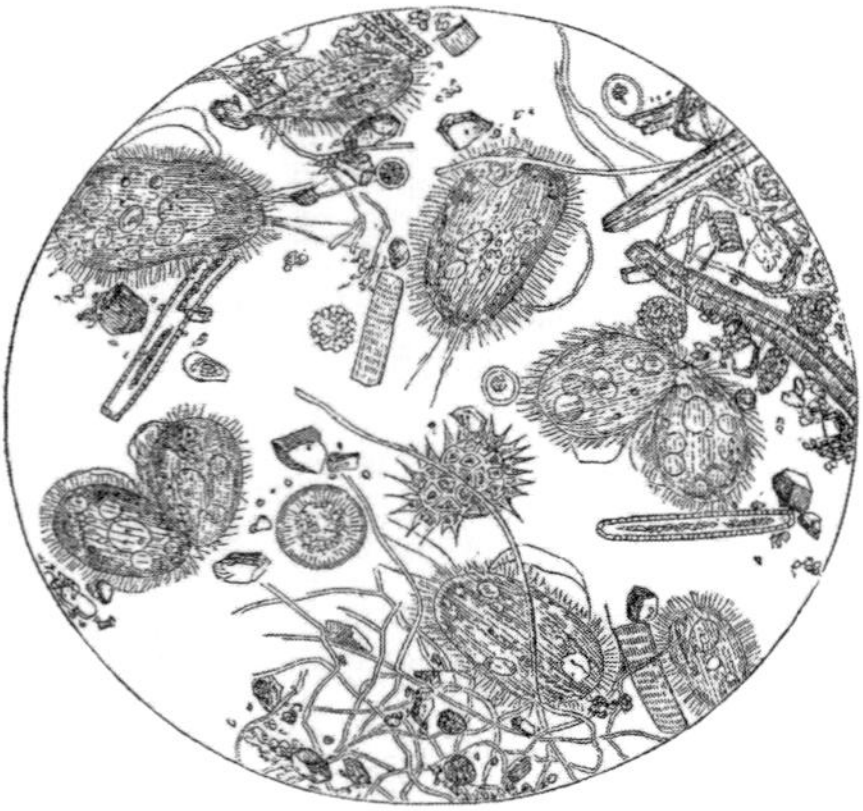

図6-7　テムズ川で採取された水の中のさまざまな小動物

出典：The Analytical Sanitary Commission, "Records of the Results of Microscopical and Chemical Analyses of the Solids and Fluids Consumed by All Classes of the Public," *Lancet*, 57 (1851): 187-193, on p. 192, figure 2. Reprinted by permission of Elsevier.

これらの画像は、ハッサル自身が出版した研究報告とともに、創刊間もない医学誌『ランセット』に掲載され出版された。目をそらしたくなる小動物の数々が公表されると、人々の間にセンセーションを巻き起こした。ランセット誌の解説には、これらの小動物の存在は、液体中に有機物質が多く含まれていることを示しており、それゆえ人に飲まれるべきではないと付言されている。人の病気の原因は水中の微生物そのものにあるのではなく、そのような微生物の棲息を許している水の汚染物質によっていると当時は考えられていたのである。

7 病原体としての細菌

コッホは、細菌学の父とよばれる。伝染病の病原体の正体が明らかでなかった当時にあって、細菌という目に見えぬ小さな生命体が実際に存在し、特定の病気の原因となっていることを立証するために、彼は堅実な手法を開発していくことに努力を傾けた。

コッホはゲッチンゲン大学医学部で学位を取得した後、医者として働いた。医師としての忙しい業務の傍ら、顕微鏡を利用した病原体の追求に着手する。家畜の間に蔓延していた炭疽《たんそ》という病気の病原菌を探し求めようとした。炭疽で死んだ羊から採った血を顕微鏡で観察すると、そこに「桿菌《かんきん》」と呼ばれるタイプの細菌が形態を変化させることを見て取った。「細菌は膨れあがり、輝き、厚く、そして長くなる。軽く湾曲し始め、次第に厚い宿毛を生じる」。このように姿を変える炭疽菌をウサギに注射すると、ウサギは炭疽に罹患し死亡した。実験を繰り返し、炭疽の病原菌が顕微鏡で同定した桿菌であることを立証した。

コッホは実験研究が一段落したところで、自分の研究成果を近くのブレスラウ大学の医学者フェルディナント・コーンに見てもらった。コーンはコッホの研究成果に大いに驚き、その重要性を確信し、自ら編集する学術雑誌に論文として投稿することを強く勧めた。出版されたコッホの論文には、コーン自身の手によって描かれた炭疽菌の発育と形態変容の様子を示す図が添えられることになった(図6-8a)。

コッホは顕微鏡で観察するだけでなく、顕微鏡で観察した姿を写真として記録しようとした。前記論文ではコーンがその手で描いてくれたイラストが使われたが、手描きの絵には描き手の主観がどうしても入り込んでしまう。顕微鏡下に観察される細菌の姿がどのように見えるか、観察者の思い込みに影響されてその絵も変容してしまうのではないか。コッホはそのように危惧した。それに対し、写真撮影ならば観察された姿がより正確、より鮮明に再現されるだろう。

だが当時の技術では写真の撮影は手間取る作業だった。ガラス板にエマルジョン溶液を注いで薄膜を作り、暗室で銀溶液に浸す。そして顕微鏡写真機にセットし、数分間露出し撮影した後、暗室で現像する。自宅で撮影していたコッホは、妻に天気の変わり具合に注意してもらい、太陽光が室内に入る頃合いを見計らって撮影を行った。そうして各様態の炭疽菌の姿を写真に収めることができた(図6-8b)。

コッホはさらに細菌を染色する技術も活用した。病理学者コーンハイムの助手カール・

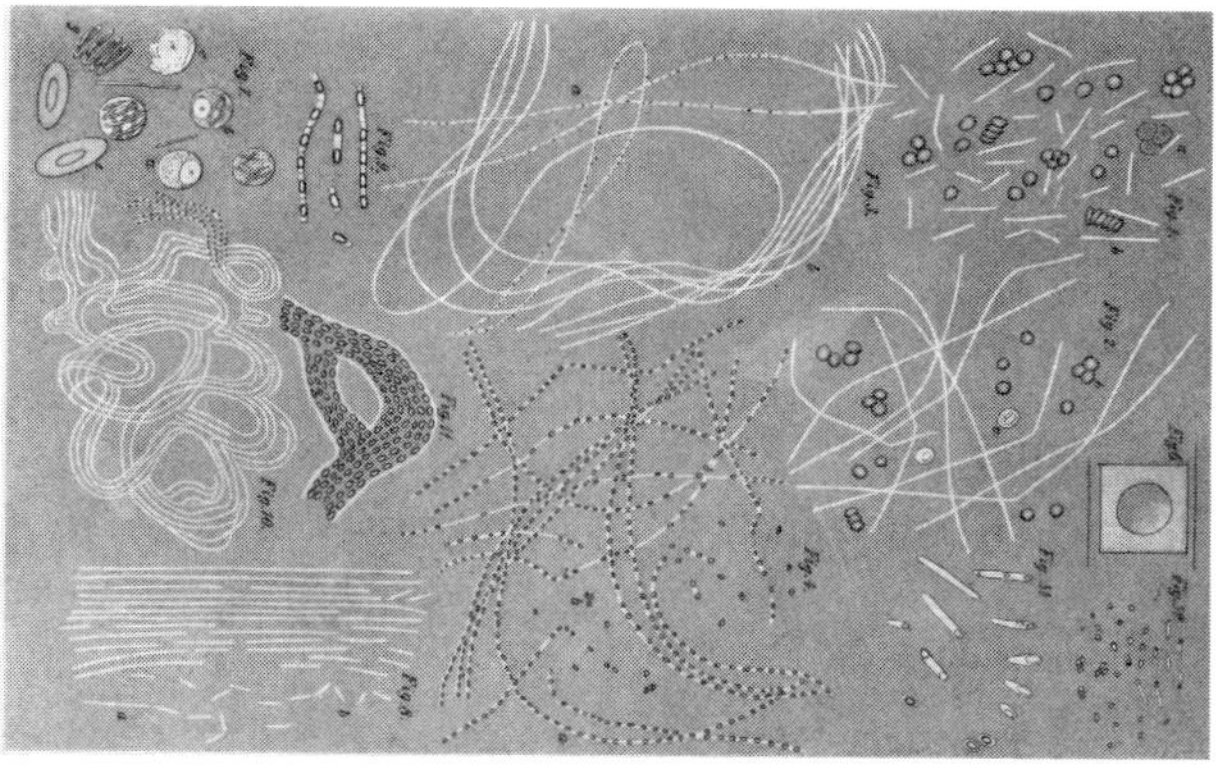

a

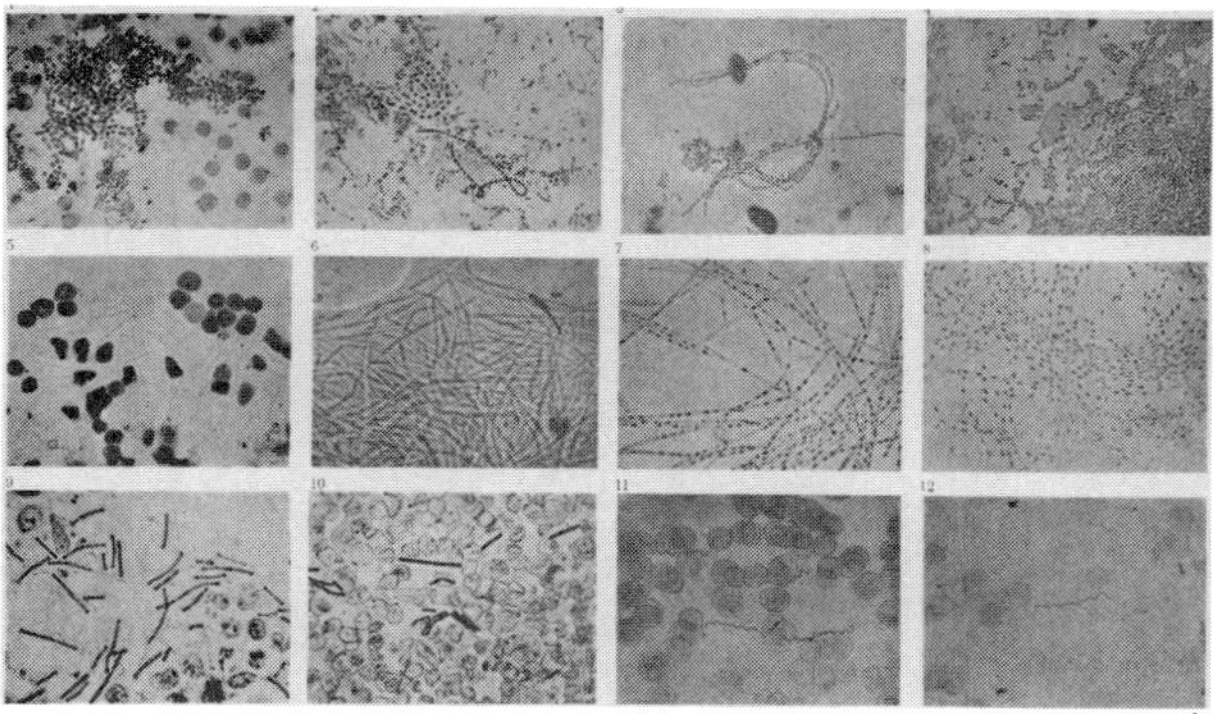

b

図 6-8a，8b　顕微鏡で観察された炭疽菌のイラスト（上）と写真（下）

出典：Robert Koch, "Die Ätiologie der Milzbrand-Krankheit, begründet auf die Entwicklungsgeschichte des Bacillus Anthracis," in *Gesammelte Werke von Robert Koch*, Band 1, tafel 1; Ibid., tafel 3. 両図とも原図から 90 度右に回転させた。

ワイゲルトは、化学者が開発した合成染料アニリン色素を使って細菌を染めることができた。合成染料はコールタールからアニリンなどを抽出し、薬品を合成しようとする過程で発明された染料であり、その後英独仏各国の化学者によって多くの種類の染料が開発されていた。合成染料の中には細菌の染色に適したものもあることが判明し、コッホはそれを利用することにした。

コッホは炭疽菌の発見を発表し認められたことで、医学界の階段を上り始め、その頂点を極めていくことになる。ベルリンに新設された帝国衛生院の細菌学研究部の主任となり、細菌学の研究を本格化させた。そこで取り組んだのは結核の病原菌の探索だった。結核を患う動物から体液を取り出し、顕微鏡で観察する。その際に細菌を染めるために青色の染料を用い、さらにはっきりと確認するために背景を茶色で染めてみた。その結果くっきりと青く浮かび上がる結核菌の群れを観察することができた。彼の絵には、そのような群れをなして組織内に棲息する多数の結核菌の姿が描き出されている。

彼はその発見をベルリンの生理学会で発表すると、その報告は各国に伝えられた。そして彼の名は世界中に知れ渡ることになる。その後も多くの伝染病の病原菌がコッホと彼の弟子たちによって発見されたが、その1人に日本からの留学生北里柴三郎もいた。

8 電子顕微鏡とウイルスの影

多数の細菌が発見され細菌学が進展すると、細菌より小さい病原体が存在することが医学者の間で認識されるようになった。シャルル・シャンバランは、釉薬《ゆうやく》を施していない磁器製円筒容器によって細菌を除去する器具を考案した。容器には細菌よりも小さなサイズの穴が無数に空いており、細菌を含んでいた溶液は通すが、細菌自体は穴を通ることができない。だがこの「シャンバラン濾過器」が考案された直後に、この濾過器を通過してしまう病原体が存在することが発見された。それは細菌よりもずっと小さい病原体であろうと推測され、「ウイルス」と呼ばれるようになる。

なかでもタバコモザイク・ウイルスと呼ばれるウイルスは、ウイルスの中でも早くから発見され研究されたウイルスである。植物のタバコに寄生し、その葉を白く変色させたりする。その病気が細菌と同様に植物の間で感染することが1880年代に見いだされたが、そのような感染の原因となる因子が目の細かい濾過器を透過してしまうことが1890年代に見いだされた。しかし光学顕微鏡では、そのような小さなサイズの病原体を見ることができなかった。

この小さなウイルスを観察する手段として有力視されたのが、1930年頃から開発されてきた電子顕微鏡である。光学顕微鏡ではレンズで光線を集束させるが、電子顕微鏡では電磁石で電子線を収束させて、物質のミクロの構造を観測する。陰極線《いんきょく》とも呼ばれる電子線を発生させ操作することは、19世紀末から研究されており、その技術の応用は真空管の発展、そしてテレビ受像機の発明へとつながった。次章で述べるように電子は粒子であるとともに波としての性質をもち、その性質を光と比較することで、可視光を利用する光学顕微鏡がたかだか2000倍ほどの倍率であったのに対し、電子顕微鏡はさらにその数千倍の倍率を達成できると理論的に見積もられた。そのような電子顕微鏡の開発を推進したのが、アメリカでラジオ放送とテレビ放送の普及に貢献したRCA社である。また開発された電子顕微鏡を生物学の研究に利用することを積極的に資金面で援助したのがロックフェラー財団だった。

懐疑的な研究者も多かった。そもそも強力なエネルギーをもつ電子線を脆弱な細胞組織をもつ生物に照射することで、そのありのままの姿を正確に見ることができるのだろうか(顕微鏡下の小さなサイズで強い電子ビームに曝《さら》されることは、数十メートル離れて水爆の放射線を浴びるようなものだと後に見積もられている)。だが電子顕微鏡で生物組織の写真が実際に不鮮明ながらも撮影されると、電子顕微鏡の生物学研究への応用、とりわけそれまで確認されてこなかったウイルスの撮影に取り組まれるようになった。

ロックフェラー財団の奨学金を得てポスドク研究員を務めたトマス・アンダーソンは、物理化学と生物学を専門とする科学者で、電子顕微鏡の開発に携わる物理学者や技術者とともに細菌やウイルスを研究する医学者や生物学者とも協力し、ウイルスなどの人間や動植物の病原体の電子顕微鏡による写真撮影に取り組んだ。戦局深まる1940年代にも彼らの研究は着実に進められ、いくつかの種類のウイルスについて電子顕微鏡でそれらの画像を得ることに成功した。

前述のタバコモザイク・ウイルスもその一つである。このウイルスを以前から研究しその結晶化に成功していたウェンデル・スタンリーは、アンダーソンと協力してその電子顕微鏡画像を得ようとした。ウイルスを抽出するために超遠心分離機と呼ばれる装置が利用された。洗濯用脱水機のように回転する装置に病原体などを含む試料を入れて超高速で回転させ、比重の違いにより試料の成分を強制的に分離させる。試料には通常の重力の数十万倍の遠心力がかかり、純粋なウイルスが抽出される。そのように抽出されたウイルスを真空内で電子顕微鏡で観察した（図6-9）。

次の図6-10はインフルエンザ・ウイルスの写真であるが、灰色の背景に多くの小さな黒い斑点として捉えられているのがウイルスである。この写真ではインフルエンザ・ウイ

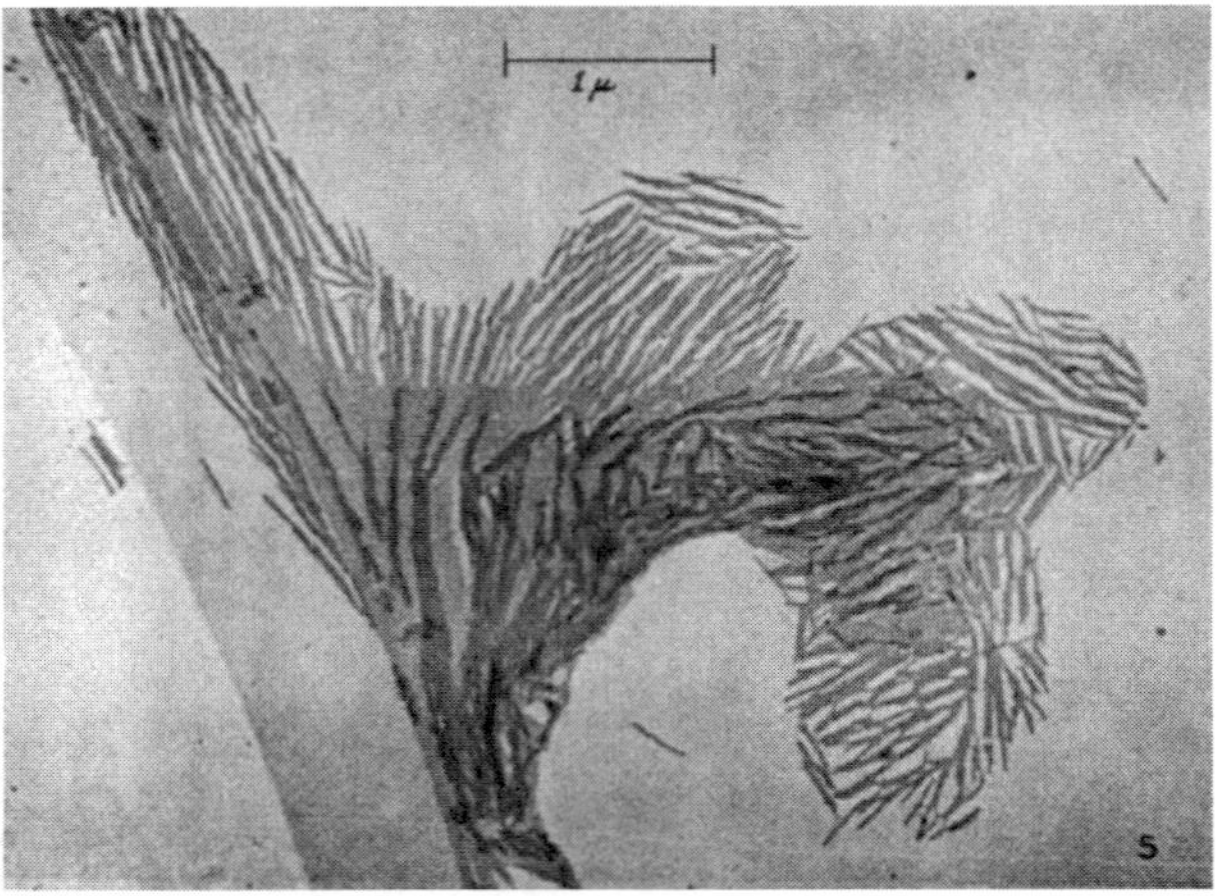

図6-9　電子顕微鏡で撮影したタバコモザイク・ウイルス

出典：W. M. Stanley and Thomas F. Anderson, "A Study of Purified Viruses with the Electron Microscope," *Journal of Biological Chemistry*, 139（1941）, plate 2, figure 5.
© The American Society for Biochemistry and Molecular Biology

ルスの存在はわかるが、その形状や内部の特徴までは判然としない。

戦時中さらに、電子顕微鏡を利用してウイルスなどの病原体や微細な生体組織の撮影が続けられ、技術改良も進められた。ミシガン大のロブリー・ウィリアムズとラルフ・ワイコフは試料をあらかじめ金属の薄膜でコーティングし、その上で電子ビームを当てて顕微鏡撮影するというシャドウイングとよばれる技術を開発した。真空容器の中で重金属分子を蒸発させ、蒸発した金属分子を少し離れた場所に置いた試料の平面に一定の角度で照射させ定着させる。金属のコーティングがなされなかっ

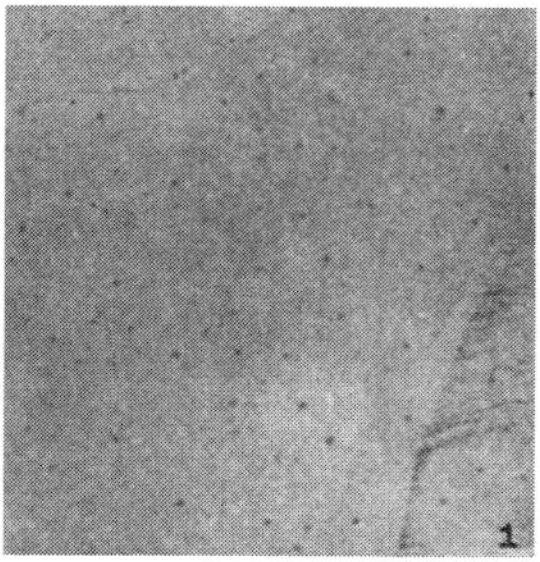

図6-10　インフルエンザ・ウイルスの電子顕微鏡像

出典：A. Leslie et al, "Studies on the Nature of the Virus of Influenza: II. The Size of the Infectious Unit of Influenza A," *Journal of Experimental Medicine*, 77 (1943), plate 14 の一部.

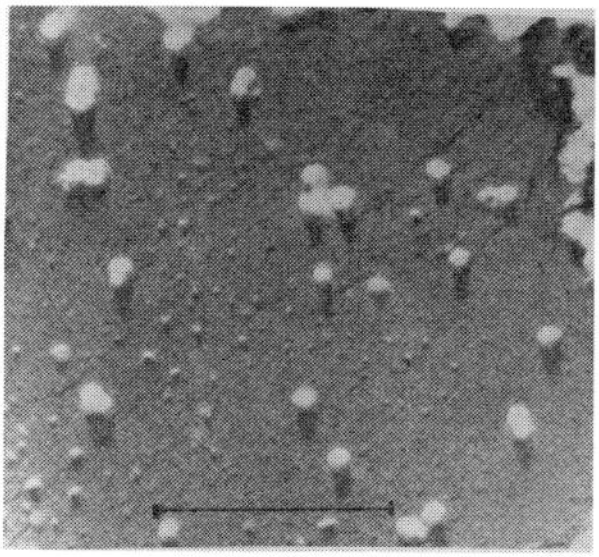

図6-11　シャドウイング処理をされたインフルエンザ・ウイルスの電子顕微鏡写真

出典：R. C. Williams and R. Wyckoff, "Electron Shadow-Micrography of Virus Particles," *Proceedings of the Society of Experimental Biology and Medicine*, 58 (1945): 265–270. Reprinted by permission of SAGE Publications, Ltd.

たウイルスなどの立体物の背後の場所は、電子顕微鏡によりちょうどウイルスの影のように暗く撮影されることになる。図6-11は、彼らがシャドウイング法を利用してインフルエンザ・ウイルスを電子顕微鏡撮影した画像だが、そこには小さい球体のウイルスが白くはっきりと浮かび上がり、その下方にコーティングされなかった箇所がウイルスの影のように写っている。画像はまるで画像の手前上方から明るい光線を照射して写真撮影したかのような像になっている。

シャドウイング法は後に多くの電子顕微鏡の写真撮影に活用されるようになり、戦後から現在に至るまで多くの微生物の撮影に利用された。

9　DNAのX線回折像

電子顕微鏡とともに物質の分子レベルの構造解明に大きな役割を果たしたのは、X線を利用した解析方法だった。結晶など同一の基本構造が何度も繰り返されるような分子構造をもつ物質にX線を照射すると、異なる原子に当たったX線が屈曲し干渉し合うことで物質に特有のパターンを生み出す。この「回折像」とよばれるパターンを解析することで、分子構造を理論的に推測することができる。X線回折像の研究は20世紀初頭に物理学者マックス・フォン・ラウエによって着手されたが、その技術を利用したX線結晶学はその後物理学者ばかりでなく化学者や生物学者によって研究されてきた。

イギリスの生化学者ウィリアム・アストベリー（1898－1961）は、羊毛などの繊維の分子構造をX線回折によって分析し、それらがらせん構造をもっていることを突き止めた。彼はさらに繊維を構成するタンパク質の研究から、核酸の解析へと歩を進めた。外国の研究者が用意してくれた胸腺から抽出した核酸（DNA）をX線回折によって分析したところ、その構造の特徴がわかってきた。図6－12aはそのX線回折像であるが、この模様から彼は核酸の構成分子が図6－12bのような一定の間隔（3.3Å）で繰り返される

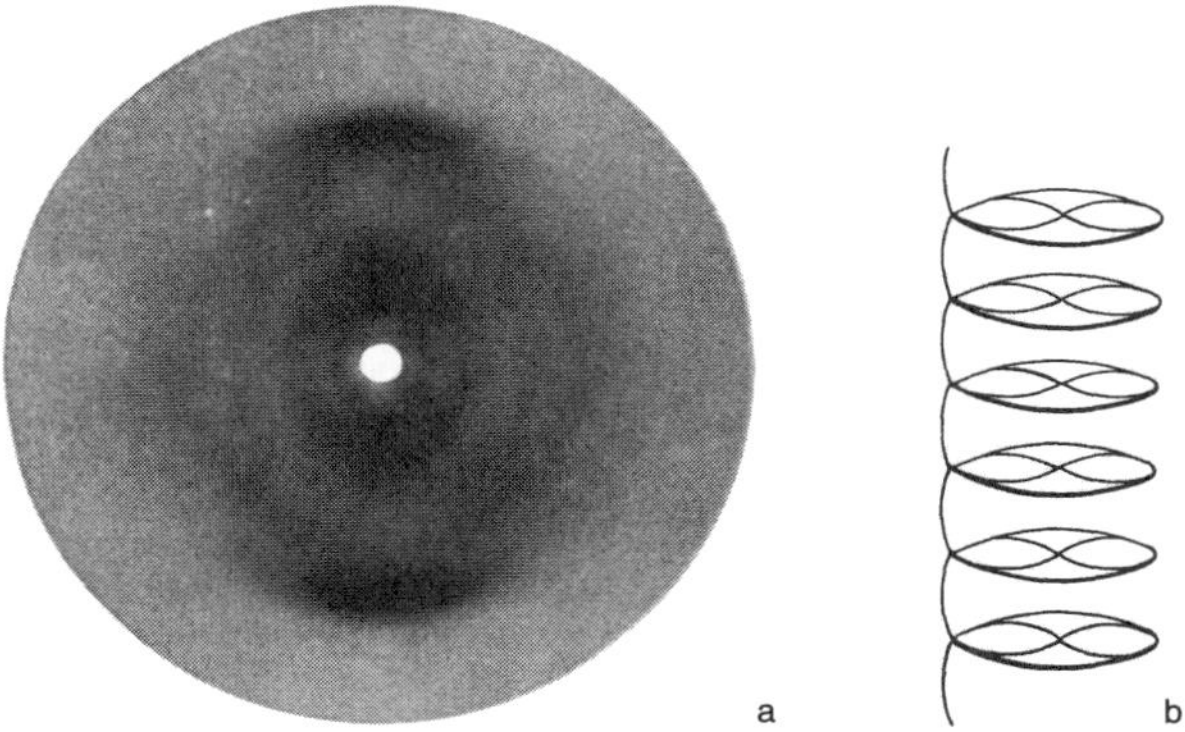

a　b

図 6-12a, 12b　アストベリーによる胸腺核酸の X 線回折像と彼が推測した分子構造の模式図

出典：W. T. Astbury and Florence O. Bell, "Some Recent Developments in the X-ray Study of Proteins and Related Structures," *Cold Spring Harbor Symposia on Quantitative Biology*, 6 (1938), p. 112, Figures 1 and 2.

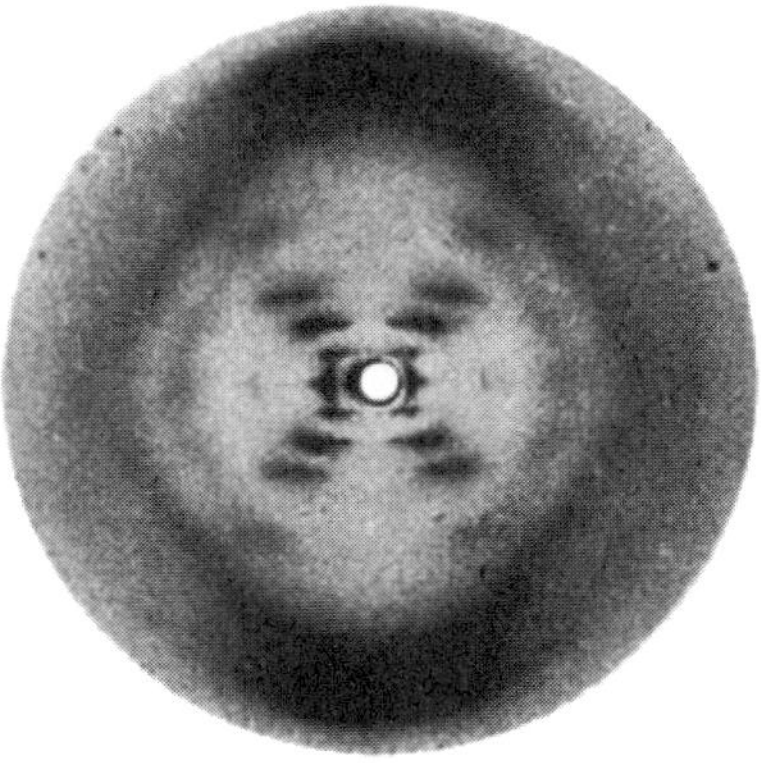

図 6-13　フランクリンの撮影した DNA の X 線回折画像

出　典：Rosalind Franklin, "The Structure of Sodium Thymonucleate Fibres: I. The Influence of Water Content," *Acta Crystallographica*, 6 (1953), p. 674. Reproduced with permission of the International Union of Crystallography.

らせんのような積層構造をもつと推測した。

アストベリーらによって戦前から進められたＤＮＡの構造の解析は戦後も受け継がれ、１９５３年のＤＮＡの構造の発見へとつながっていく。その立役者となったのは米国人ジェームス・ワトソンと英国人フランシス・クリックのコンビであるが、アストベリーの研究を受け継いでＤＮＡのＸ線回折像の撮影に専念し、鮮明な画像の作成に成功したのはロザリンド・フランクリン（１９２０－１９５８）だった。

フランクリンはケンブリッジ大学で博士号を取得した後、フランスでの研究生活を経て、ロンドン大学で研究を進めた人物である。同大ではＸ線によるＤＮＡの構造解析に専念し、ＤＮＡの構造には水分を含むＢ型と含まないＡ型とが存在することを突き止めた。そしてそのうちのＢ型のＤＮＡについて鮮明なＸ線回折像を得ることに成功した。その写真が図6－13である。少しぼやけた写真ではあるが、以前のアストベリーの写真に比べれば、影となる暗部の特徴がくっきりと見て取れる。影がＸ字の形状をしていること、Ｘの４本の腕は二つの短い水平の線で刻まれ、少し間隔をおいて第三の短い水平の線が配置されていること。それらのことをはっきりと見て取ることができる。

フランクリンはこの図像を得てもさらに証拠を得るべく研究を続けたが、彼女の同僚モーリス・ウィルキンスが（彼女の了承を得ずに）この写真をワトソンとクリックに見せてしまう。その写真を一瞥したワトソンは、そのときの驚きを後に次のように回想している。「その写真を見たとたん、私は唖然として胸が早鐘のように高鳴るのを覚えた。そこに現れた模様はこれまでに得られていた『A型』のものより信じられないほど簡単であった。そのうえ、写真の中でいちばん印象的な黒い十字の反射はらせん構造からしか生じ得ないものであった」。

ワトソンはクリックとともにこの写真からDNAのらせん構造とそのだいたいの寸法形状を見て取ると、構成要素であるアデニン、チミン、グアニン、シトシンの4種の塩基の正確な結合のし方を探し出すというパズル解きに没頭する。そして数日後の朝方、2種の塩基対がほぼ同一の形状をした姿で目の前に現れることに気づくのである。その約十年後の1962年、ワトソンとクリックはウィルキンスとともにノーベル生理学・医学賞を受賞した。フランクリン自身はその4年前に37歳の若さで亡くなっていた。

ワトソンは回想でフランクリンを「ダークレディ」と呼び、彼女のDNA発見への貢献を過小評価したが、彼女の貢献を高く評価する伝記も著されている。確かにDNAの分子構造を解明するには至らなかったが、彼女の作成した「フォトグラフ51」とよばれる図6-13の回折像は、回折像の見方を心得るワトソンにインスピレーションを与え、彼らのDNAの構造解明に実際大きく貢献した。科学研究における図像のもつそのような発見法的な役割を再評価し、科学的発見ということの意味を問い直そうとする科学哲学の論文も近年では発表されている。

第7章 分子、原子、素粒子

——心の眼で見た究極の粒子

1 親和力表

16世紀に登場した医者で錬金術師でもあったパラケルススは、化学（錬金術）の物質変成技術を医学に応用しようとした人物で、医化学派とよばれる一群の医学者たちを輩出した。パラケルススの提唱した一つの考えは、物質を構成しその性質を決定する三つの原質が存在するというものである。三つの原質とは、硫黄《いおう》、水銀、塩と彼が呼称するところの3種類の物質。それらが純粋な状態にあるときには、種々の物質を形成し変成するのに役割を果たすと考えられた。

一方、17世紀の多くの先進的な哲学者・科学者たちは、自然現象を粒子の運動や結合によって説明しようとする機械論的自然観を提唱した。それとともに、自然界や実験室内で起こる化学現象においても、粒子の形状や運動によって説明することが究極的にはできるはずであるという考え方がもたれるようになった。その代表的な人物がイギリスの自然哲学者ロバート・ボイルである。彼は著作『懐疑的化学者』の中で、アリストテレスの4元素概念に基づく化学現象の説明を退けるとともに、パラケルススの3原質による説明も退ける。そのような本性的な性質によって物質の変成を説明するのでなく、粒子の形状や結

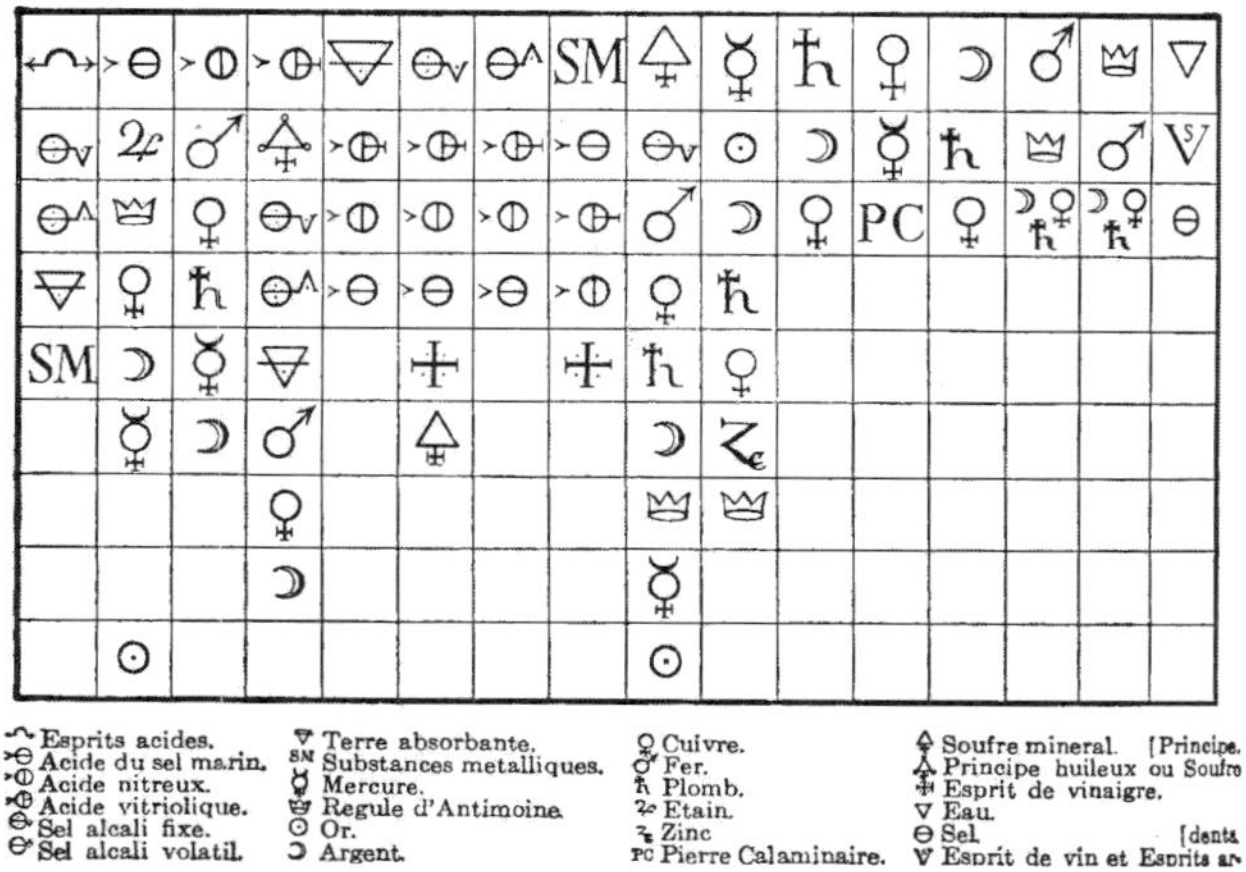

図 7-1　ジョフロワの親和力表

出典：Etienne François Geoffroy, "Table des différens rapports observés en chymie entre differens substances," *Mémoires de l'Académie Royale des Sciences de l'Année* 1718 (Paris, 1719), p. 212 の次のページ.

合によって化学現象を説明しようとした。

しかし実際に化学現象をそのような粒子の形状や結合で説明することは困難であり、次節で述べるドルトンの原子論の登場まで1世紀以上を待たねばならなかった。その一方で、錬金術と呼ばれていた時代から化学の知識や技術は、数多く蓄積されつつあった。

それらの化学物質の生成や反応の仕方を一つの表にまとめようとしたのが、エティエンヌ・フランソワ・ジョフロワ（1672-1731）である。彼は、18世紀初頭、十数種類の代表的な純粋物質が、それぞれどのように結合する力をもっているか、結合力の相対的な関係を表現する「関係の表」を作成した。たとえば、塩酸（当時「海塩の酸」とよばれたりした）が銅や銀と反応する場合。最初塩酸と銀とが結合していたところに、銅が混入されると、塩酸と銀は分解し、塩酸と銅が結合する。さらに、塩酸と銅が結合しているところに、スズを混入すると、塩酸は銅の代わりにスズと結合する。塩酸と結合する親和力の度合いは銀、銅、スズの順番で大きいということになる。そのような結合力の相対的関係を物質ごとに縦に並べたのが図7-1である。ジョフロワの表が指示する結合力の相対的な度合いについては反論する化学者もあった。彼が「関係の表」と呼んだその表は、後に「親和力表」と呼び代えられ、広く知られるようになる。

2　ドルトンの原子のモデル

世紀が代わり、ラヴォアジェの化学理論が化学者によって受け入れられた後、イギリスの気象学者ジョン・ドルトン（1766-1844）が原子論を提唱し、19世紀の化学者たちに大きな影響を及ぼした。

ドルトンはイングランドの北西の端カンバランド州のクエーカー教徒の次男として生まれた。利発だった彼は村の学校を卒業するとクエーカー教徒が経営する寄宿学校の助手を務めながら、数学や自然科学を学んだ。学校が所在したケンダルという町には、ジョン・ガウという盲目の自然哲学者がおり、10歳ほど年長だった彼から語学、数学、そして自然科学や医学の知識を吸収した。その後英国国教には属さない非国教徒がマンチェスターに新設したニュー・カレッジに赴任するが、8年ほどで退職、以来自ら開いた私塾で学生たちを教えたり、各地を訪れ講演したりした。

ドルトンはガウから自然探求への興味を喚起され、植物標本を整理し、気象現象を観測した。19歳から始めた毎日の気象観測は終生し続け、記録もとり続けた。彼が最初に出版した著作も気象に関するものだった。1793年に出版された『気象学的観測並びに試論』は、気圧計、温度計、湿度計、雨量計で日々計測した数値とともに、雲の高さや風向風速、またオーロラや地磁気についても語られ、その上でそれらの現象に関する理論的考察が加えられる。

その中でドルトンはとりわけ大気中に存在する水蒸気の存在に注目した。大気中の水蒸気はふだん目に見えないが、時に雲となり、雨となる。そのような水蒸気のさまざまな存在のあり方は、湿度・温度・気圧などによって決まるのではないかと彼は考えた。そのような物理的条件によって決まり、化学者が考えるような気体を構成する物質粒子と水の粒子との親和力に左右されるのではないと考えた。前節で解説した親和力の概念は当時多くの化学者によって了承されていたが、彼はその考え方から離れ、同じ温度と体積の気体には（気体の種類や密度に関わらず）同じ量の水蒸気が吸収されるという考えを打ち出した。この考えは、すべての気体は混合されてもその間では親和性などは働かず、独立の気体として振る舞うという考えに一般化された。

このことを検証するために、ドルトンは気体が液体と接するときに、その気体の各成分が液体に吸収される量はその成分の圧力に比例することを示そうとした。実験結果を著した論文の副題は「液体による気体の化学的吸収と力学的吸収とを区別する条件についての研究」とされ、気体がもっぱら力学的作用によって振る舞っていることが論じられた。こうして気体中の各成分の独立の振る舞いは、「ドルトンの分圧の法則」として定式化された。

彼はここで、それでもなぜ、ある種の気体は液体に多く吸収され、他の種の気体はあまり吸収されないのか、疑問をもつようになった。そしてその理由を、気体の構成粒子の質量の差に求めようとした。粒子の質量が粒子の性質を基本的に規定していると考えたのである。こうして彼は、気体が原子の粒子からなり、それらの性質はもっぱら重さによって決まるのだと考えた。水素の原子は最も軽く、それより重い原子として窒素の原子（水素の5倍）、炭素の原子（これも水素の5倍）、酸素の原子（水素の7倍）などがある。二つの元素から構成される物質については、基本的には一つの原子と一つの原子が結合して粒子になっているとした。たとえば水は水素と酸素から構成されるが、彼はそれを1個の水素原子と1個の酸素原子が結合したものと考えた。ただし結合の仕方がいくつかあるような場合には、1個の原子と2個の原子が結合することも考えている。例えば炭素と酸素については、1個の炭素原子と1個の酸素原子、また1個の炭素原子と2個の酸素原子との結合があり得るとした。

彼はこのように思索を進めると、ロンドン、マンチェスター、エジンバラなどの都市で講演し、その考えを披露していった。その講演を元に、ライフワークとも言うべき著作『化学哲学の新体系』を出版した（第1部は1808年、第2部は1810年に出版された）。その表紙には、「熱と化学元素に関する講義に関心と激励を寄せてくれたエジンバラとグラスゴーの大学教授と住民の方々へ」と講演の聴衆への献辞が記されている。

図7-2は、その『化学哲学の新体系』の第1部末尾に掲げられた気体の原子や分子の模式図である。上の3段には20個の原子が並んでいる。左上の1から順番に水素、窒素、炭素、酸素、リン、硫黄等の原子が並ぶ。これらはいずれも一つの原子で気体の粒子を構成する。その下には21番から25番まで2つの原子から構成される粒子を表す（ドルトンはこの二原子分子も「原子」と呼び、「分子（molecule）」という言葉は一切使っていない。ここで

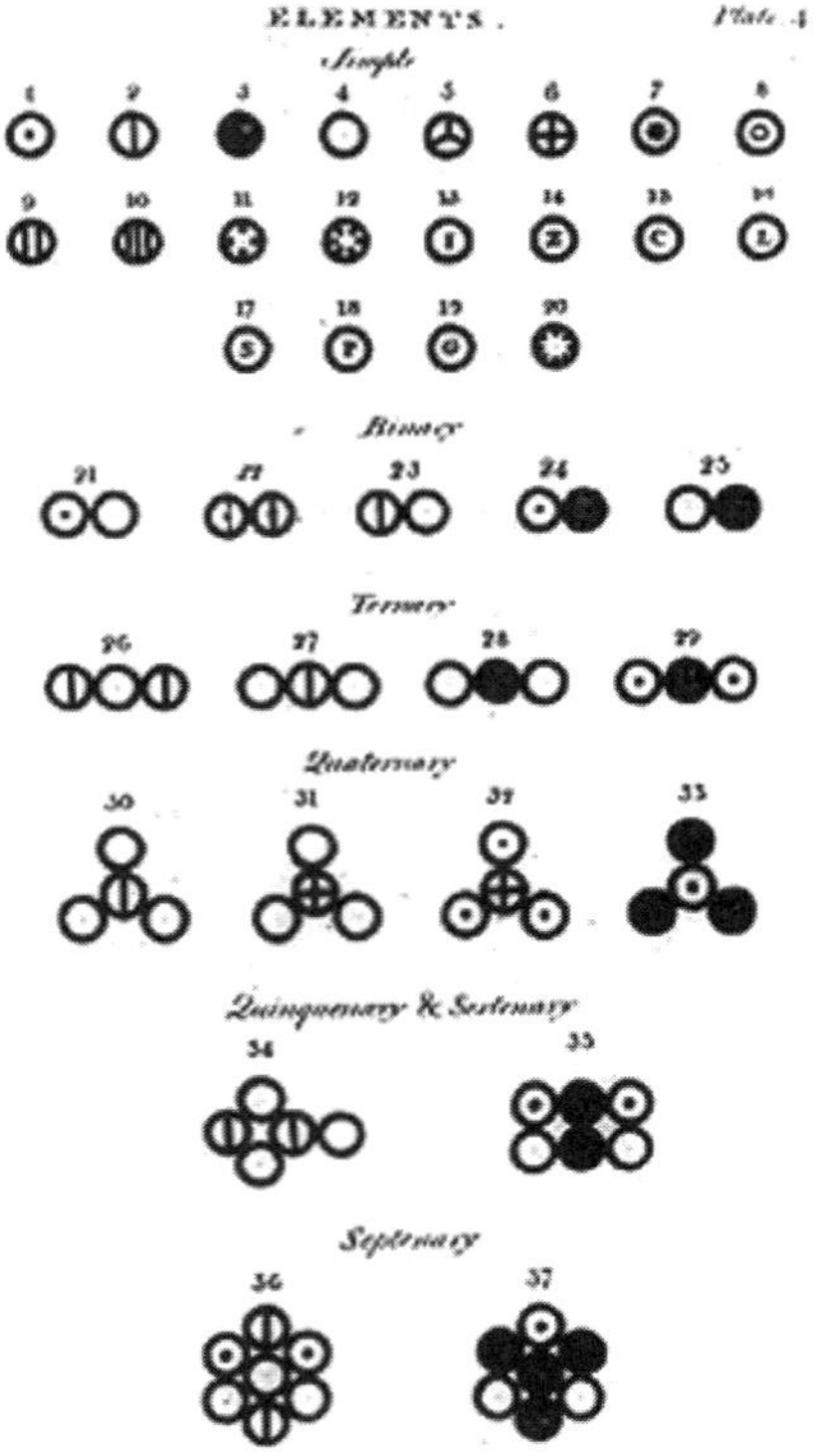

図 7-2　ドルトンの原子論で表現される原子と原子から構成される分子
出典：John Dalton, *A New System of Chemical Philosophy*, Part 1 (London, 1808), plate 4.

は混乱を避けるために、ドルトンの用法には従わず、現在の用法で使っておく)。それぞれ水、アンモニア、酸化窒素、「オレフィアント・ガス」(エチレン)、酸化炭素(一酸化炭素)を表している。その下には一つの原子と二つの原子、一つの原子と三つの原子、そして全体で五、六、七つの原子から構成される粒子が表現されている。

図の最後の第37番の粒子は、砂糖(グルコース)の粒子で、一つの水素原子、二つの酸素原子、四つの炭素原子の計7原子から構成される。それはまた第28番の一つの炭素原子と二つの酸素原子からなる炭酸ガス、第33番の一つの水素原子と三つの炭素原子とからなるアルコールとが合体したものにだいたい等しいことが、この模式図から見て取れる。それは今日の化学が教える分子組成とは異なる組成だが、より正しい化学組成を見いだしていくことは、ドルトン以後の19世紀の化学者に対する大きな宿題として残された。

さて図7-3は、同書第二部の末尾に載せられた図で、上の3図は左から気体状態の水素、窒素、炭酸ガスの原子の様子を表している。各気体原子の周囲には、熱の担い手と考えられるカロリック(熱素)がうっすらと纏わり付いている。それらは実は棘《とげ》のような線が突き出たような具合になっている。図7-3の中央と下に描かれるのは4個の窒素原子とそれを取り巻く線状のカロリック、2個の水素原子とそれを取り巻く線状のカロリックである。中央の窒素原子から出ているカロリックの線どうしや下の水素原子から出ている

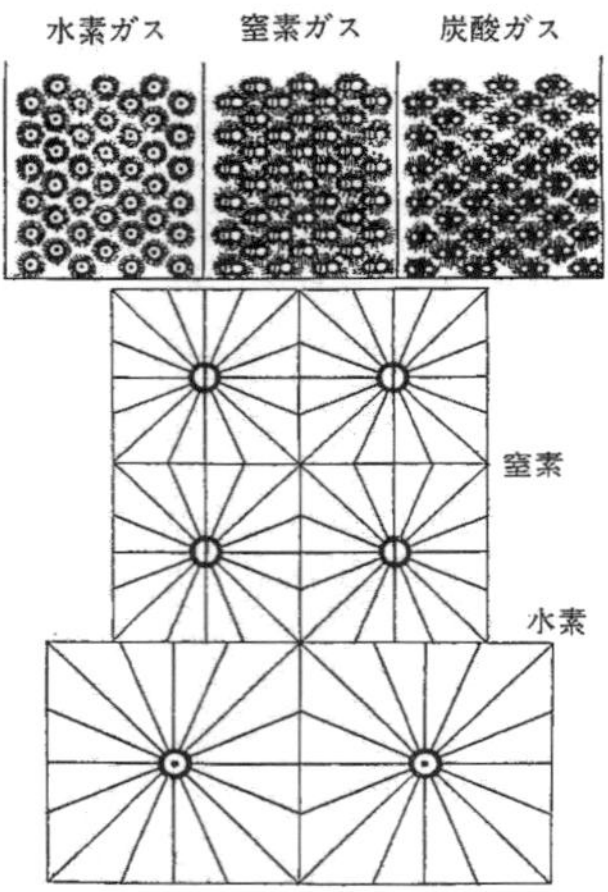

図 7-3　原子の周囲に線で表示されるカロリック

出典：Dalton, *New system*, Part 2 (London, 1819), plate 7.

カロリックの線どうしはそれぞれ先端がちょうどぶつかり合っているが、窒素原子からの線と水素原子からの線とは嚙み合っていない。容器の中で異なる種類の気体は独立に振る舞うという「ドルトンの分圧の法則」は、模式図上でこのような具合に説明された。

気象学から端を発したドルトンの原子論は、新しい元素体系に基づく化学理論に大きな影響を及ぼした。17世紀の機械論的化学以来、物質の粒子論的概念から遠ざかっていた化学者たちは、18世紀末に成立した酸素の燃焼理論に基づくラヴォアジェの近代的な化学理論体系を継承するとともに、ドルトンによって提唱された原子論を導きの糸として新たな化学の体系をつくり出していくことになる。

3 アユイの結晶学研究

ルネ・ジュスト・アユイ（1743−1822）はフランスの鉱物学者である。若い頃に王立植物園で聴いた講演をきっかけに鉱物や結晶への関心をもつようになり、鉱物学の基礎としての結晶学を探求していった。その研究成果は1801年に出版された主著『鉱物学論考』に結実する。同書は5巻からなり、最初の巻が結晶理論、続く3巻が鉱物分類論、最後の巻が図集（atlases）になっている。

この第5巻の図集には実に多くの図が収められ、彼の鉱物学理論の説明を助けている。初めに「鉱物に関する特徴の体系」として物理的、幾何学的、化学的性質が解説され、続いてさまざまな鉱物が、動植物の分類体系と同様、綱《こう》（classe）、目《もく》（ordre）、属《ぞく》（genre）、種《しゅ》（espèce）の4階層に基づいて分類される。大分類となる綱は、酸性物質（塩）、土性物質、非金属性の可燃性物質、金属製物質の4綱に分けられ、それぞれがまた分類されていく。ただその分け方は綱により精粗が異なり、第4綱の金属製物質は特に細かく分類されている。たとえば鉄は、そのなかの第3目（酸化するがすぐには還元せず展延性をもつ物質）のなかの第4属に配置され、さらにその鉄属には第1種の酸化鉄から第9種のクロム酸鉄まで9種の鉄が含まれる。

このアユイの鉱物分類体系は、それよりしばらく前に提唱されたリンネの植物分類体系の影響を色濃く受けている。リンネの分類法が生殖器の数や形状に注目してつくり出されたものであるのに対し、アユイの体系は上記のように物理・化学・幾何の3性質、なかでも特に幾何学的性質を重視して鉱物を分類した。鉱物のなかには大きな結晶として存在するものがある。またふつうは結晶の形はとらなくても、いったん水に溶かしてから濃度を高めて析出させることで結晶の姿を現すものもある。そのような結晶の形状は、それらの鉱物を構成する小さな粒子の形状や化学的性質から定まってくると彼は考えた。

アユイは結晶が分解しても単純な形状を保つことから、その基本形として6種類の形状（四面体、八面体、平行六面体、菱形十二面体、六角錘、直交六角柱）を考え、その形状は結晶を作る「構成分子（molécule constituante あるいは molécule intégrante）」の形によっていると考えた。またこれらの小さな構成分子の間には一定の親和力（親和力の存在をドルトンは否定したがアユイは信じていた）が働いており、そのまちまちな引きつけ方のために異なる形状の結晶が生成されるとも論じた。同じ鉱物であっても異なる幾何形状に分割していくことがある。そのことを彼は図を使って次のように説明する。

図7-4の上は、12面の平行四辺形からなる多面体である。この多面体の形状の「核」に正方六面体が存在することを示すために、平行四辺形の各面の中央に補助線を引いて二つの三角形に分割してみる（中央）。そのように引かれた12本の分割線（OEAIIʹOʹEʹAʹ）は大きな立方体の「核」の輪郭を表している。その上で、アユイはこの幾何学形状は実際には非常に小さな立方体の粒子が寄せ集まったものと見なせることを示す（下）（中心の立方体の手前左の側面は、立方体の形状を浮き立たせるようにわざと平面として描かれている）。

アユイの結晶学の研究では、結晶面がなす角度を測角器によって測定し、その実測値が

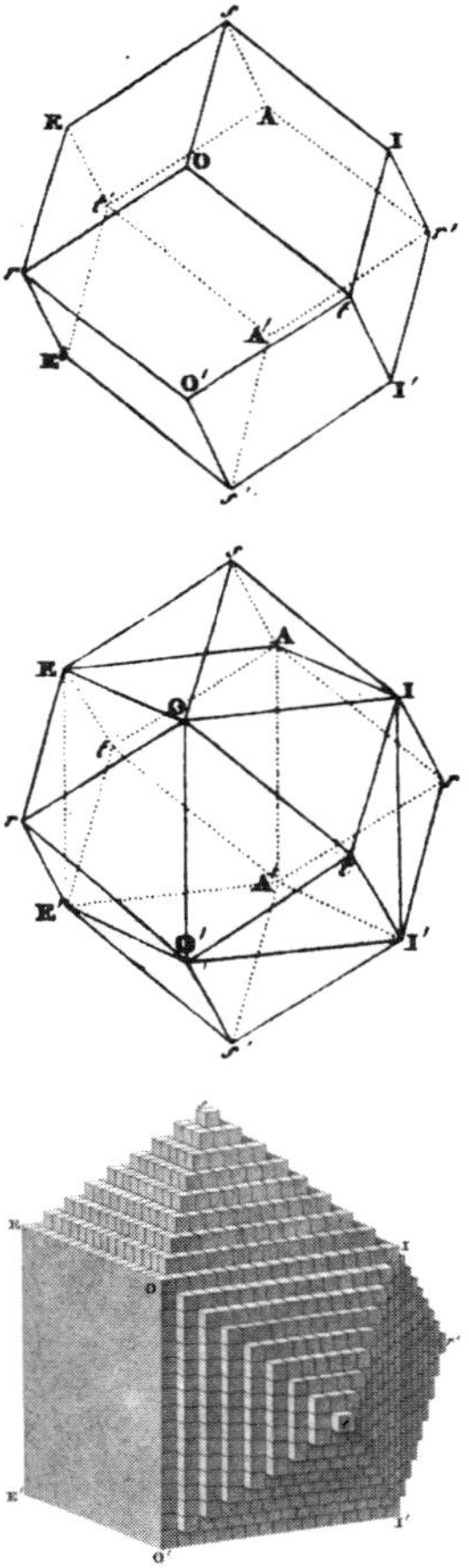

図 7-4　菱形十二面体とそれを構成する小さな立方体

出典：René Just Haüy, *Traité de minéralogie*, vol. 5, plate 1, figures 11-13.

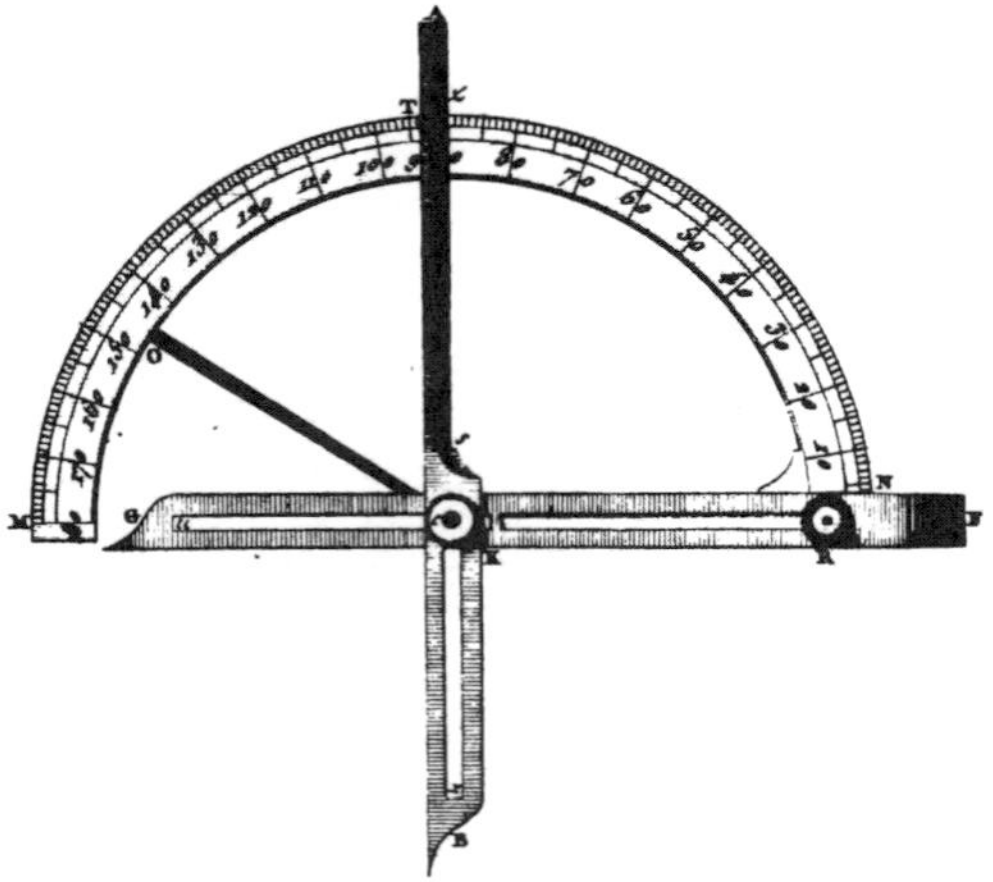

図7-5　アユイの測角器
出典：Haüy, *Traité de minéralogie*, vol. 5, plate 1, figure 77.

参照された。図7-5に示される彼の測角器は、分度器と水平と垂直に十字をなしている指方規（alidade）から成っている。指方規を結晶の一つの面に当ててそれに隣接する面にもう一つの指方規を当て、その指方規が示す角度を読み取る。その際に、計ろうとする2面が交差する稜線と押し当てる指方規が垂直になるように注意する。

　図集の巻には分類された各種の鉱物の基本的な形状や派生的な形状が数多く掲げられており、例えば金属製物質の中の鉄に対しては60近い幾何図形が掲げられてその幾何学的性質が説明されている。

4 分子の結晶構造

アユイの研究した鉱物と結晶の構造に関心をもち、ドルトンも研究していた物質の究極的な構造に新しい考え方をもたらしたのがフランスの科学者アンドレ＝マリー・アンペール（1775－1836）である。彼は「アンペア」の単位に名を残すように電磁気学の研究者として有名だが、ゲイ＝リュサックの気体反応の法則の発見に触発され、気体の分子はいくつかの原子によって構成されていると考えた（彼は、「原子 atome」の代わりに「微粒子 parti」という言葉を使い、分子の代わりに「統合粒子 particule intégrante」という言葉を使った。それゆえ彼自身の言い方に従えば、気体の統合粒子はいくつかの微粒子によって構成されている、ということになる）。分子がいくつかの原子からなるという考えは、アユイの提案する鉱物結晶学から借用したもので、アンペールは分子（統合粒子）が三次元の立体になるために、少なくとも四つの原子（微粒子）から構成されているはずだと論理的に推測した。このような考察から、1816年に元素の分類を試みる論文を発表した。

アンペールの分子概念に触発されたのが、フランスのマーク・アントワーヌ・A・ゴーダン（1804－1880）である。彼はパリのコレージュ・ド・フランスでアンペールの講義を聴き、その分子概念に感銘を受け自らその考察を深めていった。先生のアンペールは新しく発見された電流の磁気作用の研究に専念していったが、学生のゴーダンはその後の人生を費やし、さまざまな分子の立体構造について検討を重ねていった。その成果は1850年代に論文として発表され、1873年に出版された『原子の様式の構造』に結実されることになる。

ゴーダンの分子構造論は、19世紀初頭に出されたアンペールやアボガドロの理論と異なり、水素や酸素の気体を構成する分子は4原子ではなく2原子からなるとする。またアンペールがこだわったように分子が正多面体からなっているとまでは考えない。しかし基本的にはアンペールの考え方を踏襲し、原子の空間的な配置が対称的になるとして議論を展開する。

著作には多くの結晶性の鉱物の分子とともに、有機・無機のさまざまな物質の分子が取り上げられ、それらの原子配列構造が示されている。その一例を図7-6a、6bに示しておこう。これは二塩化白金とテトラエチルアンモニウムの化合物の分子構造を表したものである。対称的な形状をした分子を立たせたときの、中央部分の水平方向の断面図が上(6a)、垂直方向の断面図が下の図(6b)である。

ゴーダンの同書には図7-6cのような原子をシンボルとして表現するリストがあがっ

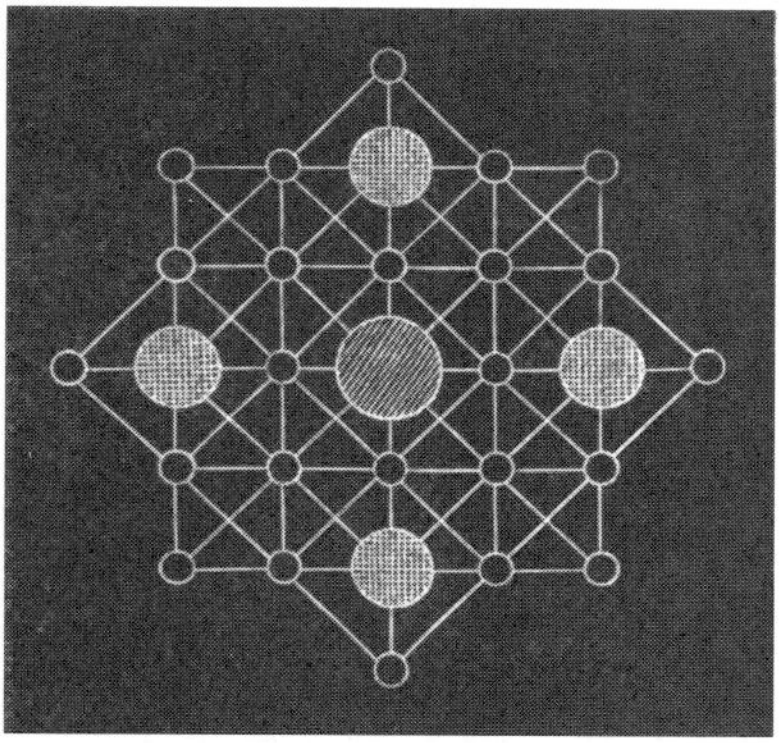

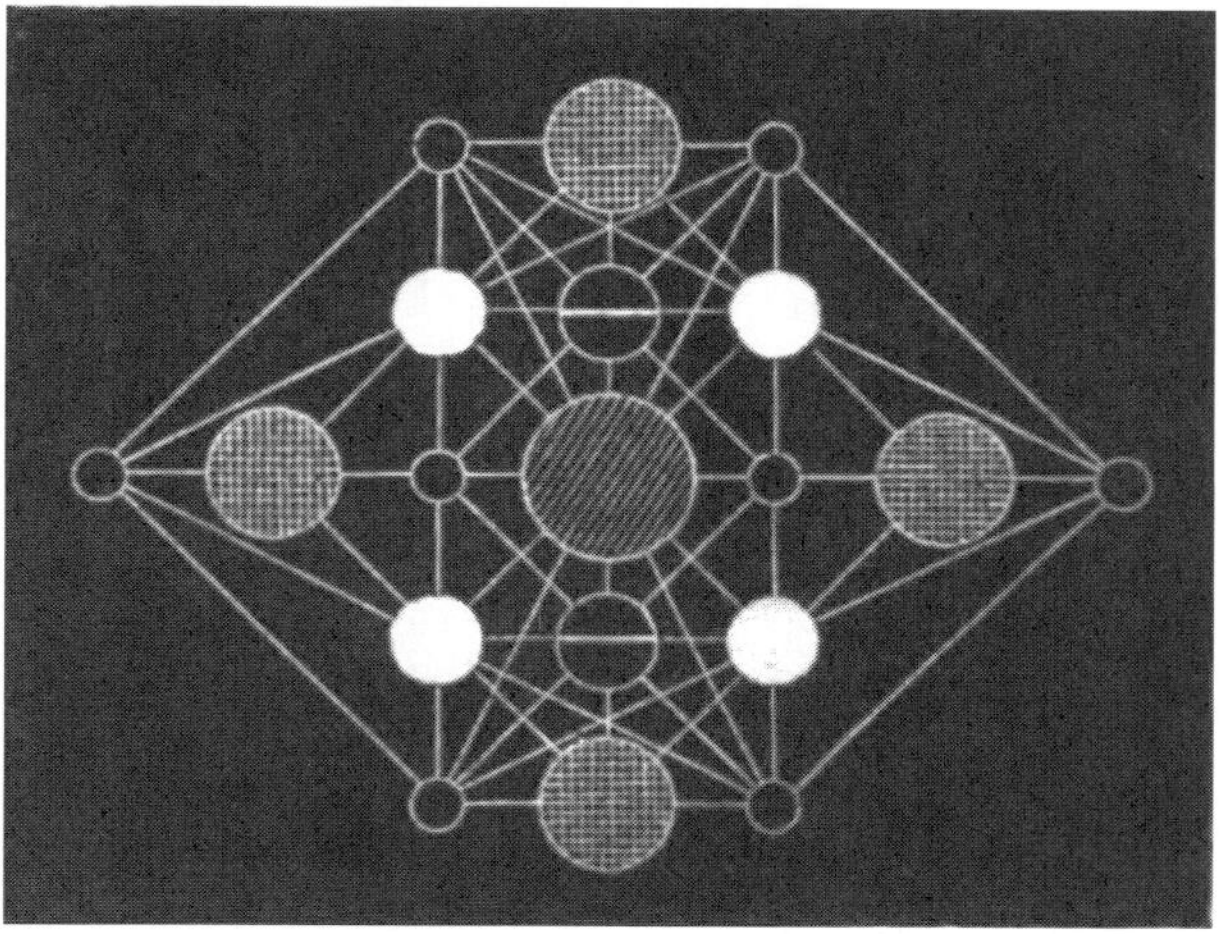

図 7-6a，6b　二塩化白金テトラエチルアンモニウムの分子構造の平面図（左）と立面図（下）

出典：Marc-Antoine Gaudin, *L'architecture du monde des atomes*（Paris, 1873）, p. 121, figure 59（左図）, and p. 122, figure 60（下図）.

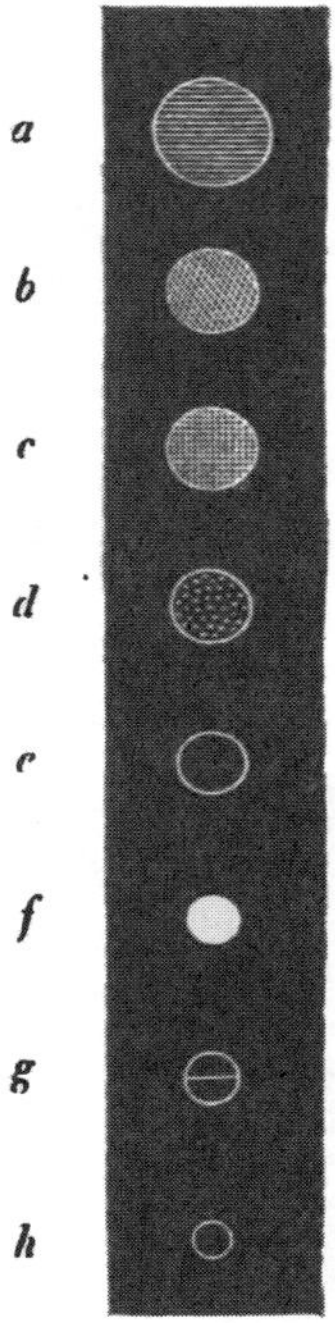

図7-6c　原子のシンボルのリスト
a：一酸化性の金属原子，b：六酸化性の金属原子，c：硫黄や塩素など，d：シリコン，e：酸素，f：炭素，g：窒素，h：水素
出典：Gaudin, *L'architecture du monde des atomes*, p. 23, figure 6.

ており、それにより左図（6a）には中央に白金原子、その上下左右に四つの塩素が配置し、さらにその周囲に24個の水素原子が配列していることを見て取れる。一方、右図（6b）はその様子を側面から見たもので、中央水平方向に水素、塩素、白金が交互に並び、そのすぐ上下に炭素と窒素が配置し、さらにその先に水素と塩素が配置している様子を見て取ることができる。

ゴーダンの書には同様の対称的に美しく配列された原子群の断面図や投影図が100枚近く掲げられている。ゴーダンの信じた分子構造の対称性は、同書出版以前の1860年頃には受け入れられないようになっていた。彼の考えを修正したりさらに発展させたりしようとする科学者も現れなかった。だが、彼が長年にわたって取り組んだように、分子内原子の立体的な結合関係を推測しその構造を決定しようとすることは、有機化学の重要な課題となってきていた。

5 組成の分析から構造の探求へ

再び時代を半世紀遡り、ドルトンが原子論を提唱し、物質分子の中にどの原子がいくつ含まれるかという化学組成決定の課題が化学者に残された場面に戻ろう。

水素の分子は二つの水素原子からなる。水の分子は水素原子二つと酸素原子一つからなる。それに対してドルトンは、水素は一つの水素原子から、水は一つの水素原子と一つの酸素原子からなると考えた。このうち後者については比較的早く訂正されたが、前者についてはなかなか修正されなかった。アンペールやアボガドロによって気体分子に複数の原子が含まれるという考えは出されていたものの、広く受け入れられてはいなかった。この基本的な化学組成に関する誤りと不確定性はその後も長く払拭されず、世紀の半ばを過ぎてようやく解決されることになる。

ただ、そのような誤りや不確定性は残されたものの、さまざまな物質に水素や炭素といった元素がどのような比率で入っているかという課題は化学者によって精力的に取り組まれ、実験計測の成果が着実に積み重ねられていった。とりわけ生物由来の有機物質は、炭素・酸素・水素・窒素などで構成されるがその種類は膨大で、その組成の探求が多くの研究者によって取り組まれた。有機化学物質の組成分析に大きく貢献したのはドイツのギーセン大学のユストゥス・フォン・リービッヒ（1803-1873）で、それまでの有機物質の燃焼気体の生成量を体積ではなく重量で計測する装置を考案し、より簡便で精度も向上することで多くの有機物質の組成分析が、彼と多くの門下生たちによって遂行された。

これに対して、分子内の原子が実際にどのように結びつき、どのような立体構成をしているのかという問題については、化学者は通常の実験から直接には取り組むことができなかった。その問題は、19世紀中葉に数十年かけて科学者に取り組まれるのだが、その歩みはやや回り道をしながらゆっくりと進められた。分子の構造を突き止めていく鍵になったのは、「基《き》」と「タイプ」という概念だった。基（「根」とも言われる）とは、分子内に存在して化学反応で常に一体となって振る舞うものであり、「タイプ」とはこの基を伴う化学反応で結合や置換の一定の定まったパターンのことをいう。

まず基の概念について説明しよう。リービッヒは友人のヴェーラーとともに、苦扁桃油（ベンズアルデヒド）とよばれる物質を利用したさまざまな化学反応を実験し、それらの反応でいくつかの元素が不変な塊として存在していることをつきとめた。今の化学記号で表せば、C_7H_6O あるいは C_6H_5CHO と表されるが、それを彼らは「14C+10H+2O」と表現し、「ベンゾイル」とよんだ（前述の通り一分子内に存在する原子の数はまだ正確には決定で

$$\left.\begin{matrix}H\\H\end{matrix}\right\}O \qquad \left.\begin{matrix}C_2H_5\\H\end{matrix}\right\}O \qquad \left.\begin{matrix}C_2H_5\\C_2H_5\end{matrix}\right\}O$$

図 7-7　タイプ理論による水，エチルアルコール，ジエチルエーテル

きていなかった）。水素と結合していたベンゾイルが水素と別れ、代わりに塩素や臭素と結合し塩化ベンゾイルや臭化ベンゾイルに変化する。それらは水と反応し安息香酸に変化する。塩化ベンゾイルは、アンモニア、硫化鉛、シアン化水銀などと反応し、ベンズアミド、硫化ベンゾイル、シアン化ベンゾイルなどに変化する。だがそれらすべての反応でベンゾイルはいつも一定不変の元素集団として振る舞った。この「ベンゾイル基」以外にも、メチル基やエチル基などの集団が化学者によって見いだされた。

　次にタイプの概念を説明しよう。水は二つの水素原子と一つの酸素原子からなっているが、それは一つのタイプを構成している。二つのうちの一つの水素がエチル基（C_2H_5）と置換することでエチルアルコール（エタノール）が生成する。またイギリスの化学者アレクサンダー・ウィリアムソンは１８５０年に、エチルアルコールから水素がエチル基に置換することでジエチルエーテルが生成することを発見した。アルコールとエーテルとがこのような水と同じタイプになっており、水素を他のエチル基などで置換することでアルコールやエーテルが生成されることになる。タイプとはこのように原子や基が結合する一定のパターンを意味している。

水のタイプに加えてアンモニアももう一つの別のタイプとして見なされた。アンモニアは一つの窒素原子と三つの水素原子が結合したものと考えられる。それらの水素が、例えばエチル基と置換することで、エチルアンモニア、ジエチルアンモニア、トリエチルアンモニアなどとなっていく。酸素が二つの手をもちその手に水素やエチル基などを代わる代わるにもったように、窒素は三つの手をもちその手に水素やエチル基などを代わる代わるにもつと考えられた。このような水のタイプとアンモニアのタイプに加えて、水素分子や塩化水素もそれぞれ別のタイプと考えられた。

6 ケクレのベンゼン環の発見

これらのタイプに加えて、ケクレはもう一つのタイプを付け加えた。メタンを四つの手をもつ炭素からなるタイプとしたのである。それまでメタンは水素分子の中の一つの水素原子がメチル基と置換したものとみなされていたが、ケクレはそれを一つの別個のタイプとみなすことを提案した（実はケクレ以前にも、イギリスの化学者ウィリアム・オドリングが同様の見解を出していた）。

ここでケクレはこの炭素原子の四つの手のうちの一つが、別の炭素原子の一つの手と結びつく可能性を考えた。そしてその炭素原子のもう一つの手がさらに別の炭素原子の手と結びつき、そうしていくつもの炭素原子が次々に結合して鎖状になるという可能性を思いついた。彼の後年の回想によれば、そのアイデアはある晩馬車に乗りうたた寝をしている時にやってきたという。

私は夢の世界に迷い込んだ。どうだろう、目の前に原子が飛び跳ねていた。……小さな原子は結合してペアとなり、大きな原子は小さな原子を抱え、さらに大きな原子は三つや四つの小さな原子を抱え込む。そしてそれらは全員で目の回るような踊りを繰り広げている。大きな原子たちが小さな原子たちを引き連れ、鎖を作り出している。……そこまで夢を見ていたとき、車掌が「クラッパム・ロード」と停留所の名前を告げ、夢から覚めた。帰宅して、その夜のうちにうたた寝で見た原子たちの姿形を紙にスケッチしておいた。これが「構造論」の起原である。

小さな水素原子を抱えた大きな炭素原子が、隣の炭素原子と手をつなぎ、さらに隣の炭素原子が隣の隣の炭素原子と手をつなぎ、数珠つなぎになっていく。ケクレは夢の中でそのようなイメージを見たと回想し、それが有機化学構造論の起原だとした。だが彼はこの夢を見た後ただちに論文の執筆に取りかかったわけではない。炭素が鎖状になるという漠然としたアイデアは、実験事実に基づく確実な理論へと発表しようとはしなかった。

ケクレは、1859年に出版された有機化学の教科書において、そのような鎖状につながる考えを図で表して説明した。教科書の大部分はタイプの理論に基づき、数多くの有機物質の化学反応やその特徴を詳細に説明するものである。だがその中に、通常のタイプの表現法とは異なり、丸い玉がつながった図が描かれている（図7-8）。図の中の上段の3例（8a、8b、8c）は、それぞれ塩化水素、水、アンモニアの三つのタイプを表現したものである。塩素は一つの水素をもち、酸素は二つ、窒素は三つもつ。それらの水素が別の基と置換することで同タイプでありながら別の物質に変換する。

それに対して下段の長い分子の二例（8d、8e）は、四つの水素をもつことができる炭素が二つ、それぞれ一つの手を別の炭素の手とつなげている。そして第二の炭素は右端の水素の代わりに酸素と結びついている。また右下の例（8e）では第二の炭素には二つの酸素が結合しており、そのため第二の炭素はすべての水素を失っている。

ケクレの頭の中で、タイプはこのような数珠玉の連なりとして具体的な形を取り、お互いに手を繋ぐことによって連鎖を形成することができることになった。このように表されたケクレの数珠繋ぎの分子モデルは、あたかもソーセージのように細長くつながっている

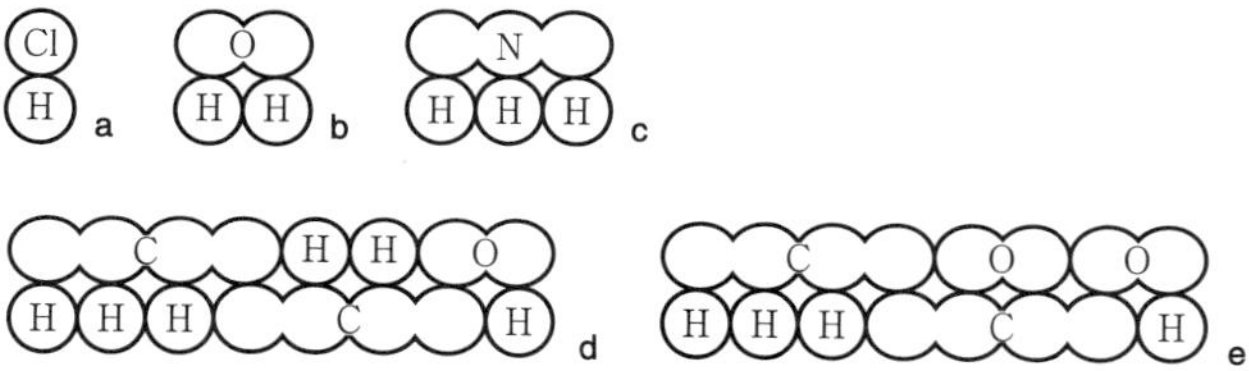

図 7-8a, 8b, 8c, 8d, 8e　数珠つながりとして表された分子

上左から塩化水素（HCl），水（H_2O），アンモニア（NH_3），下左からエチルアルコール（C_2H_5OH），酢酸分子（CH_3COOH）を表したものである。

出典：August Kekulé, *Lehrbuch der Organischen Chemie oder der Chemie der Kohlenstoffverbindungen*, vol. 1（Erlangen, 1867）, pp. 160 and 164. 原図を元に作図し、a ～ e の文字を添えた。

ことから、「ソーセージ・モデル」とよばれた。

ケクレはこのソーセージ・モデルを基にして、炭素原子6個からなるベンゼンの構造について画期的な理論を提唱することになる。それはベンゼンがリング構造をなしているというもので、彼はその考えを1865年に公表した。

この発見についてケクレは後年回想し、その際にもベンゼンの環状構造を思いつくような夢を見たとしている。それは次のような夢だった。

しばらくうたた寝をした。すると、またしても原子の群れが目の前に出現したのだ。今度は小さい連中は遠慮しているかの如く、ずっと後方に引き下がっている。頻繁に起きることなので、群像の格好をことごとく画然と見分けることができる。長い列が緊密に結びついていて、どれも蛇のようにうねりくねりする。そこに何かが見えてくる。1匹の蛇が自分の尻尾にかみつく

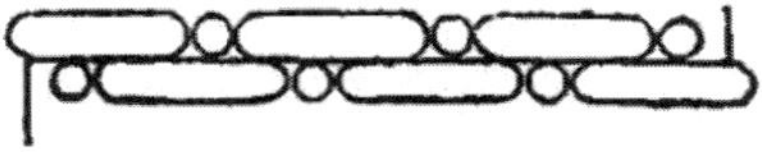

図 7-9　ケクレのベンゼンのモデル
小さい丸が水素原子，細長い輪が炭素原子。左端の炭素原子と右端の炭素原子が結合し，全体で輪っかになると考えられた。
出典：August Kekulé, "Sur la constitution des substances aromatiques," *Bulletin de la Société Chimique*, 2 (3) (1865), p. 108.

やいなや、人を愚弄するかのように私の目の前で回り始めたのだ。電撃を受けたかのように私は目を覚ました。

回想による説明なので、実際にそのような夢を見たのか、そしてまたそのような夢を見たことが環状構造の発見につながったのか、確実なことはわからない。そのような夢を見てすぐにベンゼン構造の新理論を世に問うたわけではなく、新理論を確証するためのさまざまな検討をこのときも重ねた。夢は時にヒントを与えてくれるけれども、そのヒントは役に立たないことや間違いのこともあり、周到にその意味することの信憑性をチェックしなければならない。ケクレ自身そのように述べている。

ケクレのベンゼン環の発見に一役買ったソーセージ・モデル、そしてそのソーセージ・モデルが考案された背景には化学者に広く使われていた前述のタイプの理論があった。タイプの理論やソーセージ・モデルが意味することは、酸素・窒素・炭素などに特定の数の手があるということである。

その考えを一般化すれば、すべての原子には原子固有の手の数がある、すなわち原子価をもっているということになる。ケクレの発見と彼の理論が受け入れられると、この原子価の理論も提唱され化学者の間で定着していき、タイプの概念は使われないようになった。またタイプの表現法やケクレのソーセージ・モデルに代わり、原子と原子とを線で結ぶ我々にはなじみ深い化学構造式が考案され、広く利用されていくことになる。

7 周期表

それまで不確定だった分子内の原子の個数について確定されるようになったのは、1860年にドイツのカールスルーエで開催された国際化学会議においてだった。この会議はケクレの提案で開催されたもので、その目的は、研究者の間で意見の分かれている原子量や分子量について標準的な数値を定めようとするものだった。

この会議でイタリアの化学者スタニスラオ・カニッツァロ（1826－1910）は、それより数十年も前に提唱され長い間受け入れられてこなかったアメデオ・アボガドロの仮説（同一の温度・圧力・体積の気体中には同一個数の粒子が含まれるとする仮説）を復活させ、出席者に提示した。この仮説に従うと、水素や酸素などは1原子ではなく2原子の分子からなることが帰結され、そのような2原子分子の前提に基づいて原子量も決定されていくことになる。カニッツァロの議論は説得的だったので、それ以降原子量や分子量なども確定され、それらの国際標準的な数値が定められることになった。

原子量や原子価が定められると、元素を原子量の順番で並べたり、原子価や原子の化学的性質から元素をグループに分けたりすることが化学者によって検討された。イギリスのジョン・ニューランズは、元素を原子量の順に並べていくと、八つ後に似通った元素が来ることを見つけ、ちょうど音階が八つの音階を経て1オクターブ上の音階になるように、元素もそのような8番周期の規則性があると指摘した。

ロシアの化学者ドミトリー・メンデレーエフ（1834－1907）はこの問題をさらに深く追求し、元素のもつ化学的性質だけでなく物理的な性質についても検討し、それらの類似性や定量的性質の規則性を考慮して、元素を周期的に並べる一覧表を編み出した。その表では、周期性や規則性を尊重し空欄の箇所が残され、その空欄に収まるような特定の性質をもつ元素の存在が予想されることになった。そのような元素の例として原子量68の元素が存在することを彼は予測したが、果たしてほぼその予測通りの原子量をもつ元素が発見され、新元素はガリウムと命名された。

こうしてメンデレーエフの周期表は広く受け入れられることになるが、その表の表現方

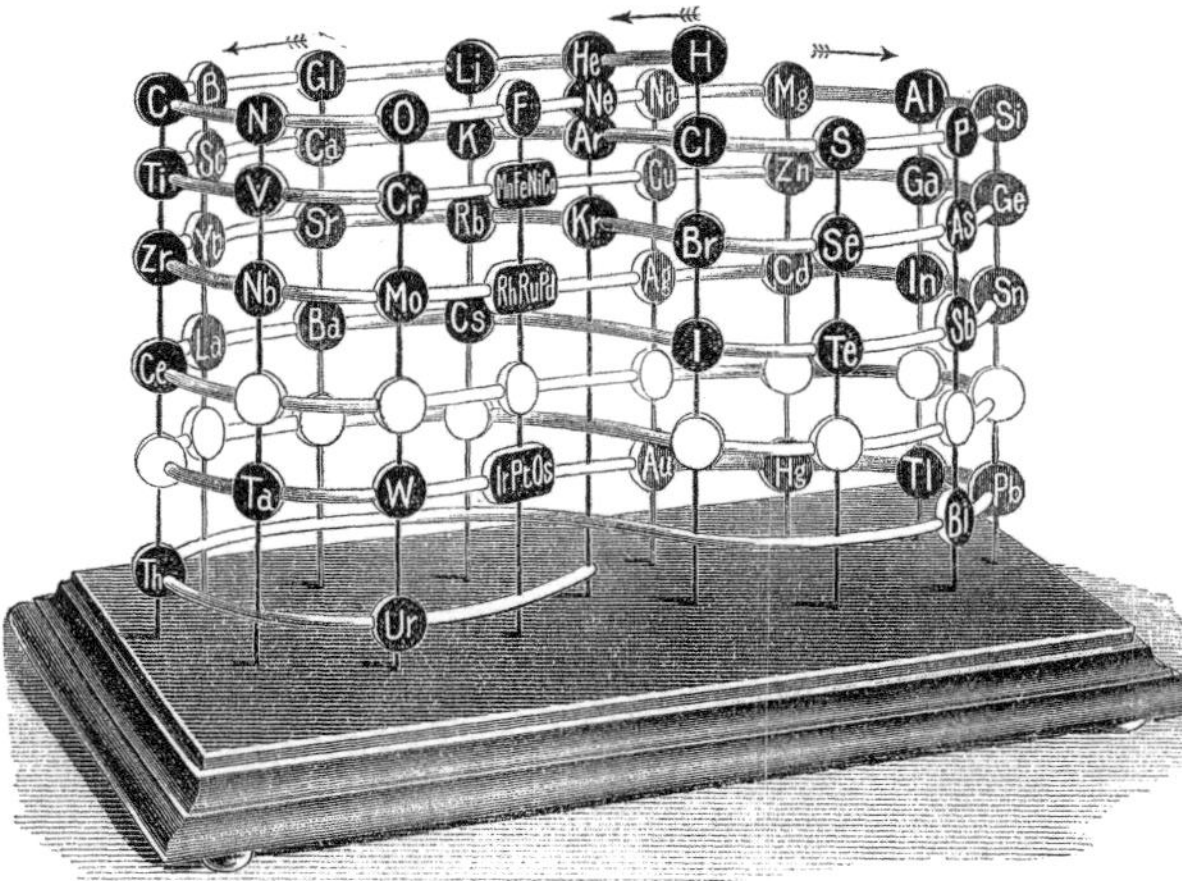

図 7-10　クルックスの考案した周期表模型

出典：William Crookes, "On the Position of Helium, Argon, and Krypton in the Scheme of Elements," *Proceedings of the Royal Society*, 63 (1898): 408-411, on p. 409.

法についてはいろいろな形式が考案された。今日の教科書でも長周期表と短周期表という二つの型が用いられたりするが、メンデレーエフの周期律の提唱後、実にさまざまな形式が提案されてきている。

通常の紙に書かれた周期表では、いちばん右にヘリウムやネオンなどの不活性元素が置かれ、その次の元素は次の段の左端に位置される。例えば2段目にはリチウムから始まりネオンに終わる八つの元素が並び、ネオンの次に来るナトリウムは次の行に置かれる。だが原子番号が続きになっているネオンとナトリウムを右端と左端に分けることなく、つなげて表現することはできないか。イギリスの物理学者ウィリアム・クルックス（1832－1919）は、そのように原子番号で隣り合う元素をつなげ、ラセン状の三次元的な周期配列の模型を紙上で表現してみた（図7-10）。

このような周期表あるいは周期表模型は、他にもさまざまな形式が考案されており、それらの多くはインターネット上のサイトでも見ることができる。

8 ボーアの原子構造モデル

20世紀の初頭には、原子の構造に関しては二つの見解が提出されていた。一つはジョセフ・ジョン・トムソン（1856－1940）によるもので、原子には彼の発見した負の電荷をもつ電子が安定になるように空間中に配置され、正電荷の雰囲気がそれを包み込んでいるというものであった。

一方、原子には正の電荷をもつ核が中央にあり、そのまわりを電子が飛び回っているという有核モデルも考えられていた。トムソンの学生でもあったアーネスト・ラザフォードは、放射性物質から出される放射線の一種であるα粒子を金属箔に打ち当てると、大きくはね飛ばされるα粒子があることから、原子内に荷電粒子の集中した核が存在することを実証した。この実験結果から、原子は正の電荷をもつ原子核と、そのまわりを飛び回る電子からなると考えられるようになった。

ラザフォードの下で研究していたニールス・ボーア（1885－1962）は、この有核原子モデルについて理論的に考察し、一つの陽子と一つの電子からなる単純な水素原子が生み出す光のスペクトルを原子モデルから説明しようとした。19世紀の間にさまざまな物質を加熱して発光させ、その光をプリズムで分散させることで、各元素が特有の光を発生したり吸収したりすることが理解されていた。その特有の光は一定の波長をもち、いくつもの波長の光が一定の順序で並ぶことで系列をなしていることも分かってきた。

その一方で、ドイツの物理学者マックス・プランクは高温状態になった物質から発生する光について研究し、その研究から光のもつエネルギーにはその振動数に比例するような最小のエネルギーの単位が存在することを1900年につきとめた。光には波の性質とともに、その最小のエネルギーを有して飛来する粒子のような性質も備わっていることが見いだされた。そのような特別の性質を備えた存在として「量子」という呼称が光に与えられた。ボーアはこの光の量子に関する議論をラザフォードが発見した有核原子モデルに適用し、水素原子が発生する光のスペクトルの系列を正確に算出することができることを突き止めた。ボーアの原子構造論の誕生である。

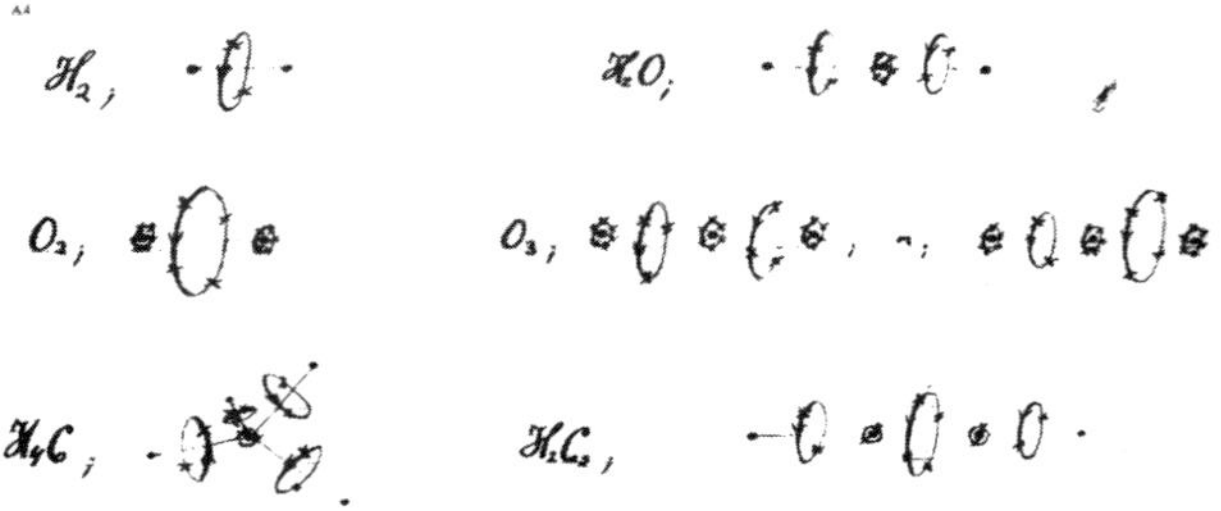

図7-11　ボーアによる原子や分子の模式図
出典：Niels Bohr, "The Rutherford Memorandum," 1912, reproduced from L. Rosenfeld, et al., eds., *Collected Works*, vol. 2, p. 138.

ボーアがその後発表していった論文には、有核原子の構造を表現するような図像がほとんど登場しない。ただ彼がラザフォードの発見に触発された直後に記した覚え書きには、二つの水素原子からなる水素分子や二つの水素原子と酸素原子からなる水分子などの原子の構造について模式的な図像が描き込まれ、彼がどのような視覚イメージを脳裏に描いていたのか直接伺い知ることができる。水素原子の場合は正電荷をもつ中心の点状の核と、そのまわりを回転する一個の負電荷をもつ電子から構成される。その水素原子が二つ結合して水素分子になるときは、原子核が左右に離れて存在し、その中央の垂直面上で二個の電子が一定の距離を保ちながら回転するような配置具合になる。今日の考えからはだいぶかけ離れたモデルをボーアは想像していた。

図7-11で、水素分子の下に描かれているのが酸素分子である。左右に存在する酸素の原子核は小さな塊とし

て描かれている。酸素には8個の電子があるとされるが、そのうちの6個が原子核のごく近くで回転しているが、2個の電子は二つの左右の原子核の間の垂直面上を回転する。両方の原子からの2個ずつの電子、計4個の電子が垂直面上の円軌道（水素の場合よりは少し大きな円軌道）を等距離の間隔をおいて回転している。図の右上は水の分子の構造であるが、酸素の原子核（と近傍の六つの電子）が中央に存在し、二つの水素の原子核が左と右に存在する。そして2電子が回転する円形軌道が二つ、三つの原子核の間に配置される。

ボーアは後に「3原子からなる水素分子モデル」と題される論文を出版しているが、その中でこのような原子核と回転する電子軌道からなる原子・分子のモデルを提示した。この時期のボーアは、新しいプランクの量子概念を利用しつつも、点状の正電荷の原子核や回転運動する電子など古典力学的なイメージを抱きながら、原子や分子の物理的構造の探求に取り組んでいた。

しかしこの時期の量子論は前期量子論と言われる。ボーア流の古典力学と単純な量子概念を結びつけた原子構造の研究は1920年頃には大きな困難に陥り、全く別のアプローチからの研究が必要になっていく。

9 量子力学と電子雲

ニュートン力学に取って代わる新しい量子力学に至る一つの道は、光や電子だけでなく物質一般を波としてみるアプローチからもたらされた。この常識外れのアイデアを提唱したのはフランスの物理学者ルイ・ド・ブローイ（1892－1987）である。彼は、1905年にアインシュタインが提出した相対性理論から導かれる公式に注目した。相対性理論によると質量が m の物体は $E=mc^2$ という巨大なエネルギーを持つことが示される（ここで c は光の速度を表す）。ド・ブローイはこの物質のもつ静止エネルギーの公式と、それ以前にプランクによって見いだされていた量子論の公式 $E=h\nu$ を結びつけ、物質が $\nu=mc^2/h$ という振動数をもつような波なのだと考えてみたのである。「物質波動論」という奇抜で独創的な理論がここに生み出された。

この突拍子もないアイデアに示唆を受けたオーストリアの物理学者エルヴィン・シュレディンガー（1887－1961）は、この物質波の考えを発展させ、その波が満たすべき方程式を導き出した。それが「シュレディンガー方程式」とよばれるものである。シュレディンガーはその後、彼の波動論的な力学とそれまでにヴェルナー・ハイゼンベルク

（1901－1976）らによって提唱されていた理論とが実質的に同等であることを示した。その合致により、彼らの理論は広く受け入れられ、ミクロの世界を説明する新しい量子力学と見なされることになった。

「シュレディンガー方程式」によって表現される物質の波とはいったいいかなる波なのか。その方程式は複素数で表される方程式で、その解となる波動関数も複素関数である。物理学者たちは、その波動関数の絶対値が物質粒子がある地点に存在する確率を表していると考えた。ただ元となるのは複素数で表される波動関数であり、他の波動関数と干渉して、打ち消したり強めあったりすることがある。

シュレディンガーの方程式は、単純な水素原子に関しては厳密に解くことができて、電子のもつ運動量や角運動量に応じて電子の波動関数が決定される。そのような波動関数を導出することで、電子が存在する確率が空間中にどのように分布しているか知ることができる。その様子を視覚的に表現しようとしたのが図7－12aである。アメリカの物理学者H・E・ホワイトによって作成されたその図は、雲のように表現された電子が原子核のまわりにぼんやりと存在している様子を示している。注意すべきは、本当の電子はそのように雲のようにして存在しているという訳ではないということ、その図はあくまでも存在確率の空間分布を表す概念図だということである。

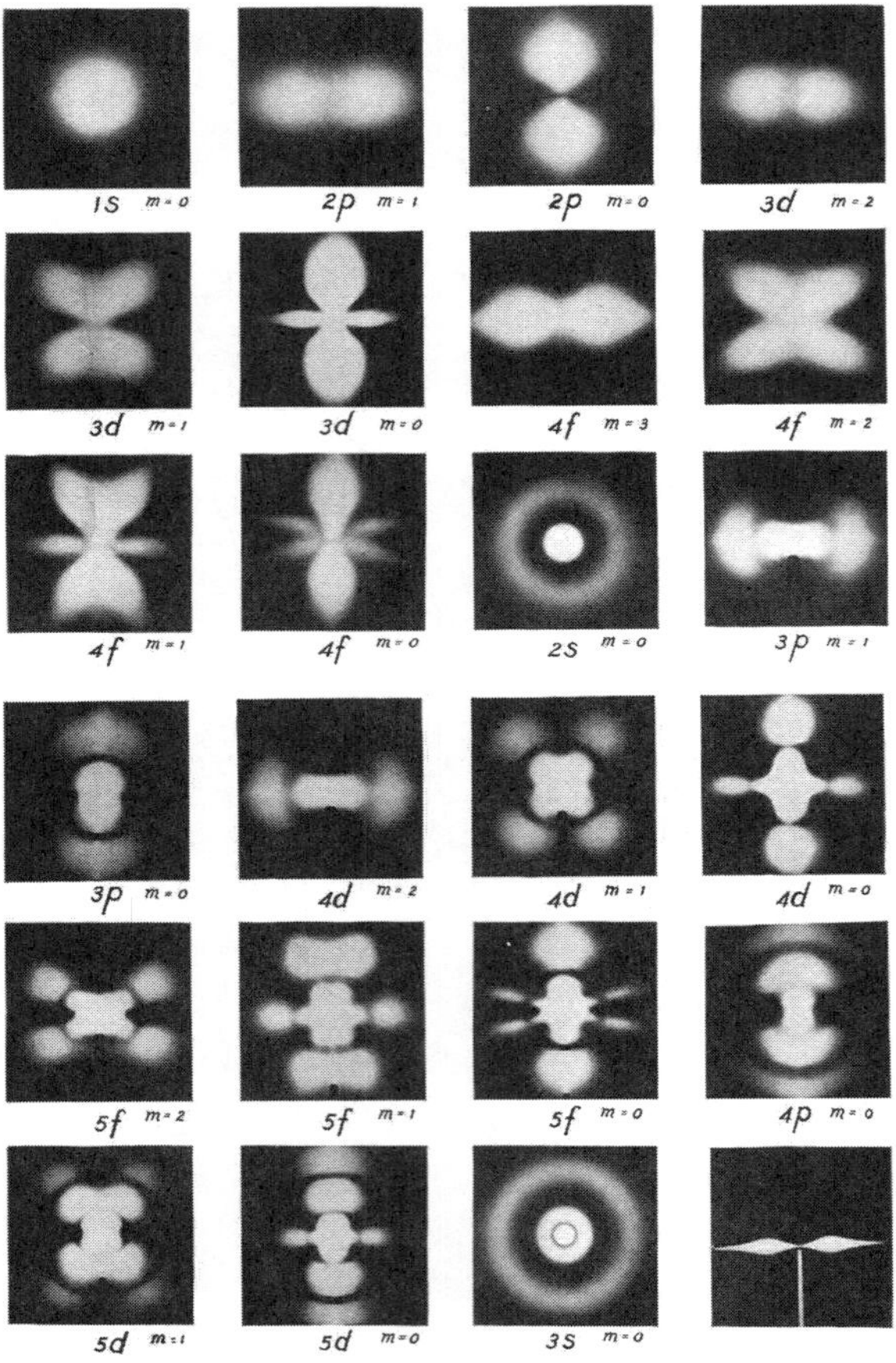

a

図 7-12a，12b（次ページ） 水素原子の電子雲の様子（12a）とそれを描くための装置（12b）

出典：H. E. White, "Pictorial Representations of the Electron Cloud for Hydrogen-like Atoms," *Physical Review*, 37（1931）, p. 1423, figure. 6; Ibid., p. 1422, figure. 5.

上の言わば「電子雲」を描いた図は、コンピュータ・グラフィックスなどの便利なツールがなかった時代に描かれたものである。波動関数の関数としての形が係数とともに正確に分かったとしても、それを簡単に図として表現する手段は当時存在しなかった。そこでホワイトは、図7-12aの右下に掲載される竹とんぼのような道具を高速で回転させて写真撮影するという方法を考案した。その装置の作動の様子を表したのが図7-12bである。「竹とんぼ」は中心Cが、下に設置されるモーターMによって支えられている。モーターが回転すると竹とんぼは水平方向に回転（自転）する。また竹とんぼはCを固定させて垂直方向の8の位置から水平方向の∞の位置まで90度回転することができる。竹とんぼの先端Sからひもが上方向につながっており、上の台のHの穴からひもの他端Rまでひもが伸びている。台の上には波動関数の関数形に対応して製作された木型Aがあり、その木型が右方向に一定速度で動くことで、円筒内のRの位置もそれに応じた速度で上下する。そしてRの上下運動に

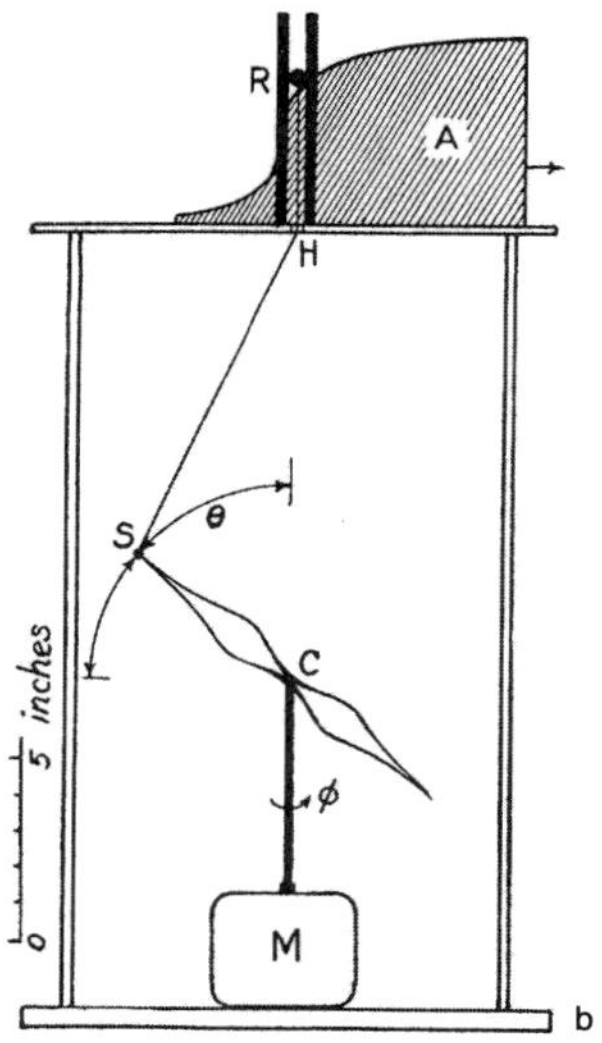

図 7-12b

応じて、Sの位置も上下に変化し、竹とんぼの回転する位置も変化することになる。「電子雲」を表現した図は、そのようにして竹とんぼを垂直から水平に徐々に寝かしつつ回転させた姿を、一定時間の間連続して写真撮影したものである。竹とんぼの羽が長く滞留した箇所は濃く白く、ゆっくり動いた箇所は淡く灰色に、そして速く通り過ぎた箇所は黒くなっている。原子核の周りで一定の角運動量をもつ電子は、このような確率分布で存在するものと考えられたわけである。

10 素粒子の飛跡

原子の構造と内部に働くメカニズムが明らかになってくると、物理学者の探究心は原子を構成する電子や陽子など、原子より小さい素粒子に向かっていった。１９３２年には原子核を構成するもう一つの素粒子である中性子が発見されるとともに、電子と同じ質量を持ちながら負電荷でなく正電荷をもつ陽電子が発見された。その後も多くの素粒子が発見されていくことになる。

そのような素粒子の検知装置として使われたのが、19世紀に発明された霧箱とよばれる装置である。過飽和の状態にある蒸気を詰めた箱の中を高速の荷電粒子が通過することで霧の筋が飛跡として残る仕組みになっている。素粒子を研究する物理学者はそのような霧箱をもって高い山に登り、宇宙から飛来する宇宙線の中に新しい素粒子を探し求めようとした。

そのような宇宙線の研究ばかりでなく、地上の実験室にサイクロトロンと呼ばれる荷電粒子を高速に回転させる加速器が発明され、その加速器で人工的な素粒子を生み出すことも追求された(加速器は第二次世界大戦中は原爆の開発にも一役買うことになる)。原子物理学の重要性から戦後加速器は急速に大型化して、その後継となるシンクロトロンとよばれる加速器も建設された。加速器の大型化とともに、それまで使われていた霧箱に代わって泡箱という検知装置が考案された。気体の代わりに液体を使い、霧の筋の代わりに泡の筋を見ようとする装置である。隙間だらけの霧箱に比べ、液体の詰まった泡箱では、外から飛んできた粒子が素通りすることなくより高い頻度で検知される。従って泡箱は観測作業のスピードが速く、霧箱が15分かかるようなところを5秒で完了することができた。

泡箱の中身としては初め100℃ほどで沸騰する液体が利用されていたが、しばらくして液体水素を利用することが提案された。その理由は飛び込んできたり発生したりした素粒子の速さと重さを、泡の筋の姿から計算するのにもっとも簡単なのが、1個の陽子だけからなる水素原子だったからである。しかし、水素を液体にするには絶対零度付近まで冷却しなければならない。実験装置はがぜん大がかりなものになってしまう。

技術的困難にもかかわらず、このアイデアに目をつけ、さっそく計画を提案する人物がいた。マンハッタン計画に参加した経験をもつ物理学者ルイス・ウォルター・アルバレス（1911－1988）である。彼は、最初10センチメートルほどの装置を考えていたが、すぐに各辺1・8メートルもあるような大きな容器を用いた大規模な装置を提案し、そのような巨大装置が製作されることになった。液体水素と冷却維持装置は、コロラドの低温研究所から支給されたが、その施設は水爆開発のために液体重水素の補給を担当していたところだった。

液体水素の泡箱を利用することは、さまざまな補助装置を必要としていった。泡箱内にできた泡の筋は、現れた途端に浮上し消えていってしまう。そのために高速写真で撮影することが必要とされた。高速写真で撮影すればそこで生まれる大変な数のカットを、1コマずつ解析するという膨大な作業が待っている。これを処理するために活用されたのが、当時まだ開発の初期段階だったコンピュータだった。数値計算をさせるばかりでなく、写真の飛跡をスキャンして読み取らせ、重要な粒子の飛跡を探し出す作業もさせたりした。さまざまなプログラムが開発され、コンピュータによるパターン認識の技術についても検討されていった。

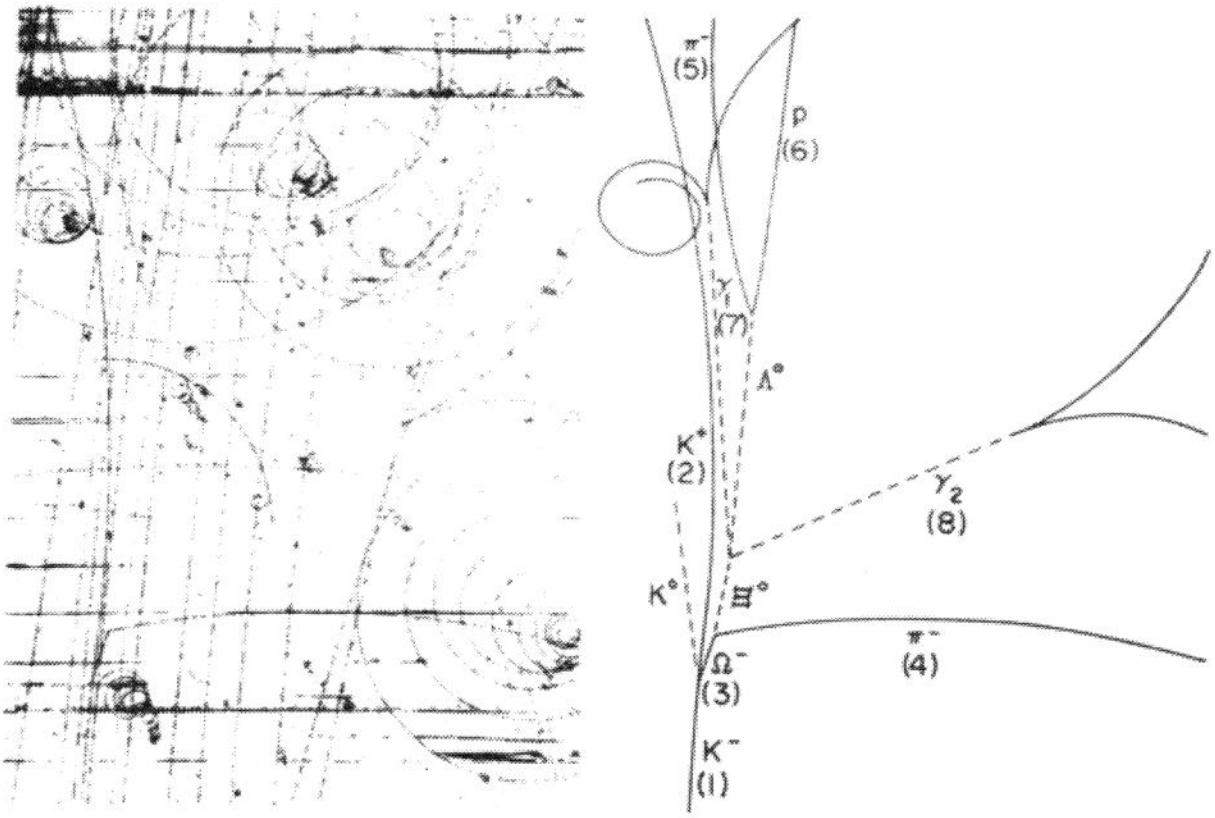

図 7-13　泡箱で観測された新素粒子（左）とその飛跡の模式図（右）

出典：V. E. Barnes et al., "Observation of a Hyperon with Strangeness Minus Three," *Physical Review Letters*, 12（1964）, p. 205.

図7-13は、ブルックヘイブン研究所の加速器で生じた素粒子の軌跡を撮影した画像である。左図が泡箱で観測された撮影画像であり、右図がその複雑な軌跡群の中から探し求めていた軌跡を抽出して模式化したものである。右の模式図は下に記されているK^-（K中間子）がいくつかの粒子に分裂し、さらに分裂や変成したりする様子を表している。その中にはπ中間子やγ線などが含まれている。その中で物理学者が探し求めていた粒子は、K^-のすぐ上に描かれたΩ^-（オメガ粒子）だった。この発見により素粒子を分類する一つの理論が確証され、さらに素粒子よりも小さいクォークの存在へと物理学者の研究を誘うことになった。

11　素粒子から宇宙へ

１９６０年代以降も、素粒子論の研究は急速に長足の進歩を遂げていった。電磁気力と弱い相互作用を統一的に説明し、多くの素粒子の合理的な分類体系を提供するような標準理論と呼ばれる素粒子理論が受け入れられるようになった。古代からそれ以上は分解されることのないとされてきた原子が、電子や陽子などの素粒子によって構成されていることが明らかにされたが、今や陽子や中性子などの素粒子はさらに小さなクォークと呼ばれる粒子によって構成されることが提唱され、そのクォークの存在も実験的に検証されていった。

ごく最近では標準理論とともに存在が予測されていたヒッグス粒子が、欧州原子核研究機構（ＣＥＲＮ）がジュネーブに建設した大型ハドロン衝突型加速器（ＬＨＣ）によって検知され、その存在が確証された（その粒子を予測していたピーター・ヒッグス（１９２９－）は、この発見により２０１３年にノーベル物理学賞を受賞した）。物質の有する質量についてもヒッグス粒子とそれが生成する場によって説明されるようになってきている。

本書第1章で、20世紀の天文学の発展により宇宙が膨張していることが突き止められたことを説明した。宇宙が膨張するということは、はるかかなたの過去に遡れば、宇宙が一点(小さな大きさの空間)に集中し膨張が開始する時点があったことを含意する。そのような時点で宇宙の巨大な爆発——ビッグバン——があったと考えられるわけである。そのような宇宙の始まりであるビッグバンから現在に至るまで、宇宙は百数十億年の年齢を経ていると考えられている。

素粒子論の研究はそのようなビッグバンの状態がどのような状態だったのか、ビッグバン以降に宇宙はどのような経緯を経たのか説明する鍵を提供してくれている。20世紀後半になり、究極のミクロの世界の探求が究極のマクロの世界の探求と密接に結びつくようになってきたのである。

素粒子論が宇宙の構造や起源を説明する重要な鍵を与えてくれる一方で、宇宙の観測は素粒子論や物理学に大きなヒントや疑問を提示してきている。銀河や遠い宇宙の観測によって、宇宙にはこれまでの観測機器では捉えられなかった何らかの物質が莫大な量が存在すると考えられるようになった。そのような存在として暗黒物質(ダークマター)とよばれる今までの素粒子物理学では説明されてこなかった未知の物質が存在するのではないかと推測されている。

また最近の天文観測によれば宇宙は膨張しているだけでなく、その膨張の速度が加速し

図 7-14　スペース・テレスコープで観測された百億光年彼方の星雲群
出典：Hubble Site〈http://hubblesite.org/newscenter/archive/releases/2012/37/image/a/〉
Credit: NASA, ESA, G. Illingworth, D. Magee, and P. Oesch（University of California, Santa Cruz), R. Bouwens（Leiden University), and the HUDF09 Team

ているという。そのような膨張速度の増加を説明するために、宇宙には暗黒物質ならぬ暗黒エネルギーが満ちていると推測されるようになった。暗黒物質とともに暗黒エネルギーなるものがいったいどのようなものなのか、そのような仮説的な存在をどのようにして確証していけばいいのか、困難で謎めいた問題に現在の物理学者や天文学者は挑戦している。

あとがき

本書は、2008年に東京大学出版会から出版した『描かれた技術 科学のかたち――サイエンス・イコノロジーの世界』の続編として執筆したものである。前著の『描かれた技術』では、どちらかと言えば技術史のトピックを中心に、科学技術の歴史において図像や画像が鍵として利用されるような事例を選び、その歴史的な意義や背景を解説した。

本書は、その続編ではあるが、前著とは異なり科学史（と医学史）のトピックに焦点を据え、それぞれの分野の近代以前から現代に至るまでの歴史的発展が大まかにでも追えるようにトピックを配列した（前著のトピックの中でも、本書の科学史医学史の流れに添うものを3篇ほど選び、内容を短縮したうえで、本書でも利用させてもらった）。そのため7章各章に約10節のトピックを盛り込み、70ほどの歴史事例を追いかけることになるが、それぞれが科学史においてそれなりに大きな事例になっている。数ページ足らずの短い節では説明しきれない意義や重要性をもっており、そのため少し物足りない思いをもたれる読者もいるかもしれない。ご寛恕をお願いする次第である。

†最近の科学史研究から

科学・技術・医学の歴史における図像や画像の製作と利用については、近年大変盛んに研究が進められているテーマであり、そのことは２００８年に前著のあとがきでも紹介したが、その後８年ばかりの年月が経ってもその活況は衰えないような状況である。それらの新しい研究成果を参考にして執筆した節もある。それらの近年の研究を広範にサーベイして論点を整理しつつ紹介した文献として、ドイツの科学史家クラウス・ヘンチェルが著した『科学技術における図像文化』（２０１４）という著作がある。本書の参考文献でも簡単に紹介したが、同氏がそのために２０００余りの文献をサーベイしたというのに驚いた。そこには当時の歴史的な文献も含まれるのだが、膨大な数の歴史研究の文献もまた含まれるのである。

同書の中で取り上げられていた事例で、本書には入れなかったがよく覚えている興味深い事例を二つほど紹介しておこう。その一つは「パターン認識」に関すること、もう一つは科学者と画家の関係に関することである。

最初の事例は、火星に運河が観測されたというエピソード、今からは完全に誤っていたとされる19世紀末から20世紀初頭にかけての事例である。19世紀は望遠鏡の精度が大きく向上した。望遠鏡で火星を観測し、そこに斑点ばかりでなく、幾何学的な線を見いだす天文学者が現れた。その中の1人アメリカ人天文学者パーシヴァル・ローウェルは、そのような火星上の線を認知し、それを運河、おそらくは高度な知性をもつ火星人によって建設されたものだと考えた。それに対して、火星の表面に幾何学的な線を見て取ること自体に疑いの目を向ける科学者も現れた。イギリスの天文学者エドワード・モーンダーは、近くの学校の少年たちに火星の表面模様に似せて斑点をちりばめた画像を離れた距離から見てもらった。彼らが見たとおりにスケッチを描くと、そのスケッチにも線を描かれる傾向があった。実際の画像には線がなく斑点の集合だったにも関わらず、少年たちは線をそこに見て取った。論争はその後も続いたが、結局はそのような運河はなく、線に見えたのは錯覚だという意見に軍配があがった。

自然界には多種多様の模様が存在する。科学者はそれらを観察し一つのパターンをそこに認めたりする。だがそのパターンの認識には錯覚のような視覚上の性癖が働いたり、見慣れたパターンを無意識に読み取ってしまったりする。自然の観察は一筋縄ではいかないことを、このパターン認識の事例は教えてくれている。

もう一つの事例は、科学者と画家との関係に関するもので、20世紀の生化学の歴史からのエピソードである。ノーベル賞受賞者として有名なライナス・ポーリングは高分子化学の研究において、研究上で遭遇した高分子の構造を図像化する際に、建築家で画家でもあったロジャー・ヘイワードに描いてもらった。ヘイワードは『サイエンティフィック・アメリカン』（邦訳が『日経サイエンス』として出版されている）の挿絵を20年間担当して描き続けた人物でもある。彼はポーリングからの注文を忠実に反映する複雑な分子の立体構造図を描いた。だが時には、分子内の原子の位置関係についてヘイワードから疑問が出され、修正することになった場合もあったという。

科学者と画家との関係は通常は、科学者の指示を画家が忠実に聞き、その指示を正確に反映して描画を履行するという一方向的な関係である。しかし上の事例は、時には画家の側からの意見も科学者の現象理解に影響を及ぼすような場合もあること、科学者と画家との間に双方向的な関係もありうることを教えてくれている。

†発見から普及まで、発案から製作まで

第一の事例は「パターン認識」に関する事例、第二の事例は「図像製作者の役割」に関する事例である。そしてまた双方とも科学的発見の一過程において画像の読み取りや、図像の製作に関するできごとである。その二つのポイントに関連させ、研究における発見から普及までという軸と、図像の発案から製作までという軸とを導入して、論点を整理して

みることにしよう。

科学者は、自然に生じるさまざまな事物や現象を研究し、その過程で新奇な事物や現象を発見する。その発見を分類体系や理論体系に位置づけたりしつつ、他の科学者たちに認めてもらい受け入れてもらっていく。さらにその研究成果は、科学者の集団（科学者共同体）を越えて、科学雑誌などを通じて一般の人々にも伝えられていく。この一連のプロセスにおいて、図像は適宜利用され、時には大変重要な役割を果たしていく。上の事例の「パターン認識」は、発見の過程に関わることであり、しかも誤って発見だと思い込んでしまったことが後日明らかになったケースである。

同様の事例として、ヴェゲナーが着目し大陸移動説の提唱につながったアフリカ大陸と南米大陸との海岸線の輪郭の一致というパターン認識の例を取り上げることもできよう。この場合、誤りではないことがその後明らかになったが、その輪郭の一致、付随する対応地域における地質や植生の一致だけでは、他の科学者を納得させるには至らなかった。パターンを見いだすことは新しい発見につながる一つのステップであるが、それが科学的事実として広く受け入れられるためには別の系統の証拠がしばしば必要とされた。その一方で、単純で美しいパターンには、多くの科学者に受け入れられるばかりでなく、ふつうには科学を解さぬ多くの一般人にもその発見を理解してもらえるような特別の力が備わっていると言えよう。

科学者が器具を通して生命や物質を観察したり、理論的考察を通してある種のパターンを認識したりする。観察した画像、想像したパターンは、その科学者によってスケッチに描かれたり、プロの画家によってイラストレーションに描かれたりする。本書においても植物の姿形は植物学者によってスケッチされ、画家や版画家によって植物図として仕上げられていく事情を見た。読者が見るのは、実際の自然界に存在する物や現象そのものの姿でなく、何段階ものステップを経て紙の上に表現された事物である（今日ではコンピュータ・スクリーン上に映し出されたものである）。その過程には、科学者以外の芸術家や器具職人、そして表現のために活用された各種の技術道具が介在している。

†スミスの地質地図をめぐって

最後に本書を執筆していて印象に残る図像を一つ記しておくことにしよう。それは実は前著の『描かれた技術　科学のかたち』で取り上げたが、本書では第3章で話題にしたが図像自体は掲載しなかったものである。それはウィリアム・スミスの地質地図、イギリス全体でどのような地層の重なりが存在するか、地表に現れる地層ごとに色分けして地図上に描いた図である。スミスについての話は、前著を書いたときには、もっぱらサイモン・

ウィンチェスターの『世界を変えた地図』という著作を参考にして紹介した。だがその後、ウィンチェスターの著作の叙述がやや一面的に歴史を捉えていることを知り、科学史家たちの著したロンドン地質学会の歴史論文集を読み、スミスとは独立に地質学会でも同様の地質地図を製作していたことに気づいた。その論文集は、インターネット上でもほぼ全文を閲覧することができ、事情を知ることができた。だがインターネット上の「グーグルブック」には残念なことに図が省略されている。仕方がない、本を急ぎ外国から取り寄せ、そこに掲載される地質地図を見ることができた（学会の地図がインターネット上でも見られることを後で知った）。

スミスの地質地図は地質学会で大判のポスターが通信販売しており、それを入手して間近に見ることができていた。大きな地図に地表に露出する地層がきれいに色分けされ、とりわけ彼が活発に活動していたロンドンとブリストルの間の地域は綿密に色分けが施されている。よく1人でこのような作業をこなすことができるものだと感心したものである。今回、地質学会史の本を取り寄せたところ、スミスの地質地図が1ページに大きく掲載されていた。色使いはややポスターとは違っていたが、細かい描かれ方はよく分かった。では地質学会で作成していた地質地図はどうだったか。ページをくくり、その地図を見ると、それはスミスのものと同様のものだったが、それよりはさらに精度が高く、細部が精密に描かれていた。色分けの仕方はやや違うがそれほど大きな違いはない。ただ精度がだいぶよいような感じである。

本書第3章の該当節においても触れたように、スミスの地図と学会の地図との大きな違いは、後者が多くの手を経た共同作業の成果であり、それだけ信憑性も高かったということである。スミスの地図だけが製作され、同様の地図が地質学会で製作されていなかったら、スミスの地図はどのように受け止められただろう。1人の人物がそれだけのことを成し遂げたとしても、それが正確で信頼できる地質図だと誰が思ってくれただろう。地質学会史の論文を読みながら、改めてそのように思った次第である。

前著では科学史や技術史に現れる図像をメインに据え、各章の話題の関係にはことさら配慮をしなかったが、本書では七つの分野での科学の歴史的発展が一つのストーリーとして読者に伝わるように心がけた。そのため、図像としてはさほど際だった重要性をもつものではなくとも、歴史の流れを解説するために挿入したものもいくつかあった。また図像として面白い話題を背景にもつようなものも、歴史的に脇道に逸れてしまうような場合には割愛することにした。本書で掲載した多くの図像は他の論文や書物で利用されたものを引用してきたものだが、いくつかは筆者自身が探してきたものもある。今後はそのような図像もさらに紹介していくことができればと思っている。

本書の内容はやや専門から踏み出す領域について執筆することもあり、勉強をしながらの執筆だった。草稿の一部を山田俊弘氏、廣野喜幸氏、飯田香穂里氏に読んで頂き、貴重なコメントとアドバイスを頂いた。感謝申し上げる。まだ瑕疵や説明不足の箇所が残っていたとすれば、それらはすべて著者の責任である。

本書は、前著の出版後、筑摩書房の小船井健一郎氏から新たな新書の執筆を打診頂いたことに端を発している。快くお引き受けしたものの、専門とする科学史技術史の分野から踏み出すことで自分でも勉強しつつの執筆作業となりずいぶんと時間をかけることになった。その作業を忍耐強く見守り励まして頂いた小船井氏に感謝申し上げる次第である。新しく学んだことを小船井氏に説明できることを楽しみながら、執筆を進めることができた。

橋本毅彦

参考文献

本書の執筆にあたっては多くの著作や論文を参照した。以下は、それらの参照した著作、論文の中で重要なもの、さらに本書を読み興味を膨らませてくれた読者がさらに歴史的背景を知るために参考となる文献をリストにしたものである。

序章と全体

科学における図像利用の歴史については、筆者の前著1と大変多くの図を収録した2（原題は『アルバム・オブ・サイエンス』）がある。3、4はそのような科学における図像利用の歴史を、歴史的・哲学的観点から総括的に分析したもの。5は「あとがき」にも触れた通り、最近に至るまでの多くの歴史研究文献を網羅的にサーベイし、論点を整理したものである。6、7は科学史家が丹念に解説した科学者の伝記集であり、科学史的背景をさらに学ぶことができよう。また8を読むことで、序章より詳しい科学史の流れを概観できる。

1　橋本毅彦『描かれた技術　科学のかたち——サイエンス・イコノロジーの世界』（東京大学出版会、

2008年）。

2 I・バーナード・コーエン総編集『世界科学史百科図鑑』全6巻（原書房、1992－1994年）。

3 Brian S. Baigrie, ed., *Picturing Knowledge: Historical and Philosophical Problems Concerning the Use of Art in Science* (Toronto: University of Toronto Press, 1996).

4 Lorraine Daston and Peter Galison, *Objectivity* (New York: Zone Books, 2007).

5 Klaus Hentschel, *Visual Cultures in Science and Technology: A Comparative History* (Oxford: Oxford University Press, 2014).

6 Charles C. Gillispie ed., *Dictionary of Scientific Biography* (New York: Scribner, 1970-1980), 16 vols.

7 Noretta Koertge ed., *New Dictionary of Scientific Biography* (New York: Scribner, 2007), 8 vols.

8 橋本毅彦『〈科学の発想〉をたずねて——自然哲学から現代科学まで』（左右社、2010年）。

第1章　天文

1、2は天文学の通史。それぞれ、遠い天体までの距離の測定と宇宙構造論の歴史的発展、天体力学・天体物理学の歴史を詳しく解説する。3、4はガリレオが望遠鏡で観測した天体について論じたもの。5はヘヴェリウスの望遠鏡観測図を論じたもの。著者の1人Van Heldenは望遠鏡に関わる天文学史の研究文献を多く出版している。6は「まえがき」でも言及した17世紀の望遠鏡職人による月面図の歴史的背景を解説した筆者による短報。7はM51星雲が観測され描画された経緯を詳しく論じる。8は一般相対性理論を立証したとされるエディントンによる皆既日食観測と観測結果分析の舞台裏を説く。9は宇宙望遠鏡で観測される天体の姿とアメリカの風景画の伝統との関係を論じる。

1 中村士・岡村定矩『宇宙観5000年史——人類は宇宙をどうみてきたか』(東京大学出版会、2011年)。

2 桜井邦朋『新版天文学史』(筑摩書房、2007年)。

3 Lawrence Lipking, *What Galileo Saw: Imagining the Scientific Revolution* (Ithaca: Cornell University Press, 2014).

4 伊藤和行『ガリレオ——望遠鏡が発見した宇宙』(中央公論新社、2013年)。

5 Mary G. Winkler and Albert Van Helden, "Johannes Hevelius and the Visual Language of Astronomy," in *Renaissance and Revolution* (Cambridge: Cambridge University Press, 1993), pp. 97–116.

6 橋本毅彦「17世紀の月面図」、『東京大学「教養学部報」精選集』(東京大学出版会、2016年)、12ページ。

7 Omar W. Nasim, *Observing by Hand: Sketching the Nebulae in the Nineteenth Century* (Chicago: University of Chicago Press, 2013).

8 Alistair Sponsel, "Constructing a 'Revolution in Science': The Campaign to Promote a Favorable Reception for the 1919 Solar Eclipse Experiments," *British Journal for the History of Science*, 35 (2003): 439-467.

9　Elizabeth A. Kessler, *Picturing the Cosmos: Hubble Space Telescope Images and the Astronomical Sublime* (Minneapolis: University of Minnesota Press, 2012).

第2章　気象

1はデカルトの気象学の歴史的背景を解説する。2は真空実験から気圧計の発明に至る過程を詳しく述べる。3はランベルトの研究プログラムとグラフの活用について論じる。4は雲の分類を試みたハワードの伝記。5と6はロンドンの気象台と香港の気象天文台の歴史をそれぞれ詳細に解説する。7はノルウェーのビヤークネス親子による気象学研究を解説する。8、9は日本語で解説される気象学の歴史。10は天気図を含み、気象現象を示すさまざまな図像を解説する。11と12は気象衛星の初期の開発史。

1　Craig Martin, *Renaissance Meteorology: Pomponazzi to Descartes* (Baltimore: Johns Hopkins University Press, 2011).
2　W. E. Knowles Middleton, *The History of the Barometer* (Baltimore: Johns Hopkins University Press, 1964).
3　Maarten Bullynck, "Johann Lambert's Scientific Tool Kit," *Science in Context*, 23 (2010): 65-89.
4　リチャード・ハンブリン（小田川佳子訳）『雲の「発明」』（扶桑社、２００７年）。

5 Malcolm Walker, *History of the Meteorological Office* (Cambridge: Cambridge University Press, 2011).

6 P. Kevin MacKeown, *Early China Coast Meteorology: The Role of Hong Kong* (Hong Kong: University of Hong Kong Press, 2011).

7 Robert Marc Friedman, *Appropriating the Weather: Vilhelm Bjerknes and the Construction of a Modern Meteorology* (Ithaca: Cornell University Press, 1989).

8 斎藤直輔『天気図の歴史――ストームモデルの発展史』(東京堂出版、1982年)。

9 古川武彦『人と技術で語る天気予報史――数値予報を開いた〈金色の鍵〉』(東京大学出版会、2012年)。

10 Mark Monmonier, *Air Apparent: How Meteorologists Leaned to Map, Predict, and Dramatize Weather* (Chicago: University of Chicago Press, 1999).

11 William W. Vaughan and Dale L. Johnson, "Meteorological Satellites——The Very Early Years, Prior to Launch of TIROS-1," *Bulletin of the American Meteorological Society*, 75 (1994): 2295–2302.

12 Mark Williamson, "'And Now the Weather': the Early Development of the Meteorological Satellite," *The International Journal for the History of Engineering and Technology*, 66 (1994): 53–76.

第3章　地質

1、3、5、7は地質学の歴史をそれぞれの視点から概説する優れた著作。2は『デ・レ・メタリカ』所収の図とともに、本書第3章の図3-2の内容と背景を詳しく論じる。著名な地質学史家ラドウィックの著作はいずれも読み応えがあるが、4は第4章の図4-10を含む多くの太古の想像図を紹介し解説する。8と9はそれぞれハットンとスミスの伝記。「あとがき」に記したように、10は9が論じきれていない地質学会による地質地図の作成作業の経緯とその意義を論じる。11は恐竜の化石の発見、12は氷河期の発見をめぐる歴史を解説する。13は氷河期という概念がいかに発想され受容されたかを論じ、14は「アイス・エイジ」が「氷河期」と日本語に意訳された経緯を解説する。15、16は大陸移動説の提唱からプレートテクトニクス理論の受容までを解説する。16は地質学の発展、プレートテクトニクス理論の登場などとクーンの「科学革命論」との関係も論じる。

1　ガブリエル・ゴオー（菅谷暁訳）『地質学の歴史』（みすず書房、1997年）。
2　Owen Hannaway, "Reading the Pictures: the Context of Georgius Agricola's Woodcuts," *Nuncius* vol. 12, no. 1 (1997): 49-66.
3　矢島道子『化石の記憶——古生物学の歴史をさかのぼる』（東京大学出版会、2008年）。
4　マーティン・J・S・ラドウィック（菅谷暁訳）『太古の光景——先史世界の初期絵画表現』（新評論、2009年）。

5 ——（菅谷暁、風間敏訳）『化石の意味——古生物学史挿話』（みすず書房、２０１３年）。

6 Martin J. S. Rudwick, "The Emergence of a Visual Language for Geological Science, 1760–1840," *History of Science*, 14（1976）: 149–195.

7 ——, *Earth's Deep History: How It Was Discovered and Why It Matters*（Chicago: University of Chicago Press, 2014）.

8 ジャック・レプチェック（平野和子訳）『ジェイムズ・ハットン——地球の年齢を発見した科学者』（春秋社、２００４年）。

9 サイモン・ウィンチェスター（野中邦子訳）『世界を変えた地図——ウィリアム・スミスと地質学の誕生』（早川書房、２００４年）。

10 Simon J. Knell, "The Road to Smith: How the Geological Society Came to Possess English Geology," in C. L. E. Lewis and S. J. Knell, *The Making of the Geological Society of London*（London: Geological Society, 2009）: 1–47.

11 デニス・R・ディーン（月川和雄訳）『恐竜を発見した男——ギデオン・マンテル伝』（河出書房新社、２０００年）。

12 エドモンド・ブレア・ボウルズ（中村正明訳）『氷河期の「発見」——地球の歴史を解明した詩人・教師・政治家』（扶桑社、２００６年）。

13 Tobias Krüger, *Discovering the Ice Ages: International Reception and Consequences for a Historical Understanding of Climate*（Leiden: Brill, 2013）.

14　岩田修二「「氷河」という訳語の由来」、『日本雪氷学会誌』第62巻、2000年、129-136頁。

15　Ursula B. Marvin, *Continental Drift: The Evolution of a Concept* (Smithsonian Institution Press, 1973).

16　都城秋穂『科学革命とは何か』（岩波書店、1998年）。

第4章　植物と動物

植物図譜の歴史の解説書は数多いが、1はその中でも優れた概説書。2はフックスの植物図とともにヴェサリウスの解剖図を論じる好著。3は18世紀の植物図譜の系譜、描画の技法や形式などについて論じる。4はリンネとその弟子たちの業績を解説し、5はその1人江戸の日本に来訪したツュンベリーの功績に触れつつ明治以前の植物学の系譜を説く。6は西洋の植物画とともにシーボルトの業績に触れる。7はフォーチュンの冒険談とともに、茶の苗が中国から英領のインドへもたらされた経緯を述べる。動物学と動物画の系譜については、70年代の著作だが8が参考になる。9はトランブレーの論考を解説した上で、論考を載録する。10は半世紀前の小著だが、地質学と古生物学の発展に大きく貢献したキュヴィエの業績をわかりやすく解説する好著。11はダーウィンの残した図像を解説する。動画の発明者の1人であるマイブリッジの業績については12を参照。13は1930年代のキリンの斑をめぐる論争について、当時の論文とともに現代の観点から解説論文を収録する。14は寺田の影響を受けてスパークや雪の結晶の形状とパターンを探求した中谷宇吉郎について論じる。15は現代の数理生物学の教科書で、チューリングの微分方程式などについて説明する。

1 ウィルフリッド・ブラント（森村謙一訳）『植物図譜の歴史――ボタニカル・アート：芸術と科学の出会い』（八坂書房、１９８６年）。

2 Sachiko Kusukawa, *Picturing the Book of Nature: Image, Text, and Argument in Sixteenth-Century Human Anatomy and Medical Botany* (Chicago: University of Chicago Press, 2012).

3 Kärin Nickelsen, *Draughtsmen, Botanists and Nature: The Construction of Eighteenth-Century Botanical Illustrations* (*Archimedes*, vol. 15) (Dordrecht: Springer, 2006).

4 西村三郎『リンネとその使徒たち――探検博物学の夜明け』（朝日新聞社、１９９７年）。

5 木村陽二郎『日本自然誌の成立――蘭学と本草学』（中央公論社、１９７４年）。

6 大場秀章『植物学と植物画』（八坂書房、２００３年）。

7 サラ・ローズ（築地誠子訳）『紅茶スパイ――英国人プラントハンター中国をゆく』（原書房、２０１１年）。

8 David Knight, *Zoological Illustration: An Essay towards a History of Printed Zoological Pictures* (Folkstone: Dawson, 1977).

9 Sylvia G. Lenhoff and Howard M. Lenhoff, *Hydra and the Birth of Experimental Biology–1744: Abraham Trembley's Mémoires Concerning the Polyps* (Pacific Grove, CA.: Boxwood Press, 1986).

10 William Coleman, *Georges Cuvier, Zoologist: A Study in the History of Evolution Theory* (Cam-

bridge, Mass.: Harvard University Press, 1964).
11 Julia Voss (trans. by Lori Lantz), *Darwin's Pictures: Views of Evolutionary Theory, 1837-1874* (New Haven: Yale University Press, 2010).
12 Stephen Barber, *Muybridge: The Eye in Motion* (Washington, D.C.: Solar Books, 2012).
13 松下貢編『キリンの斑論争と寺田寅彦』（岩波書店、２０１４年）。
14 Takehiko Hashimoto, "Observing Cracks, Sparks, and Snow Crystals: Torahiko Terada and His Students' Pursuit for the 'Physics of Form,'" *Historia Scientiarum*, 23 (2013-14): 214-240.
15 本多久夫編『生物の形づくりの数理と物理』（共立出版、２０００年）。

第5章　人体

1、2は古代から現代に至る解剖図譜の歴史を解説する著作。3は解剖図が描かれる前提となる版画や印刷技術について解説する。4は腎臓の構造と機能の学説史を説くもので、同論文を収める論文集は血液の循環をめぐる生理機能の歴史的発展を詳しく伝える。5、6は『解体新書』の翻訳活動に関する医学史家の解説書と小説家による物語。7はカハールの脳神経研究における観察と描画の重要性を分析した好論文。8は脳神経の図像を数多く掲載し、その学説の発展を説く。9はMRIなどの診断画像技術の発達を解説する。10は解剖学の一般的な解説書。11は図を多く見せながら医学の発展史を解説する。

1 K. B. Roberts and J. D. W. Tomlinson, *The Fabric of the Body: European Traditions of Anatomical Illustration* (Oxford: Clarendon Press, 1992).

2 坂井建雄『図説　人体イメージの変遷』（岩波書店、２０１４年）。

3 坂井建雄「解剖学書を支える技術の進化——書物の形態と版画・印刷の技術」、同『人体観の歴史』（岩波書店、２００８年）、２６２-２９８頁所収。

4 H. W. Smith, "Renal Physiology," in A. F. Fishman and D. W. Richards eds., *Circulation of the Blood: Men and Ideas* (Oxford: Oxford University Press, 1964).

5 小川鼎三『解体新書——蘭学をおこした人々』（中央公論社、１９６８年）。

6 菊池寛『蘭学事始』（１９２１年）。

7 Sarah De Rijcke, "Drawing into Abstraction: Practices of Observation and Visualisation in the Work of Santiago Ramón y Cajal," *Interdisciplinary Science Reviews*, 33 (2008): 287-311.

8 カール・シューノーヴァー（松浦俊輔訳）『ヴィジュアル版 脳の歴史——脳はどのように視覚化されてきたか』（河出書房新社、２０１１年）

9 Kunio Doi, "Diagnostic Imaging over the Last 50 Years: Research and Development in Medical Imaging Science and Technology," *Physics in Medicine and Biology*, 51 (2006): R5-R27.

10 ジェラルド・J・トートラ他（大野忠雄他訳）『トートラ　人体の構造と機能』（丸善、２００４年）。

11 ウィリアム・バイナム他（鈴木晃仁他訳）『Medicine——医学を変えた70の発見』（医学書院、２０

１２年）。

第6章　生命科学

1は顕微鏡の構造とその発展を解説する。2はフックの顕微鏡観察を含む多様な業績を論じる。3はルネサンスから19世紀に至る病原菌概念、顕微鏡下の小動物の学説史を説く。4はマルピーギの業績を解説する。5はシュヴァン、シュライデンの論文とともに、彼らによる細胞概念の提唱とその後の発展を解説。6も細胞概念の発達を解説する。7は18、19世紀における顕微鏡の性能向上の発達と生物学等諸分野の発展を跡づける。8は18世紀の間に、顕微鏡の観察成果が多くの科学者に共有され、その後の研究の基盤が作られた過程を明らかにする。9は電子顕微鏡の発展とその生物学への応用を説く。10はフランクリンの伝記、11は彼女の生み出した図像の発見法的意義を論じる哲学論文。

1　William J. Croft, *Under the Microscope: A Brief History of Microscopy* (Hackensack, N. J.: World Scientific Publishing, 2006).
2　中島秀人『ロバート・フック』（朝倉書店、１９９７年）。
3　田中祐理子『科学と表象――「病原菌」の歴史』（名古屋大学出版会、２０１３年）。
4　Domenico Bertoloni Meli, *Mechanism, Experiment, Disease: Marcello Malpighi and Seventeenth-Century Anatomy* (Baltimore: Johns Hopkins University Press, 2011).

5　佐藤七郎編『近代生物学集（シュライデン「植物発生論」、シュヴァン「動物および植物の構造と成長の一致に関する顕微鏡的研究」）』（朝日出版社、１９８１年）。
6　ヘンリー・ハリス（荒木文枝訳）『細胞の誕生——生命の「基」発見と展開』（ニュートンプレス、２０００年）。
7　Jutta Schickore, *The Microscope and the Eye: A History of Reflections, 1740–1870* (Chicago: University of Chicago Press, 2007).
8　Marc J. Ratcliff, *The Quest for the Invisible: Microscopy in the Enlightment* (Aldershot: Achgate, 2009).
9　Nicolas Rasmussen, *Picture Control: The Electron Microscope and the Transformation of Biology in America, 1940–1960* (Stanford: Stanford University Press, 1997).
10　ブレンダ・マドックス（鹿田昌美訳）『ダークレディと呼ばれて——二重らせん発見とロザリンド・フランクリンの真実』（化学同人、２００５年）。
11　Michelle G. Gibbons, "Reassessing Discovery: Rosalind Franklin, Scientific Visualization, and the Structure of DNA," *Philosophy of Science*, 79 (2012): 63–80.

第7章　分子、原子、素粒子

1は古代から現代までの化学の発展を解説する日本語で読める化学史の好著。19世紀の化学の発展も詳しく解説する。2は著名な化学史家によるドルトンの伝記（序章の文献6に所収される伝記の一つだが特別にあげておく）。3はアンペールとゴーダンの分子構造論を論じる。4は19世紀初頭の化学組成論から世紀末の有機化学構造論までの発展を簡潔に解説する好著。5も数編の原論文の邦訳とともに有機化学構造論の歴史を解説する。6は有機化学構造論の発展をライフワークとする化学史家による分子構造と視覚イメージの関係を論じる論考。7も有機化学における図像や模型の役割を論じる。8はメンデレーエフの優れた伝記、9、10は周期表の多様なあり方を論じる。11はボーアの生涯を分かりやすく解説する。12は加速器の発達と素粒子論の歴史を追った大著で、検知器の生み出す画像の役割も詳しく論じている。

1 W・H・ブロック（大野誠他訳）『化学の歴史』全2巻（朝倉書店、２００３・２００６年）。

2 Arnold Thackray, "Dalton, John," in *Dictionary of Scientific Biography*, vol. 3, pp. 537-547.

3 Seymour H. Mauskopf, "The Atomic Structural Theories of Ampère and Gaudin: Molecular Speculation and Avogadro's Hypothesis," *Isis*, 60 (1969): 61-74.

4 Otto Theodor Benfey, *From Vital Force to Structural Formulas* (Philadelphia: Beckman Center for the History of Chemistry, 1992).

5 日本化学会編『有機化学構造論』（東京大学出版会、１９７６年）。

6 Alan J. Rocke, *Image and Reality: Kekulé, Kopp, and the Scientific Imagination* (Chicago: University of Chicago Press, 2010).

7 Ursula Klein, *Experiments, Models, Paper Tools: Cultures of Organic Chemistry in the Nineteenth Century* (Stanford: Stanford University Press, 2003).
8 梶雅範『メンデレーエフの周期律発見』（北海道大学図書刊行会、１９９７年）。
9 G. N. Quam and Mary B. Quam, "Types of Graphic Classifications of the Elements," *Journal of Chemical Education*, 11 (1934): 27-32, 217-223, and 288-297.
10 Eric Scerri, "The Periodic Table: The Ultimate Paper Tool in Chemistry," in Ursula Klein, ed., *Tools and Modes of Representation in the Laboratory Sciences* (Dordrecht: Kluwer, 2001): 163-173.
11 西尾成子『現代物理学の父ニールス・ボーア――開かれた研究所から開かれた世界へ』（中央公論社、１９９３年）。
12 Peter Galison, *Image and Logic: A Material Culture of Microphysics* (Chicago: University of Chicago Press, 1997).

ま行

や行

ら行

た行

な行

は行

か行

さ行

A

項目索引

あ行

ま行

や行

ら行

た行

な行

は行

か行

さ行

索　引

人名索引

あ行

ちくま新書
1217

図説《ずせつ》　科学史入門《かがくしにゅうもん》

二〇一六年一一月一〇日　第一刷発行

著者　橋本毅彦（はしもと・たけひこ）

発行者　山野浩一

発行所　株式会社 筑摩書房
東京都台東区蔵前二-五-三　郵便番号一一一-八七五五
振替〇〇一六〇-八-四一二三

装幀者　間村俊一

印刷・製本　株式会社 精興社

本書をコピー、スキャニング等の方法により無許諾で複製することは、法令に規定された場合を除いて禁止されています。請負業者等の第三者によるデジタル化は一切認められていませんので、ご注意ください。

乱丁・落丁本の場合は、左記宛にご送付ください。送料小社負担でお取り替えいたします。
ご注文・お問い合わせも左記へお願いいたします。
〒三三一-八五〇七　さいたま市北区櫛引町二-六〇四
筑摩書房サービスセンター　電話〇四八-六五一-〇〇五三

© HASHIMOTO Takehiko 2016 Printed in Japan

ISBN978-4-480-06920-7 C0240

ちくま新書

339
「わかる」とはどういうことか
――認識の脳科学
山鳥重
人はどんなときに「あ、わかった」「わけがわからない」などと感じるのか。そのとき脳では何が起こっているのだろう。認識と思考の仕組みを説き明す刺激的な試み。

434
意識とはなにか
――〈私〉を生成する脳
茂木健一郎
物質である脳が意識を生みだすのはなぜか？　すべてを感じる存在としての〈私〉とは何ものか？　人類に残された究極の問いに、既存の科学を超えて新境地を展開！

570
人間は脳で食べている
伏木亨
「おいしい」ってどういうこと？　生理学的欲求、脳内物質の状態から、文化的環境や「情報」の効果まで、さまざまな要因を考察し、「おいしさ」の正体に迫る。

795
賢い皮膚
――思考する最大の〈臓器〉
傳田光洋
外界と人体の境目――皮膚。様々な機能を担っているが、驚くべきは脳に比肩するその精妙で自律的なメカニズムである。薄皮の秘められた世界をとくとご堪能あれ。

970
遺伝子の不都合な真実
――すべての能力は遺伝である
安藤寿康
勉強ができるのは生まれつきなのか？　IQ・人格・お金を稼ぐ力まで、「能力」の正体を徹底分析。行動遺伝学の最前線から、遺伝の隠された真実を明かす。

1018
ヒトの心はどう進化したのか
――狩猟採集生活が生んだもの
鈴木光太郎
ヒトはいかにしてヒトになったのか？　道具・言語の使用、文化・社会の形成のきっかけは狩猟採集時代にあった。人間の本質を知るための進化をめぐる冒険の書。

954
生物から生命へ
――共進化で読みとく
有田隆也
「生物」＝「生命」なのではない。共進化という考え方、人工生命というアプローチを駆使して、環境とのかかわりから文化の意味までを解き明かす、一味違う生命論。

ちくま新書

068
自然保護を問いなおす
――環境倫理とネットワーク
鬼頭秀一
「自然との共生」とは何か。欧米の環境思想の系譜をたどりつつ、世界遺産に指定された白神山地のブナ原生林を例に自然保護を鋭く問いなおす新しい環境問題入門。

968
植物からの警告
湯浅浩史
いま、世界各地で生態系に大変化が生じている。植物と人間のいとなみの関わりを解説しながら、環境変動の実態を現場から報告する。ふしぎな植物のカラー写真満載。

1137
たたかう植物
――仁義なき生存戦略
稲垣栄洋
じっと動かない植物の世界。しかしそこにあるのは穏やかな癒しなどではない！　昆虫と病原菌と人間の仁義なきバトルに大接近！　多様な生存戦略に迫る。

584
日本の花〈カラー新書〉
柳宗民
日本の花はいささか地味ではあるけれど、しみじみとした美しさを漂わせている。健気で可憐な花々は、知れば知るほど面白い。育成のコツも指南する味わい深い観賞記。

1157
身近な鳥の生活図鑑
三上修
愛らしいスズメ、情熱的な求愛をするハト、人間をも利用する賢いカラス……。町で見かける鳥たちの生活には、発見がたくさん。カラー口絵など図版を多数収録！

1095
日本の樹木〈カラー新書〉
舘野正樹
暮らしの傍らでしずかに佇み、文化を支えてきた日本の樹木。生物学から生態学までをふまえ、ヒノキ、ブナ、ケヤキなど代表的な26種について楽しく学ぶ。

363
からだを読む
養老孟司
自分のものなのに、人はからだのことを知らない。たまにはからだのことを考えてもいいのではないか。口から始まって肛門まで、知られざる人体内部の詳細を見る。

ちくま新書

1144
地図から読む江戸時代
上杉和央
空間をどう認識するかは時代によって異なる。その違いを象徴するのが「地図」だ。古地図を読み解き、日本の形を作った時代精神を探る歴史地理学の書。図版資料満載。

1198
天文学者たちの江戸時代
――暦・宇宙観の大転換
嘉数次人
日本独自の暦を初めて作った渋川春海を嚆矢とする「江戸の天文学者」たち。先行する海外の知と格闘し、暦・宇宙の研究に情熱を燃やした彼らの思索をたどる。

1210
日本震災史
――復旧から復興への歩み
北原糸子
度重なる震災は日本社会をいかに作り替えてきたのか。有史以来、明治までの震災の復旧・復興の事例に焦点を当て、史料からこの国の災害対策の歩みを明らかにする。

1161
皇室一五〇〇年史
浅見雅男
岩井克己
歴代天皇を悩ませていたのは何だったのか。皇位継承、宮家消滅、結婚トラブル、財政問題――様々な確執やスキャンダルを交え、近現代の皇室の真の姿を描き出す。

1036
地図で読み解く日本の戦争
竹内正浩
地理情報は権力者が独占してきた。地図によって世界観が培われ、その精度が戦争の勝敗を分ける。歴史の転換点を地図に探り、血塗られたエピソードを発掘する！

957
宮中からみる日本近代史
茶谷誠一
戦前の「宮中」は国家の運営について大きな力を持っていた。各国家機関の思惑から織りなされる政策決定を見直し、大日本帝国のシステムと軌跡を明快に示す。

1127
軍国日本と『孫子』
湯浅邦弘
日本の軍国化が進む中、精神的実践的支柱として利用された『孫子』。なぜ日本は下策とされる長期消耗戦を辿り、敗戦に至ったか？　中国古典に秘められた近代史！